Schriftenreihe des Instituts für Energetik und Umwelt, Leipzig

Peter Ihle (Hrsg.)

Atmosphärische Depositionen
in der Bundesrepublik Deutschland

Schriftenreihe des Instituts für Energetik und Umwelt, Leipzig

Herausgegeben von
Dr. Wolfgang Brune

Mit dem vorliegenden Titel wird die Schriftenreihe des Instituts für Energetik und Umwelt, Leipzig, weitergeführt. Aus dem Spannungsfeld von Energiewirtschaft, Volkswirtschaft und Ökologie, das den allgemeinen Gegenstand der Schriftenreihe charakterisiert, wurde nunmehr ein Themenbereich herausgegriffen, der ein wichtiges Stück praktischer Umweltarbeit darstellt und der unser Institut im Auftrag des Umweltbundesamtes eine Reihe von Jahren intensiv beschäftigt hat.

Auch mit diesem Titel stellt die Schriftenreihe unter Beweis, dass sie sich durch wissenschaftlich anspruchsvolle, zugleich aber auch anschauliche und allgemein verständliche Darstellung auszeichnet. Dieser grundsätzlichen Arbeitsweise fühlt sich die Arbeit des Instituts für Energetik und Umwelt schon seit Jahren verpflichtet, und zwar sowohl als Fachinstitution als eben auch bei der Herausgabe der Schriftenreihe im Verlag B. G. Teubner.

In diesem Sinne berücksichtigen die Bände selbstverständlich den neuesten Stand des Fachwissens. Die Autoren bemühen sich, so verständlich zu schreiben, dass auch interessierte Laien, Nicht-Fachwissenschaftler, Politiker oder Journalisten den Inhalt mit Interesse und Gewinn aufnehmen können.

Die Bände wollen den aktuellen Meinungsstreit, der sich um die Bereiche Energie, Umwelt und Wirtschaft gruppiert, beleben. Daher sehen die Autoren der öffentlichen Diskussion erwartungsvoll entgegen.

Peter Ihle (Hrsg.)

Atmosphärische Depositionen
in der Bundesrepublik Deutschland

Von
Dr. Elke Bieber, Werner Borho, Ines Chmara, Sophie Conradt,
Uwe Eckermann, Ralph Hug, Dr. Peter Ihle, Dr. Dagmar Kallweit,
Dr. Steffi Knoblauch, Gerhard Köhler, Raimund Kohl, Wilfried Küchler,
Oliver Merten, Carola Pommerening, Dr. Andreas Prüeß,
Dr. Wolfgang Rauh, Jost Grimm-Strehle, Dr. Klaus von Wilpert,
Dr. Günter Ziegler

Mit einem Vorwort von
Prof. Dr. Andreas Troge, Präsident des Umweltbundesamtes

B. G. Teubner Stuttgart · Leipzig · Wiesbaden

Die Deutsche Bibliothek – CIP-Einheitsaufnahme
Ein Titeldatensatz für diese Publikation ist bei
Der Deutschen Bibliothek erhältlich.

Der Herausgeber des Bandes ist den Autoren zu großem Dank verpflichtet. Ferner dankt der Herausgeber der Reihe dem Förderverein Leipziger Institut für Energetik e. V., dem DEBRIV e. V., der Ruhrgas AG und den Stadtwerken Leipzig GmbH für die finanzielle Unterstützung bei der Herausgabe dieses Buches bzw. der Reihe.
Dank gilt weiterhin Frau Alexandra Mohr für die Umsicht und für die Geduld bei der schreibtechnischen Gestaltung des Manuskriptes.

Institut für Energetik und Umwelt
gemeinnützige GmbH
Torgauer Straße 116
04347 Leipzig
Tel. (0341) 2434-111; Fax (0341) 2434-133
E-Mail: Energetik@t-online.de

1. Auflage Juni 2001

Der Verlag Teubner ist ein Unternehmen der Fachverlagsgruppe BertelsmannSpringer.

www.teubner.de

Umschlaggestaltung: Ulrike Weigel, www.CorporateDesignGroup.de

Gedruckt auf säurefreiem und chlorfrei gebleichtem Papier.

ISBN-13: 978-3-519-00324-3   e-ISBN-13: 978-3-322-84797-3
DOI: 10.1007/978-3-322-84797-3

Vorwort

Eine Leitlinie der deutschen Umweltpolitik ist der vorsorgende Umweltschutz. Die Minimierung von Luftverunreinigungen orientiert sich an der Wirkungsschwelle für die menschliche Gesundheit und für empfindliche Ökosysteme sowie der Verpflichtung zur Anwendung der besten verfügbaren Technologien (BVT). Das findet seinen Niederschlag in den neuen EU-Richtlinien, der Rahmenrichtlinie über die Beurteilung und Kontrolle der Luftqualität (96/62 EG) und nachgeschalteten Tochterrichtlinien sowie der "Richtlinie über nationale Emissionshöchstgrenzen für bestimmte Schadstoffe" (NEC-Richtlinie). Im Rahmen der Zusammenarbeit im Genfer Luftreinhalteabkommen haben sich nach den Erfolgen bisheriger Selbstverpflichtungen 36 Staaten Europas, einschließlich aller Mitglieder der Europäischen Union (EU), auf einen Weg der Begrenzung von Schadstoffbelastungen verständigt, der auf der Bewertung von Stoffeinträgen gegenüber Belastungsgrenzen empfindlicher Ökosysteme (Critical Loads) basiert. Als jüngster Schritt in diese Richtung wurde im Dezember 1999 von der Wirtschaftskommission für Europa der Vereinigten Nationen (UN ECE) das "Protokoll zur Verringerung von Versauerung, Eutrophierung und bodennahem Ozon zum Übereinkommen über weiträumige grenzüberschreitende Luftverunreinigung von 1979", auch Multikomponenten-Multieffekt-Protokoll genannt, in Göteborg zur Unterzeichnung vorgelegt. Nahezu zeitgleich wurde zur Unterstützung dieser Maßnahmen von der EU die "Richtlinie über nationale Emissionshöchstgrenzen für bestimmte Schadstoffe" erarbeitet, die kurz vor ihrer Verabschiedung steht und die Senkung der Immissionen unter die "kritischen Belastungen" zum Ziel hat.

Vom Menschen verursachte Emissionen aus unterschiedlichen Quellen gelangen in die Atmosphäre, wo sie Transformations- und Transportprozessen ausgesetzt sind, bevor sie als Deposition auf der Erdoberfläche abgelagert werden und damit als Stoffeinträge für die Vegetation, die Böden und Gewässer wirksam werden. Die Art der Deposition ist sowohl qualitativ als auch quantitativ von den Rezeptoroberflächen abhängig.

In den letzten Jahrzehnten wurde in Deutschland insbesondere auf der Ebene der Bundesländer eine Reihe von sektoral ausgerichteten Messnetzprogrammen zur qualitativen und quantitativen Erfassung der Stoffeinträge aus der Atmosphäre geschaffen (zum Beispiel Luftverunreinigungen, Verunreinigungen der Gewässer, Schadstoffeinträge in den Boden und in Waldökosysteme).

Die messtechnische Erfassung der Deposition erfolgt bisher in Verantwortung der entsprechenden Fachbehörden für den Immissions-, Boden-, Gewässer- und Denkmalschutz sowie für Land- und Forstwirtschaft. Die Untersuchungen konzentrieren sich vorrangig auf die Erfassung der Hauptionen. Darüber hinaus werden jetzt zunehmend Spurenmetalle und organische Verbindungen (Chlorpestizide, PCB, PAK und Dioxine und Furane) bestimmt.

Bisher existieren routinetaugliche Messmethoden nur für die Erfassung der nassen Depositionen und des sedimentierenden Anteils der trockenen Depositionen.

Im vorliegenden Band liegt der Schwerpunkt auf der nassen (wet only-, bulk-) Deposition. Im Beitrag des Landes Sachsen wird besonders auf die Bedeutung der feuchten Deposition (Nebeldeposition) für die Mittelgebirgslagen eingegangen.

Der Rat von Sachverständigen für Umweltfragen hat in seinem Sondergutachten zur "Allgemeinen ökologischen Umweltbeobachtung" im Oktober 1990 eine Harmonisierung der Depositionsmessungen selbst sowie ihre Integration in eine integrierte ökologische Umweltbeobachtung gefordert.

Die Organisation eines diesem ganzheitlichen Verständnis der Wirkung von Stoffeinträgen entsprechenden Beobachtungssystems erfordert eine Integration der betroffenen Fachgebiete (Meteorologie, Immissionsschutz, Land- und Forstwirtschaft, Gewässer-, Boden- und Naturschutz, Materialprüfung).

Auf Initiative des Bundesministeriums für Umwelt, Naturschutz und Reaktorsicherheit wurde ein Konzept der komplexen Umweltbeobachtung entwickelt, das zum Beispiel im Pilotprojekt Rhön erprobt wird. Entsprechende Initiativen verschiedener Bundesländer zur Integration ihrer Messnetzaktivitäten gehen in die gleiche Richtung und führen zu Synergien bei der Messung und der Interpretation von Stoffflüssen im Naturhaushalt.

Im vorliegenden Sammelband wird die Situation der Erfassung von atmosphärischen Stoffeinträgen in 6 Landesmessnetzen (Baden-Württemberg, Brandenburg, Sachsen, Sachsen-Anhalt, Schleswig-Holstein, Thüringen) vorgestellt. Das Umweltbundesamt hat in Reaktion auf das Sondergutachten des SRU ab 1991 ein länderübergreifendes Depositionsmessprogramm aufgebaut, das integrierende Aufgaben hat.

Das Institut für Energetik und Umwelt gGmbH, Leipzig, war beim Aufbau des wet-only-Messprogramms des UBA beteiligt und ist bis heute für das Management dieses Programms tätig. Für diese erfolgreiche Zusammenarbeit sage ich dem Institut Dank.

Berlin, im Februar 2001   Professor Dr. Troge
                                                 Präsident des Umweltbundesamtes

Inhalt

Verzeichnis der Autoren

Dr. rer. nat. Elke Bieber, Umweltbundesamt, Außenstelle Langen

Dipl.-Geoökol. Werner Borho, UMEG Gesellschaft für Umweltmessungen und Umwelterhebungen mbH, Karlsruhe

Forsträtin Ines Chmara, Thüringer Landesanstalt für Wald und Forstwirtschaft, Gotha

Dipl.-Chem. Sophie Conradt, Sächsisches Landesamt für Umwelt und Geologie, Dresden

Dipl.-Ing. Uwe Eckermann, Staatliches Umweltamt Itzehoe

Dipl.-Forstw. Ralph Hug, Forstliche Versuchs- und Forschungsanstalt Baden-Württemberg, Freiburg

Dr. rer. nat. Peter Ihle, Institut für Energetik und Umwelt gemeinnützige GmbH, Leipzig

Dr. rer. nat. Dagmar Kallweit, Umweltbundesamt, Berlin

Dr. agrar. Steffi Knoblauch, Thüringer Landesanstalt für Landwirtschaft, Lysimeterstation Großobringen

Dipl.-Ing. Gerhard Köhler, Staatliches Umweltamt Itzehoe

Dipl.-Ing. agr. Raimund Kohl, Landesanstalt für Umweltschutz Baden-Württemberg, Karlsruhe

Dipl.-Met. Wilfried Küchler, Sächsisches Landesamt für Umwelt und Geologie, Dresden

Dipl.-Chem. Oliver Merten, Landesumweltamt Brandenburg, Lauchhammer

Chem.-techn. Ass. Carola Pommerening, Staatliches Umweltamt Itzehoe

Dr. rer. nat. Andreas Prüeß, UMEG Gesellschaft für Umweltmessungen und Umwelterhebungen mbH, Karlsruhe

Dr. rer. nat. Wolfgang Rauh, Landesamt für Umweltschutz Sachsen-Anhalt, Halle/Saale

Ph. D. Jost Grimm-Strele, Landesanstalt für Umweltschutz Baden-Württemberg, Karlsruhe

Dr. Klaus von Wilpert, Forstliche Versuchs- und Forschungsanstalt Baden-Württemberg, Freiburg

Dr. rer. nat. Günter Ziegler, Thüringer Landesanstalt für Umwelt, Jena

1 Das Depositionsmessnetz des Umweltbundesamtes (Aufbau, Betrieb und Ergebnisse)

Peter Ihle, Elke Bieber und Dagmar Kallweit

1.1 Vorbemerkungen

1.1.1 Depositionsvorgänge

Durch natürliche und anthropogene Emissionen freigesetzte Gase, Stäube und Aerosole haben nur eine begrenzte Verweilzeit in der Atmosphäre und gelangen während ihrer Ausbreitung durch turbulente und molekulare Diffusion oder Gravitationseinwirkung zum Boden, wo sie sich auf Grund von Adsorption und Absorption auf den verschiedenen Akzeptorflächen ablagern. Für damit beaufschlagte terrestrische und aquatische Ökosysteme bedeutet dies Belastungen durch Stoffeinträge, die in Abhängigkeit von den eingebrachten Stoffen zu Schadwirkungen in der Umwelt führen können.

Die Ablagerung von Luftverunreinigungen wird als Deposition bezeichnet und ist auf verschiedene atmosphärische Mechanismen zurückzuführen. Sie setzt sich zusammen aus trockener Deposition, feuchter Deposition und nasser Deposition (Bild 1.1).

Die Sedimentation von Staubpartikeln (>10 µm) durch Gravitation und der turbulente Transport von Gasen, Feinstaub und Aerosolen zum Boden bedingen im Wesentlichen die trockene Deposition. Sie ist von der Spurenstoffkonzentration der bodennahen Luftschicht abhängig und kann vor allem in der Umgebung von Emissionsquellen den Hauptteil der Gesamtdeposition ausmachen /LAW 98/. Die Höhe der trockenen Deposition wird jedoch nicht nur von den Stoffeigenschaften und den atmosphärischen Bedingungen, sondern auch wesentlich von den Akzeptoreigenschaften der Ablagerungsflächen bestimmt (Ad- bzw. Absorptionsvermögen).

Als feuchte Deposition wird entweder der Eintrag durch Nebel, Tau und Reif oder die Ablagerung auf feuchte mit einem Wasserfilm überzogene Flächen definiert /KAL 97/. Eine bedeutsame Rolle spielt dabei der Aufprall von Nebeltröpfchen auf Hindernisse (Impaktion), z. B. Auskämmeffekt in Wäldern. Die feuchte Deposition tritt vor allem in nebelreichen Gebieten und Gebirgsstandorten auf.

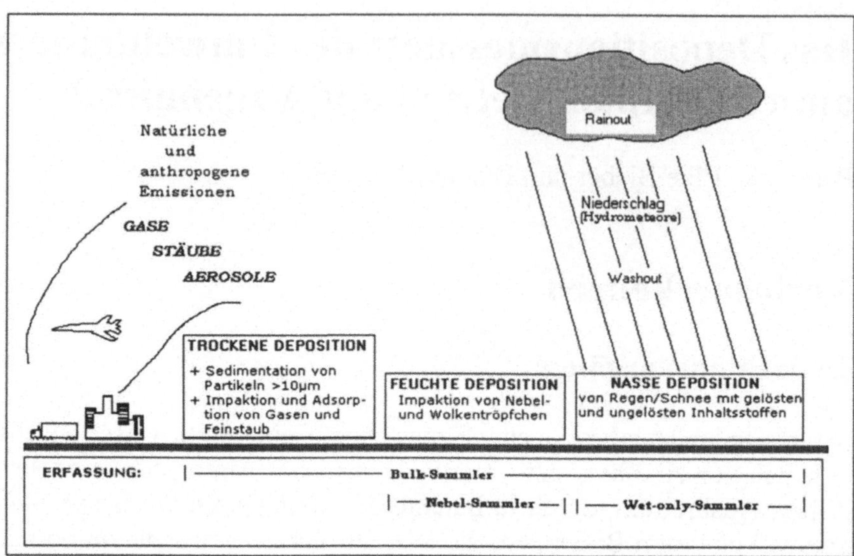

Bild 1.1: Die atmosphärischen Depositionen und ihre Erfassung

Von besonderer Bedeutung für die Schadstoffbelastung von Ökosystemen ist jedoch die nasse Deposition von gelösten und ungelösten Stoffen mit Hydrometeoren (Regen, Niesel, Schnee, Graupel). Sie basiert auf Auswaschprozessen, entweder innerhalb von Wolken (Rainout) oder unterhalb der Wolkenbasis (Washout). Stets sind beide Prozesse beteiligt und nicht zu trennen. Die Effektivität der Auswaschprozesse wird von den so genannten Rainout- bzw. Washout-Koeffizienten bestimmt, die von den Eigenschaften des ausgewaschenen Stoffes (z. B. Löslichkeit, Partikelgröße) und den Niederschlagscharakteristika (z. B. Niederschlagsintensität, Tropfenspektrum) abhängen /MAR 71/.

In Wolken eingebunden können Luftverunreinigungen über große Strecken verfrachtet und in von Emissionsquellen entfernten Gebieten als nasse Deposition zum Boden gelangen. Häufig erfolgt dies in ökologisch empfindlichen Gebieten, so dass der Beobachtung der nassen Deposition aus diesem Grund besondere Aufmerksamkeit zukommen muss. In grober Näherung beträgt zum Beispiel das Verhältnis von trockener zu nasser Deposition im Freiland bei Schwefel- und Stickstoffverbindungen in Emittentennähe etwa 10:1 und kann in von Emissionsquellen entfernten Gebieten auf weniger als 1:1 abfallen /LAW 98/. Für das Umweltmonitoring an emissionsfernen Standorten ist die Erfassung nasser Depositionen somit von besonderer Wichtigkeit.

1.1.2 Ökologische Auswirkungen

Der Eintrag von Luftverunreinigungen in terrestrische und aquatische Ökosysteme stellt eine mehr oder weniger ernste Belastung für unsere Umwelt dar. In erster Linie sind es die Depositionen von Säure, Nährstoffen und toxischen Spurenmetallen, die zu einer Versauerung und Eutrophierung von Böden und Gewässern führen bzw. mit toxischen Wirkungen auf die belebte Natur verbunden sind.

Säurebelastung

Die anthropogenen Emissionen von Säurebildnern (SO_2, NO_x) in die Atmosphäre führen zu direkten Säureeinträgen (freie Protonen), für die das Stichwort „saurer Regen" Synonym geworden ist. Die Niederschlagsazidität wird durch den pH-Wert angezeigt, der ein Maß für die Wasserstoffionen-Konzentration ist. Während der auf den CO_2-Gehalt der Atmosphäre zurückzuführende natürliche pH-Wert des Niederschlagswassers etwa 5,6 beträgt, wurden in den vergangenen Jahren in den anthropogen stark belasteten Gebieten Mitteleuropas teilweise pH-Werte unter 4 gemessen /RUD 91, MOS 93/; in Deutschland lag dieser Wert Anfang der achtziger Jahre in Belastungsgebieten zwischen 4,0 und 4,4 /NÜR 83/; auf Grund der umfangreichen Emissionsminderungsmaßnahmen der letzten Jahre hat die Niederschlagsazidität seither beträchtlich abgenommen, wie im Folgenden gezeigt wird. Für den Säureeintrag ist neben der Wasserstoffionen-Konzentration die gefallene Niederschlagsmenge maßgebend.

Die Deposition von Ammoniumionen (NH_4^+) führt zu einer zusätzlichen Säurebelastung der Ökosysteme, da Ammonium im Boden durch Nitrifizierung zu Nitrat umgewandelt wird und dabei weitere Wasserstoffionen freigesetzt werden (bodeninterne H^+-Produktion). Der relative NH_4^+-Anteil an der Gesamtsäurebelastung hat in den letzten Jahren zugenommen /UMW 97/.

Säureeinträge haben vor allem in Böden und Gewässern mit geringer basischer Pufferkapazität ungünstige Auswirkungen. Die Versauerung führt zu einer Verarmung der biologischen Artenvielfalt und zu Wachstumsstörungen in Fauna und Flora. Ferner können Gefahren für das Grundwasser durch Mobilisierung von Spurenmetallen entstehen /LAW 98/.

Nährstoffeintrag

Der anthropogen bedingte Eintrag von Nitrat und Ammonium bedeutet eine zusätzliche Stickstoffversorgung der Biotope, oft über ein von diesen toleriertes Maß hinaus. Bei übermäßiger Stickstoffzufuhr kommt es zu Nährstoffungleichgewichten mit der Folge, dass es bei der Vegetationszusammensetzung zu Artenverschiebungen zugunsten nitrophiler Pflanzen kommen kann. Die Stickstoffeinträge wirken somit eutrophierend, stickstoffmeidende Pflanzen sterben aus, andere entwickeln sich umso mehr. Bei Gewässern entstehen außerdem Gefahren für den Sauerstoffgehalt. Mit Stickstoff überdüngte Pflanzen sind ferner gegenüber abiotischen Schadfaktoren (z. B. Frost, Trockenheit) anfälliger /RUD 91/.

Die von den Ökosystemen ohne Schäden tolerierten Säure- und Stickstoffeinträge hängen von den Eigenschaften dieser Systeme ab; es existieren somit für die Sichtbarwerdung von Schäden unterschiedliche Schwellenwerte, die als „critical loads" im Rahmen des europäischen Programms zur Beobachtung und Bewertung der Ferntransporte von Luftschadstoffen (Cooperative Program for the Monitoring and Evaluation of Long Range Transmission of Air Pollution in Europe) untersucht werden /UMW 97/.

Für die Nitrateinträge über den Luftpfad sind die nassen Depositionen von besonderer Bedeutung, da durch die belasteten Niederschlagswässer auch Gefahren für das Grundwasser bestehen. Die Stickstoffeinträge sind im Wesentlichen auf die NO_x-Emissionen aus Verbrennungsprozessen sowie den Kfz-Verkehr und die NH_3-Emissionen der Landwirtschaft zurückzuführen.

Spurenmetalle

Eine wesentliche Belastung der Ökosysteme erwächst auch aus der Deposition von Spurenmetallen, die auf Biotope toxisch wirken können. Die Spurenmetalle werden vor allem bei Verbrennungsprozessen an Feinstaubpartikel gebunden freigesetzt oder entstammen industriellen Prozessen, wo sie als Stäube und Dämpfe emittiert werden. Auf Grund der Adsorption an Feinstaub können sie über große Entfernungen transportiert werden. Der Eintrag der Spurenmetalle erfolgt deshalb vorwiegend als nasse Deposition; die Trockendeposition bleibt in der Regel unter 30 % der Gesamtdeposition /NÜR 83/.

Zu den als kritisch angesehenen Spurenmetallen gehören vor allem Kadmium, Blei, Nickel und Quecksilber, aber auch Kupfer, Zink und Mangan /UMW 97/. Der Eintrag von toxischen Spurenmetallen kann zu unmittelbaren Schäden an Fauna und Flora führen, oder es findet eine Anreicherung dieser Stoffe im Boden oder Sedimenten statt, mit der Möglichkeit ihrer Remobilisierung durch Säureeinträge und Transport in das Grundwasser. Eine weitere Gefahr ergibt sich ferner daraus, dass sich die toxischen Spurenmetalle in Pflanzen anreichern und so in die Nahrungskette von Mensch und Tier gelangen. Des Weiteren ist von synergistischen Wirkungen der Spurenmetalle mit anderen Schadstoffen und natürlichen Stressfaktoren auszugehen.

1.1.3 Ermittlung von Depositionen

Für die Erfassung der atmosphärischen Deposition werden Depositionssammler eingesetzt, die über einen vorgegebenen Zeitraum die sich ablagernden Luftverunreinigungen sammeln und deren Wirkungsweise den verschiedenen Depositionsprozessen gerecht wird (s. Bild 1.1). Während die „Gesamtdeposition" mit ständig geöffneten Sammelgefäßen (bulk-Sammler) erfasst wird, kommen zur Ermittlung der nassen Deposition Sammler zum Einsatz, die nur während der Niederschlagsereignisse geöffnet sind (wet-only-Sammler), um die trockenen Stoffeinträge außer Acht zu lassen.

Für die Bestimmung der feuchten Deposition werden verschiedene Nebelwassersammler verwendet, die auf der Abscheidung von Nebeltröpfchen an Hindernissen beruhen /MÖL 92/. Die feuchte Deposition kann an Gebirgsstandorten die Größe der nassen Deposition erreichen oder bei einigen Luftschadstoffen sogar überschreiten /CON 99/, so dass sie an dem Gesamtstoffeintrag wesentlichen Anteil hat. Mit Ausnahme des sedimentierenden Anteiles steht für die Bestimmung der trockenen Deposition noch keine routinemäßige Messmethode zur Verfügung /FOK 95/; sie kann jedoch mit Hilfe verschiedener aufwendigerer Methoden (Gradient-Methode, eddy-Korrelations-Methode) abgeschätzt werden /MÖL 92/.

Für die Bestimmung der hier im Vordergrund stehenden nassen Deposition sind folgende Schritte erforderlich:

- Sammlung von Niederschlagsproben (Regen, Niesel, Schnee, Graupel) mit Hilfe von wet-only-Sammlern

- Bestimmung der Konzentrationen der Inhaltsstoffe in den Niederschlagsproben (Analyse)

- Messung der im Sammelzeitraum gefallenen Niederschlagsmengen

Die Konzentration der im Niederschlagswasser gelösten Inhaltsstoffe (Ionenkonzentration) ist von der Niederschlagsmenge abhängig. Deshalb ist bei der Betrachtung eines Untersuchungszeitraumes von einem niederschlagsgewichteten

Mittelwert $\overline{C_i}$ der Ionenkonzentration auszugehen:

$$\overline{C_i} = \frac{\sum\limits_{j=1}^{n} C_{ij} p_j}{\sum\limits_{j=1}^{n} p_j} \tag{1}$$

mit: $\overline{C_i}$ = Gewichtetes Mittel der Ionenkonzentration des Stoffes i in mg/l
                    bzw. µeq/l

       C_{ij} = Ionenkonzentration des Stoffes i beim Niederschlagsereignis j in
                    mg/l bzw. µeq/l

       p_j = Niederschlagsmenge des Ereignisses j in mm bzw. l/m^2

       n = Gesamtzahl der Ereignisse

Der gewichtete mittlere pH-Wert im Untersuchungszeitraum ist:

$$\overline{pH} = -\log \frac{\sum_{j=1}^{n}\left(p_j 10^{-pH_j}\right)}{\sum_{j=1}^{n} p_j} \tag{2}$$

mit: $\overline{pH}$ = Gewichtetes Mittel des pH-Wertes

       pH_j = pH-Wert des Niederschlagsereignisses j

       p_j = Niederschlagsmenge des Ereignisses j in mm bzw. l/m^2

Die nasse Deposition D_i im betrachteten Untersuchungszeitraum ergibt sich aus:

$$D_i = \sum_{j=1}^{n} C_{ij} p_j \tag{3}$$

Die nasse Deposition des i-ten Stoffes D_i wird in Masse pro Flächen- und Zeiteinheit angegeben, üblicherweise kg/(ha·a) oder g/(m^2·d).

Die Konzentration der Niederschlagsinhaltsstoffe hängt von meteorologischen Faktoren und von emissionsbedingten Einflüssen ab. In den vergangenen Jahren durchgeführte Untersuchungen /IFE 91, MAR 00/ haben gezeigt, dass folgende Faktoren Zusammensetzung und Höhe der Niederschlagsverunreinigungen wesentlich mitbestimmen:

Vortrockenzeit
Mit der Dauer der Trockenzeit vor einem Niederschlagsereignis nimmt die Verunreinigung zu (Anreicherungseffekt). Das Ausmaß der Zunahme ist von der Verunreinigungskomponente abhängig; der Aziditätsgehalt (H$^+$-Ionengehalt) wird durch die Vortrockenzeit nicht markant verändert.

Niederschlagsandauer

Im Gegensatz zur Vortrockenzeit nimmt die Ionenkonzentration des Niederschlagswassers mit der Niederschlagsandauer ab (Ausregnungseffekt). Da Säure- und Basenbildner in der Summe etwa gleichermaßen ausgewaschen werden, unterliegt die Azidität keiner gravierenden Veränderung.

Niederschlagstyp

Die verschiedenen Niederschlagstypen (Regen, Niesel, Schnee, Graupel) haben auf Grund der unterschiedlichen Form- und Größenverteilung der Hydrometeore und der Herkunft der damit verbundenen Luftmassen einen starken Einfluss (Auswaschwirksamkeit). Besonders offensichtlich sind die Unterschiede zwischen anthropogen bedingten und maritim beeinflussten Komponenten (z. B. bei Schauerniederschlägen).

Emissionsgebiete

Der Transportweg der ausregnenden Wolken kann die Niederschlagsverunreinigungen stark beeinflussen, besonders, wenn die Transportwege über Ballungs- und Industriegebiete führen. Durch Trajektorienuntersuchungen (Rückverfolgung des Luftmassentransportweges mit Hilfe meteorologischer Daten des 950 hPa-Wolkenniveaus bis zu 24 Stunden) kann sogar der Einfluss bestimmter Emissionsgebiete auf die Niederschlagsverunreinigungen nachgewiesen werden. Detaillierte Untersuchungen hierzu wurden für Standorte im Rahmen des Projektes SANA des Bundesministeriums für Forschung und Technologie durchgeführt /MAR 96/.

Neben diesen Faktoren gibt es weitere Einflüsse, wie saisonale Unterschiede des Niederschlagsgeschehens und der Emissionsstruktur, aber auch lokale Beeinflussungen. Insgesamt ist festzustellen, dass die Stoffeinträge in Böden und Gewässer auf dem Zusammenwirken zahlreicher Prozesse und Faktoren beruhen, weswegen es zur Erlangung von Trendaussagen langjähriger Messreihen im Rahmen eines Langzeit-Messnetzes bedarf, mit einer zuverlässigen Gerätetechnik, modernen Analysenverfahren und entsprechenden qualitätssichernden Maßnahmen.

1.2 Depositionsmessungen des Umweltbundesamtes (wet only)

1.2.1 Kriterien für die Probenahmestellen

Für ein landesweites Monitoring der Grundbelastung der niederschlagsbedingten Stoffeinträge in Böden und Gewässer (Background-Deposition) an Freilandstandorten ist eine sorgfältige Auswahl der Messstellen erforderlich. Um repräsentative Messungen zu gewährleisten, sind deshalb bestimmte Auswahlkriterien für die Messstellen und Maßnahmen zur Qualitätssicherung zu beachten. Allgemeine Auswahlkriterien für die Standortwahl von Freiland-Depositionsmessstellen sind in der „Richtlinie für Beobachtung und Auswertung der Niederschlagbeschaffenheit" der Länderarbeitsgemeinschaft Wasser festgelegt /LAW 98/.

Wichtige Kriterien sind:

- Ausreichender Abstand zu Emissionsquellen wie
  - Industrieanlagen, Großfeuerungsanlagen, Deponien
  - Landwirtschaftliche Intensivflächen (Dünger, Pestizide, Bodenstaub)
  - Benachbarte Objekte, von denen Emissionen ausgehen können
  - Militärübungsplätze

- Ausschließung lokaler Beeinflussungen des Niederschlags- und Windfeldes durch Strömungshindernisse (Einhaltung eines Mindestwinkelabstandes von 30° zwischen Sammler und Oberkante benachbarter Objekte)

- Eliminierung von Einflüssen der Bodenbeschaffenheit der Messstellenumgebung

- Gewährleistung technischer Voraussetzungen (Stromanschluss, Messstellenbetreuung durch fachkundiges Personal, Nutzungssicherheit des Standortes).

In einem dicht besiedelten Land wie der Bundesrepublik Deutschland ist die Auswahl der Messstellen notwendigerweise mit Kompromissen verbunden, da eine lückenlose Einhaltung aller Kriterien nicht in jedem Fall gewährleistet werden kann. Unerwünschte Einflüsse sollten jedoch durch sorgfältige Prüfung so gering wie möglich gehalten werden. Die Möglichkeiten werden dabei aber oft durch technische Randbedingungen begrenzt. Auch nach Inbetriebnahme einer Messstelle kann ein vorher nicht erkannter Einfluss sichtbar werden; dann ist zu prüfen, ob dieser in Kauf genommen werden kann oder der Standort verändert werden muss.

Die Anzahl der Messstellen eines Untersuchungsgebietes sollte so groß sein, dass repräsentative Mittelwerte der Messgrößen bestimmt werden können. Dabei ist zu beachten, dass einige Niederschlagsinhaltsstoffe örtlich variieren und die nassen Depositionen von orographischen Gegebenheiten, meteorologischen Bedingungen oder maritimen Einflüssen abhängen.

1.2.2 Depositionsmessstellen des Umweltbundesamtes

Das wet-only-Depositionsmessnetz ergänzt seit Anfang der neunziger Jahre das Luftqualitätsmessnetz des Umweltbundesamtes zur Untersuchung weiträumiger, grenzüberschreitender Luftverunreinigungen (UBA-Messnetz), dessen Ursprünge bereits in die sechziger Jahre zurückreichen. Von Anfang an gehörten auch Depositionsmessungen zum Messprogramm. Vor dem Hintergrund der Diskussion um den „Sauren Regen" und die „Neuartigen Waldschäden" wurden die Niederschlagsanalysen Anfang der achtziger Jahre intensiviert und an fünf UBA-Messstellen einheitlich auf Tagesbasis umgestellt. An einigen Messstellen werden seit 1982 Niederschlagsanalysen nach einheitlichen Probenahme- und Analysenverfahren durchgeführt.

Diese Untersuchungen sind ausführlich und zusammenfassend im Band „Ergebnisse täglicher Niederschlagsanalysen in Deutschland von 1982 bis 1995" in der Reihe UBA-Texte /UBA 97/ beschrieben. Aktuelle Ergebnisse werden regelmäßig in der Reihe „Jahresberichte aus dem Messnetz des Umweltbundesamtes (ebenfalls als UBA-Texte, /UBA 99/, /UBA 00/) dargestellt. Auf diese Ergebnisse wird daher in dem vorliegenden Beitrag nicht nochmals eingegangen. Der Beitrag beschreibt dagegen Aufbau, Betrieb und Ergebnisse des wet-only-Depositionsmessprogrammes des Umweltbundesamtes.

Für den Nachweis der Wirksamkeit von Emissionsminderungsmaßnahmen wird im Rahmen nationaler und internationaler Messprogramme (z. B. Helsinki-Kommission zum Schutz der Ostsee / HELCOM; Oslo-Paris-Kommission zum Schutz der Nordsee / OSPAR; European Monitoring and Evaluation Programme / EMEP der UN/ECE) auch die nasse Deposition untersucht. Die Bundesrepublik hat mit der Unterzeichnung dieser internationalen Konventionen Berichtspflichten zu erfüllen. Diese werden für den Luftbereich vorrangig durch das Messnetz des Umweltbundesamtes abgedeckt.

Anlass für den Aufbau eines neuen wet-only-Messprogrammes innerhalb des UBA-Messnetzes war zum einen das Sondergutachten des Rates von Sachverständigen „Allgemeine ökologische Umweltbeobachtung" vom Oktober 1990 /SRU 90/, in dem bemängelt wird, dass es in der Bundesrepublik Deutschland zwar eine Vielzahl von Messaktivitäten u. a. für die Ermittlung von Depositionen gibt, die jedoch von verschiedenen Institutionen unkoordiniert und mit unterschiedlichen Instrumenten und Methoden erhoben werden. Damit sind diese Daten nicht vergleichbar und Einschätzungen der Belastungssituation in Deutschland insgesamt nicht möglich. Zum anderen hatte das Umweltbundesamt Teile des Depositionsmessnetzes (12 von insgesamt 32 Stationen) des ehemaligen Meteorologischen Dienstes (MD) der DDR in der Folge der Wiedervereinigung übernommen. Diese Messstellen verfügten über 5-jährige Messreihen, die aus umweltpolitischen Gesichtspunkten heraus weitergeführt werden sollten. Deshalb wurde ein Konzept für ein wet-only-Messprogramm erarbeitet, was auch die Forderungen des Sondergutachtens berücksichtigte.

Das wet-only-Depositionsmessprogramm unterscheidet sich hinsichtlich Probenahmeverfahren und –frequenz von den täglichen Niederschlagsanalysen im UBA-Messnetz. Während die wet-only-Proben wochenweise gesammelt werden, werden die Tagesproben mit bulk-Sammlern gewonnen (vgl. Kap. 1.1.3). Auf Grund der unterschiedlichen Probenahme wurden systematische Unterschiede zwischen den Messergebnissen vermutet, die durch mehrjährige Vergleichsmessungen an acht UBA-Messstellen quantifiziert wurden /WAL 97/. Bei diesen Untersuchungen ergab sich für alle einbezogenen Standorte gute Übereinstimmung der Analysenergebnisse der bulk- und wet-only-Proben für die am meisten interessierenden Parameter: Niederschlagsmenge, Sulfat, Nitrat und Ammonium sowie für Natrium und Chlorid. Größere Unterschiede wurden dagegen bei den Parametern Kalzium, Magnesium und Kalium gefunden.

In der ersten Stufe wurden die wet-only-Messungen an den vormaligen MD-Stationen, ausgerüstet mit ANTAS-Sammlern (Automatischer Nass- und Trockensammler / Hersteller: Meteorologischer Dienst der DDR), reaktiviert (s. Kap. 1.2.3). Das Institut für Energetik Leipzig wurde 1991 auf Grund seiner Erfahrungen mit dem Bau von Niederschlagssammlern und den langjährigen Erfahrungen in der Betreuung seiner eigenen Depositionsmessstellen /MAR 86, MAR 88, IFE 91/ mit dieser Aufgabe der Reaktivierung des Messbetriebes betraut. Nach den Instandsetzungsarbeiten an den Niederschlagssammlern sowie der Organisation von Probenahme und Analyse konnte der Messbetrieb im Dezember 1991 wieder aufgenommen werden.

In der zweiten Stufe wurde das Konzept für ein bundesweites wet-only-Messprogramm entwickelt. Etwa 30 Depositionsmessstellen sollten repräsentativ über die Fläche der Bundesrepublik verteilt und mit einheitlicher Probenahmetechnik ausgestattet werden. Die Analyse aller Proben für die Messparameter sollte in **einem** Labor zur Gewährleistung der Vergleichbarkeit erfolgen und das Management so effektiv gestaltet werden. Entsprechend dem hierarchischen Aufbau des Messnetzes wurde dieses Messprogramm an allen 8 personell besetzten, ausgewählten Containermessstandorten und an neu zu errichtenden Depositionsmesspunkten eingerichtet. Die errichteten Messpunkte stellen Schnittstellen zu anderen Umweltbeobachtungsprogrammen, wie z. B. zu den forstlichen Dauerbeobachtungsflächen (ICP forest level II) im Falle der Standorte Wurmberg, Solling, Hilchenbach, zu Standorten der Ökosystemforschung (Melpitz, Regnitzlosau, später Bornhöved), zu Biosphärenreservaten (Zingst, Angermünde) und zu Bodendauerbeobachtungsflächen (Kehl) dar und bieten den Bundesländern die Möglichkeit, die entsprechenden Ergebnisse ihrer Messprogramme mit denen des UBA-

Messprogrammes zu vergleichen. Deutschland verfügt somit über einen Ansatz, die überregionale Vergleichbarkeit der erhobenen Depositionswerte herstellen zu können.

Als Grundlage für die Auswahl der Probenahmetechnik für dieses Programm dienten die Ergebnisse aus dem F+E-Vorhaben „Vergleich der Depositionsmessungen in der Bundesrepublik Deutschland und der ehemaligen DDR" /WIN 93a/ sowie die Ergebnisse des wet-only-Sammlervergleiches in /WIN 89/. Das Messprogramm sieht die Überwachung der Hauptionen sowie orientierende Messungen (Screening) ausgewählter Metalle (Pb, Cd, Cu, Zn, Mn) vor. Schwermetalle und Hauptionen werden in derselben Probe bestimmt. Dabei wird in Kauf genommen, dass insbesondere bei der Probenahme bestimmte Qualitätssicherungsmaßnahmen (z. B. regelmäßige Säurekonditionierung der Sammelapparatur sowie Ansäuern der Probe direkt in der Sammelflasche) nicht erfolgen können. Deshalb wird von einem Schwermetallscreening gesprochen.

Die Umsetzung des Konzeptes erfolgte in mehreren Stufen:

1. Ersetzung der bisherigen Probenahmetechnik durch moderne Niederschlagssammler vom Typ NSA 181/KD (Hersteller: Firma Eigenbrodt, Königsmoor) bzw. Neuausstattung an Standorten in den neuen Bundesländern und Aufnahme des Messbetriebes für die Bestimmung der Deposition der Hauptionen bis Ende 1991

2. Aufnahme des Messbetriebes nach Installation von weiteren Sammlern vornehmlich an den bestehenden UBA- und neuen Standorten in den alten Bundesländern und Aufnahme des Schwermetallscreenings an allen bis dahin eingerichteten Standorten Ende 1993

3. Komplettierung des Messprogramms durch die messtechnische Ausstattung und Inbetriebnahme weiterer Messpunkte (1994: Helgoland, Wurmberg; 1995: Eining, Hilchenbach, Murnau)

Für die Verwirklichung des dargestellten Konzeptes wurde im Ergebnis einer bundesweiten Ausschreibung der Zuschlag dem heutigen Institut für Energetik und Umwelt gemeinnützige GmbH, Leipzig, erteilt.
Aus Tabelle 1.1 sind alle damals errichteten Depositionsmessstellen mit Koordinatenangabe und dem jeweiligen Zeitpunkt der Inbetriebnahme ersichtlich. Im Rahmen von Veränderungen des UBA-Luftmessnetzes wurden seither einige Niederschlagssammler umgesetzt. Gegenwärtig sind in der Bundesrepublik Deutschland 30 Messstellen des Umweltbundesamtes zur Erfassung der nassen Deposition in Betrieb, deren geographische Lage aus der Übersichtskarte Bild 1.2 hervorgeht.

Tabelle 1.1:   Depositionsmessstellen des Umweltbundesamtes und Inbetriebnahme der Niederschlagssammler

Messstelle	Typ	Bundesland	Gauß - Krüger		Höhe über NN m	Betrieb seit
			Hochwert	Rechtswert		
Angermünde	CS	Brandenburg	5880309	4633721	48	10.06.1993-26.04.1999
Ansbach	CS	Freistaat Bayern	5457600	4397000	481	13.10.1993
Bassum	CS	Niedersachsen	5857700	3479200	52	27.10.1993
Bornhöved	CS	Schleswig-Holstein	5697400	3546700	75	26.11.1997
Brotjacklriegel	MS	Freistaat Bayern	5409700	4589600	1016	12.10.1993
Deuselbach	MS	Rheinland-Pfalz	5514500	2576000	480	15.10.1993
Doberlug-Kirchhain	CS	Brandenburg	5725707	4609586	97	22.06.1993
Dunum	MP	Niedersachsen	5928000	2605400	3	31.03.1998
Eining	MP	Freistaat Bayern	5413000	4483000	360	14.11.1994
Falkenberg	CS	Brandenburg	5782200	4646250	64	10.11.1998
Helgoland	CS	Schleswig-Holstein	6005096	4268076	50	20.04.1994
Hilchenbach	MP	Nordrhein-Westfalen	5644200	3443300	635	10.11.1994
Hohenwestedt	CS	Schleswig-Holstein	5695400	3506700	20	26.10.1993-25.11.1997
Kehl	MP	Baden-Württemberg	5382520	3413000	135	06.11.1997
Kienhorst	CS	Brandenburg	5871300	4612700	50	03.06.1999
Lehnmühle	CS	Freistaat Sachsen	5634000	4612400	527	03.11.1993
Leinefelde	CS	Freistaat Thüringen	5697527	3591635	356	28.06.1993
Lindenberg	CS	Brandenburg	5786700	4644750	98	07.06.1993-06.10.1998
Lückendorf	CS	Freistaat Sachsen	5632600	5485300	490	21.06.1993
Melpitz	CS	Freistaat Sachsen	5710400	4564300	86	23.06.1993
Murnau	CS	Freistaat Bayern	5279475	4440075	622	04.07.1995-11.05.1999
Neuglobsow	MS	Brandenburg	5890500	4569100	62	08.06.1993
Regnitzlosau	CS	Freistaat Bayern	5574500	4504500	595	11.10.1993
Schauinsland	MS	Baden-Württemberg	5308800	3418300	1205	14.10.1993
Schmücke	MS	Freistaat Thüringen	5613990	4412773	937	29.06.1993
Solling	CS	Niedersachsen	5736350	3539850	500	29.10.1993
Teterow	[CS]	Mecklenburg-Vorp.	5959876	4540889	46	11.06.1993
Twixlum	MP	Niedersachsen	5915990	2575370	2	28.10.1993-31.03.1998
Ueckermünde	CS	Mecklenburg-Vorp.	5958622	5438430	1	10.06.1993
Waldhof	MS	Niedersachsen	5853300	4416200	74	25.10.1993
Westerland	MS	Schleswig-Holstein	6083200	3456800	12	15.12.1994
Wiesenburg	CS	Brandenburg	5776552	4531970	187	16.06.1993
Wurmberg	MP	Niedersachsen	5736540	4404550	992	12.11.1994
Zingst	MS	Mecklenburg-Vorp.	6034340	4554220	1	10.06.1993

MS - personell besetzte Messstelle, MP - Messpunkt
CS – Containerstation, [CS] – zeitweilige Containerstation

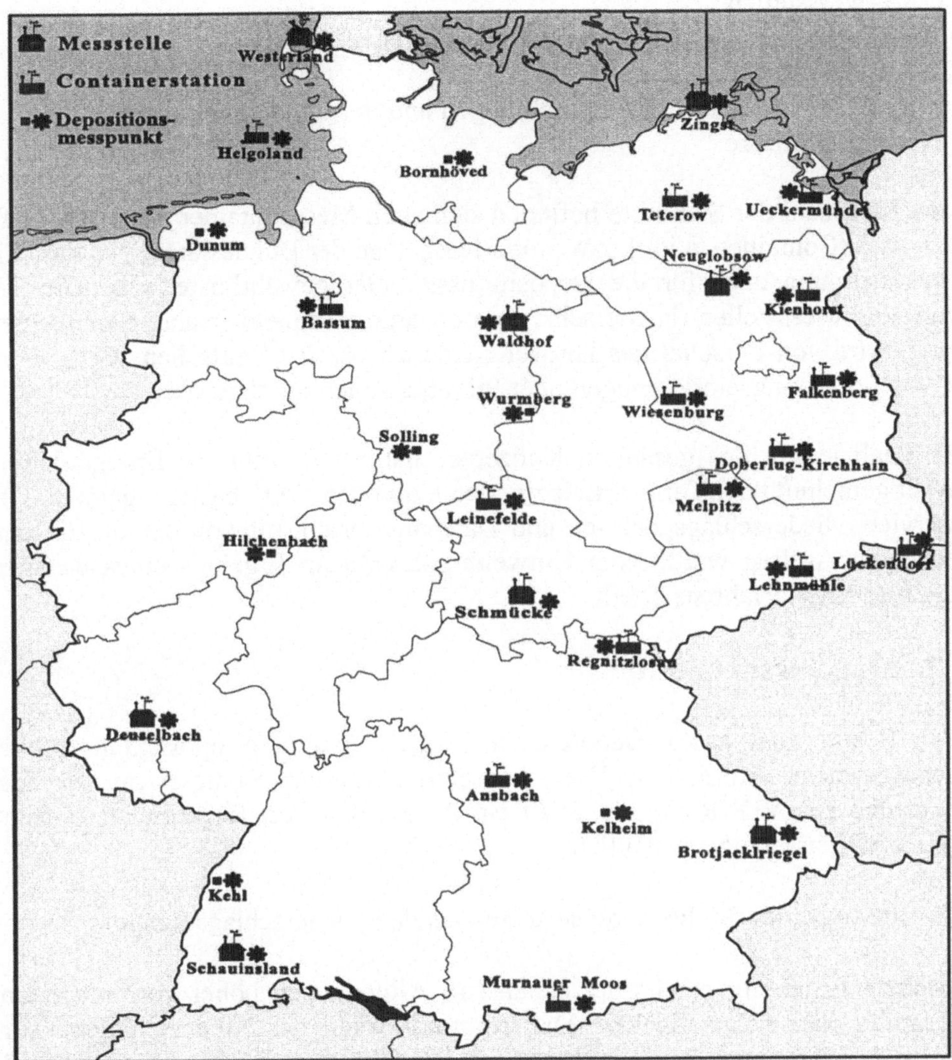

Bild 1.2:   Wet-only-Messnetz des Umweltbundesamtes
            (Quelle: Umweltbundesamt)

Während in den neuen Bundesländern die Messorte durch die Übernahme vorgegeben waren und auf Grund ihrer günstigen Verteilung im Wesentlichen belassen
wurden, musste in den alten Bundesländern bei der Festlegung der Standorte auf
die Einbeziehung möglichst breiter Regionen geachtet werden. So sind sowohl die
Küstengebiete als auch die Mittelgebirge bis hin zum Voralpenland berücksichtigt, entfernt von Industrie- und Ballungsgebieten.

Als Sammlerstandorte werden folgende Liegenschaften genutzt:
- UBA-Messstellen
- Wetterstationen des Deutschen Wetterdienstes (DWD)
- Warnämter für Zivilschutz
- Messfelder von Forschungseinrichtungen und der Ländermessnetze
- Privatgrundstücke

An der Mehrzahl der Standorte befinden sich auch Messcontainer des UBA-Luft-messnetzes (Containerstation) bzw. von Messnetzen der Bundesländer, so dass die Stromversorgung auch für die Depositionssammler gewährleistet war. Die Betreuung der Messstellen (Niederschlagsprobenahme, Probenversand, Sammlerreinigung) wird von Personal des Umweltbundesamtes, des Deutschen Wetterdienstes, von Forschungseinrichtungen oder Privatpersonen durchgeführt.

Nach Realisierung des gesamten Konzeptes hat das Institut für Energetik und Umwelt gemeinnützige GmbH, Leipzig, den laufenden Betrieb (Management, Geräteservice, Niederschlagsanalysen und Datenauswertung) übernommen. Ein entsprechender Auftrag wurde vom Umweltbundesamt im Ergebnis eines weiteren Ausschreibungsverfahrens erteilt.

1.2.3 Eingesetzte Geräte

Für die Bestimmung nasser Depositionen ist die Gewinnung repräsentativer Niederschlagsproben erforderlich. Die eingesetzten wet-only-Sammler müssen deshalb gemäß der VDI-Richtlinie 3870 Bl. 2 „Messen von Regeninhaltsstoffen" folgende Voraussetzungen erfüllen:

- Sammlung einer für die Analyse ausreichenden Niederschlagsmenge.

- Sichere Erfassung bereits der ersten (im Allgemeinen höher konzentrierten) Tropfen oder Schneeflocken. Die Empfindlichkeit des Niederschlagssensors muss gewährleisten, dass Ereignisse mit Intensitäten ab 0,05 mm/h in mehr als 80 % aller Fälle erfasst werden /WIN 93/.

- Vermeidung des Aufnehmens von Trockendeposition in niederschlagsfreien Zeiten (schnelles Schließen nach Niederschlagsende).

- Vermeidung des Eintrages von Spritzwasser von außerhalb des Sammeltrichters gelegenen Flächen.
  Vermeidung des Einflusses von Trichter- und Sammelbehältermaterial auf die Zusammensetzung der Probe. Für die Erfassung der Hauptinhaltsstoffe, den Säureüberschuss und löslicher Spurenmetalle kann als Material unter anderem Polyethylen (PE) verwendet werden. Bei Verwendung von PVC ist besonders

bei Spurenmetallen infolge von Adsorptions- oder Ionenaustauschprozessen mit erheblichen Unsicherheiten zu rechnen /LAW 98/.

- Minimierung von Verdunstungsverlusten (Optimierung Trichterform, luftdichte Anbindung der Sammelflasche an den Trichterauslauf).

- Vermeidung von licht- oder temperaturinduzierten Veränderungen der gesammelten Probe (Lichtabschluss und Thermostatisierung, 4 °C, der Probe, besonders bei längerem Probenahmeintervall, z. B. Wochenprobe.

- Gewährleistung der Schneeschmelze (Trichterheizung).

- Verhinderung des Gefrierens der Probe (Flaschenraumtemperierung).

Die Erfüllung dieser Kriterien wird durch eine entsprechende konstruktive Ausführung der Sammler erreicht.

Die Inbetriebnahme des UBA-Depositionsmessnetzes erfolgte in den neuen Bundesländern zunächst mit dem vom Meteorologischen Dienst der ehemaligen DDR übernommenen ANTAS-Sammler, dessen Aufbau schematisch im Bild 1.3 dargestellt ist.

Der ANTAS-Sammler weicht in folgenden wesentlichen Merkmalen von den Forderungen der VDI 3870 Bl. 2 ab:

- Fertigungsmaterial PVC

- Trichterform abweichend

- Keine Thermostatisierung der Probe

- Offener Sammelbehälter (Kontakt der Probe zur Außenluft).

Als Nachteil erwies sich ferner, dass der ANTAS-Sammler keinen automatischen Sammelflaschenwechsel besitzt, so dass zur exakten Einhaltung des vorgegebenen Sammelintervalls eine strenge Termintreue für die Probenentnahme erforderlich ist. Der Einsatz des ANTAS-Sammlers war aus der Sicht der heutigen Qualitätsanforderungen eine Übergangslösung und auf Grund der genannten Mängel machte sich zwecks Qualitätssicherung eine Überprüfung der damit erzielten Ergebnisse notwendig (s. Kap. 1.2.6).

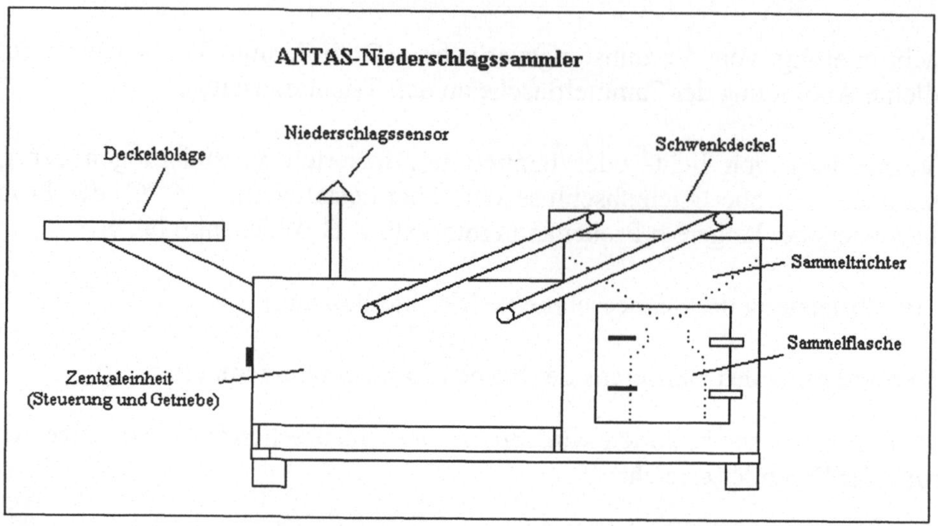

Bild 1.3: Schematischer Aufbau des ANTAS-Niederschlagssammlers

Im gesamten Depositionsmessnetz des Umweltbundesamtes wird derzeit der Niederschlagssammler NSA 181 / KD der Firma Eigenbrodt, Königsmoor, eingesetzt, der im Bild 1.4 zu sehen ist und dessen wichtige technische Daten in Tabelle 1.2 angegeben sind. Er erfüllt alle oben genannten Forderungen an die Probengewinnung und hat sich in dem mehrjährigen Betrieb des UBA-Messnetzes auch unter rauen klimatischen Bedingungen (z. B. Gebirgsstandorte) sehr gut bewährt.

Tabelle 1.3 zeigt noch einmal wesentliche Unterschiede zwischen ANTAS- und Eigenbrodt-Sammlern und verdeutlicht damit die Vorteile des jetzt verwendeten Gerätes.

Für einen reibungslosen kontinuierlichen Messnetzbetrieb sind sowohl regelmäßige Wartungen der Niederschlagssammler als auch umgehende Reparaturen bei Geräteausfällen unabdingbar. Auf Grund der großen Sammleranzahl (30 Stück) und der langen Betriebszeit (ca. 9 Jahre) konnte eine Reparaturstatistik erstellt werden. Am häufigsten traten Defekte bei Flaschen- und Trichterheizung (26 %), Niederschlagssensor (25 %), Schaltuhr (15 %) sowie beim mechanischen Teil des Deckelantriebes (11 %) auf.

Bild 1.4: Niederschlagssammler der Firma Eigenbrodt
(Wet-only-Sammler)

Wie in Kap. 1.1.3 beschrieben, muss für die Ermittlung der nassen Depositionen die jeweilige Niederschlagsmenge bekannt sein. Beim Deutschen Wetterdienst ist für die Niederschlagsmessung das Niederschlagsmessgerät nach Hellmann entsprechend DIN 58666 im Einsatz /VDI 85/. An zwei Drittel der Depositionsmessstellen konnte die Niederschlagsmessung sowohl mit dem Eigenbrodt-Sammler als auch mit dem Hellmann-Gerät durchgeführt werden. In der Regel sind die mit dem Eigenbrodt-Sammler ermittelten Niederschlagsmengen etwas niedriger, weil

- der Sammeltrichter nach Niederschlagsbeginn mit einer geringen Verzögerung öffnet (besonders bei Schneefall oder Griesel),

- wegen der unterschiedlichen Größe und Form der Sammeleinrichtung strömungsbedingte Unterschiede vorhanden sind.

Tabelle 1.2: Technische Daten des Eigenbrodt-Niederschlagsammlers NSA 181 / KD

Technische Daten: Niederschlagssammler NSA 181 / KD	
Sammeltrichter	
Material	Polyethylen
Auffangfläche	500 cm^2
Niederschlagssensor RS 85	
Status	Niederschlag ja/nein
Einschaltung	Unverzögert
Ausschaltung	Verzögert
Betriebsspannungen	
Gesamt	230 VAC, 50 Hz max 600 VA
Kühlung	220 VAC, 50 Hz, 150 VA
Motor-Trichterabdeckung	24 VDC
Motor-Drehkopf	6 VDC
Gleichspannungsversorgung	Geräteintern
Heizungen	proportional geregelt
Trichterheizung	24 VDC
Probenflaschenheizung	24 VDC
Abmessungen	
Gesamthöhe	1500 mm
Gehäuseabmessungen	H 920 / T 520 / B 500 mm
Gewichte	
Gerät	72 kg
Standfuss	22 kg
Sonstige Angaben	
Kühlanlage mit Abtauautomatik	FCKW-frei, Kältemittel R 134a
Doppelwandiges isoliertes Gehäuse	PVC
Sammelflaschen	2 Stück zu je 5 Liter

Der in Bild 1.5 dargestellte Vergleich der Sammeleffizienz beider Geräte zeigt, dass die mit dem Eigenbrodt-Sammler ermittelte Niederschlagsmenge im Durchschnitt nur 93 % derjenigen des Hellmann-Gerätes beträgt.

An den Messstellen Brotjacklriegel und Dunum werden automatische Niederschlagsmesser mit Wippe nach Joss-Tognini (Hersteller: Lambrecht GmbH Göttingen) betrieben; die Erfassung der Niederschlagsdaten erfolgt mit dem Datenlogger BDE 535 (Forschungstechnik und Computersysteme Gülzow).

Tabelle 1.3: Vergleich ANTAS- und Eigenbrodt-Sammler

Funktionsteil	Eigenbrodt-Sammler	ANTAS-Sammler
Auffangfläche	$500\ cm^2$	$2300\ cm^2$
Trichtermaterial	PE	PVC
Niederschlagssensor	Leitfähigkeitsprinzip	Leitfähigkeitsprinzip
	4-Seitensensor	3-Seitensensor
	Kammelektrode vergoldet	Kammelektrode verzinnt
Trichterheizung	ja	ja
Sensorheizung	ja	ja
Flaschenheizung	ja	nein
Probenkühlung	ja (4 °C)	nein
Automat. Flaschenwechsel	ja	nein
Höhe Sammelöffnung	150 cm	105 cm
Trichterdurchmesser	25,2 cm	54,1 cm
Länge zylindr. Trichterteil	15,0 cm	20,0 cm
Benetzungsverlust /WIN 93/	8,7 g	38,9 g

1.2.4 Messprogramm und Probenahmeregime

Das Messprogramm umfasst die Bestimmung aller für die Ionenbilanz relevanten
Stoffe (Hauptionen) und der Schwermetalle Blei (Pb), Kadmium (Cd), Kupfer
(Cu), Zink (Zn) und Mangan (Mn), s. Tabelle 1.4.
Für die Azidität der Niederschläge ist der pH-Wert eine wichtige Messgröße sowie die Leitfähigkeit als Maß für die Verunreinigung des Niederschlagswassers
insgesamt. Desweiteren ist die Bestimmung der Niederschlagsmenge eine Voraussetzung für die Berechnung der Depositionen.

Entsprechend der Aufgabenstellung für dieses Messprogramm, Informationen zur
Entwicklung der jährlichen Stoffeinträge in Background-Gebieten zu erhalten, ist
eine wöchentliche Probenahme ausreichend. Dies steht gleichermaßen in Übereinstimmung mit den Anforderungen für HELCOM und OSPAR. Das Sammelintervall ist definiert von dienstags 9 Uhr bis Folgewoche dienstags 9 Uhr MEZ, in

Übereinstimmung mit den Empfehlungen der WMO. Die wöchentliche Probenahme umfasst folgende Arbeitsschritte:

* Messung der gesammelten Niederschlagsmenge (Messzylinder bzw. Wägung)
* Abfüllen einer Teilmenge in PE-Probefläschchen (100 ml)
* Ausfüllen eines Protokollzettels zu jeder Probe
* Probenlagerung bei 4 °C
* Postversand der Proben (in der Regel alle 2 Wochen) an das akkreditierte Labor für Umweltanalytik der IfE Leipzig GmbH.

Tabelle 1.4:   UBA-Messprogramm zur Erfassung nasser Depositionen

UBA-Messprogramm zur Erfassung nasser Depositionen	
Messorte	30 Messstellen davon: 8 UBA-Messstellen 15 Messcontainer-Standorte 7 Sonstige Messpunkte
Niederschlagssammler	NSA 181 / KD Hersteller: Fa. Eigenbrodt
Sammelintervall	Wochenproben Dienstag bis Dienstag 9 Uhr MEZ
Messparameter	Niederschlagsmenge Leitfähigkeit pH-Wert Hauptionen: SO_4^{--}, NO_3^-, Cl^-, NH_4^+, Na^+, K^+, Ca^{++}, Mg^{++} Schwermetalle: Pb, Cd, Cu, Zn, Mn

Beträgt die gesammelte Niederschlagsmenge weniger als 30 ml bzw. 0,6 mm, wird keine Probe genommen.

Im Durchschnitt fallen in etwa 20 % der Jahreswochen wegen fehlenden oder nicht ausreichenden Niederschlags keine Proben an. Daraus resultiert für das gesamte UBA-Depositionsmessnetz (z. Z. 30 Messstellen) ein jährliches Gesamtprobenaufkommen von ca. 1250 Wochenproben.

Zur Sicherung einer repräsentativen Probenahme sind entsprechende Qualitätssicherungsmaßnahmen festgelegt, die in Anweisungen an die Messstellenbetreuer dokumentiert sind (s. Kap. 1.2.6.1).

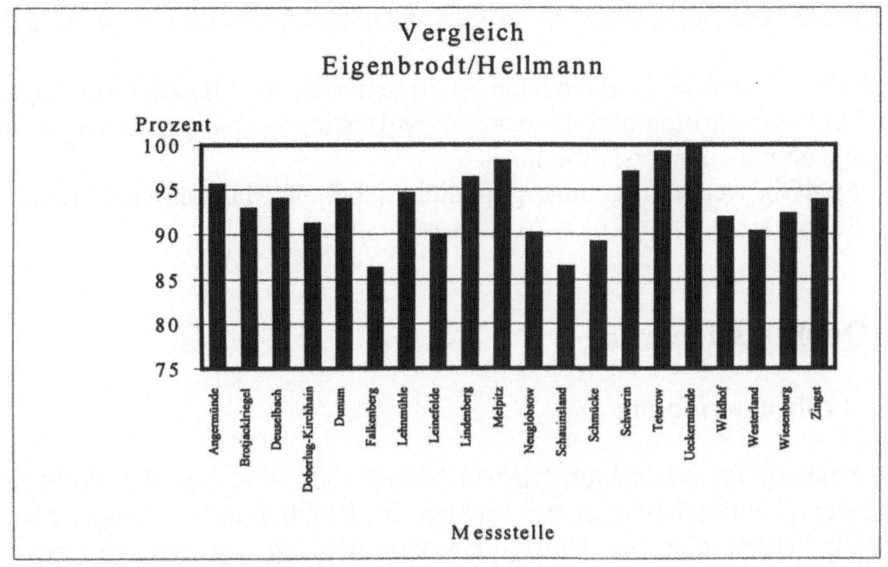

Bild 1.5:   Vergleich der Sammeleffizienz Eigenbrodt- zu Hellmann-Sammler (=100 %)

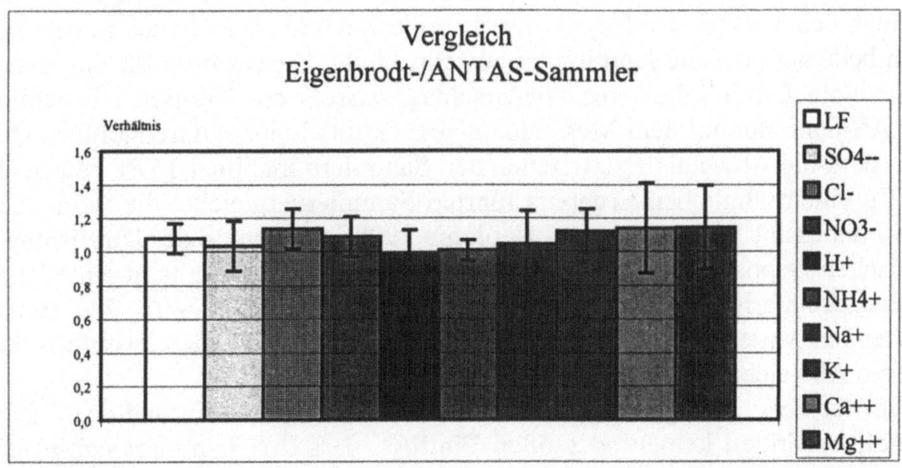

Bild 1.6: Vergleich der Probenanalysen von Eigenbrodt- und ANTAS-Sammler
           (LF = Leitfähigkeit)

1.2.5 Analysenmethoden und Bestimmungsgrenzen

Die Analytik der wet-only-Proben wird vom Labor für Umweltanalytik der IfE
Leipzig GmbH in der Regel innerhalb einer Woche nach Probeneingang durchgeführt. Bis zur Analyse werden die Proben unter Lichtabschluss bei 4 °C gekühlt
gelagert.
Aus Tabelle 1.5 sind die verwendeten Analysenmethoden, die als Grundlage die-
nenden DIN-Vorschriften und die derzeitigen Bestimmungsgrenzen der zu analy-
sierenden Komponenten ersichtlich.
Für die Analytik werden regelmäßig qualitätssichernde Maßnahmen durchgeführt
(s. Kap. 1.2.6.2).

1.2.6 Qualitätssicherung

1.2.6.1 Probengewinnung

Zur Gewinnung unverfälschter Niederschlagsproben sind bei der Probenahme
Aspekte der Qualitätssicherung zu beachten. Im Hinblick auf die eingesetzte Gerätetechnik betrifft dies die Umstellung von ANTAS- zu Eigenbrodt-Nieder-
schlagssammlern, die Sammlerkonditionierung und die routinemäßige Sammlerreinigung, aber auch Probentransport sowie Betriebssicherheit.

Sammlervergleich

Bei der Sammlerumrüstung des Messnetzes in den neuen Bundesländern musste
die Frage beantwortet werden, ob der Sammlerwechsel einen Bruch in den Messreihen bedeutet oder die Kontinuität gewahrt bleibt. Dazu wurde für die Hauptionen und die Leitfähigkeit des Niederschlagswassers ein Vergleich Eigenbrodt-
/ANTAS-Sammler auf dem Messfeld der IfE GmbH Leipzig durchgeführt. Dieser
ergab, dass die Abweichung zwischen den Sammlern maximal 15 % betrug (Bild
1.6). Zu einem ähnlichen Ergebnis führten Sammlervergleiche, die vom Sächsischen Landesamt für Umwelt und Geologie 1998 im Rahmen der Umrüstung des
sächsischen Depositionsmessnetzes und die vom Landesumweltamt Brandenburg
während dreijähriger Parallelmessungen gewonnen wurden /WIL 99/. Bei entsprechenden Untersuchungen des Umweltbundesamtes wurden ebenfalls keine
größeren Abweichungen festgestellt /UMW 92/.
Die Unterschiede, bezogen auf die Auffangfläche, Trichterform und das Trichter-
material, bewirkten keinen so großen Einfluss, dass der Sammlerwechsel einen
Bruch in den Messreihen bedeuten würde. Wie Tests ergaben, ist der ANTAS-
Sammler zur Erfassung von Schwermetalldepositionen nicht geeignet (Material
PVC). Für die Bestimmung von Schwermetalleinträgen wurde er auch nicht eingesetzt.

Tabelle 1.5: Analysenmethoden und Bestimmungsgrenzen

Komponente	Analysenmethode und DIN-Vorschrift	Bestimmungsgrenze $\mu g/l$	$\mu eq/l$
Cl^-	IC DIN 38405-D19	10	0,28
NO_3^-	IC DIN 38405-D19	10	0,16
SO_4^{--}	IC DIN 38405-D19	10	0,21
NH_4^+	IC entspr. DIN 38405-D19	10	0,55
K^+	IC entspr. DIN 38405-D19	10	0,25
Ca^{++}	IC entspr. DIN 38405-D19	10	0,50
Mg^{++}	IC entspr. DIN 38405-D19	10	0,80
Na^+	IC entspr. DIN 38405-D19	10	0,43
Blei	Graphitrohr-AAS DIN 38406-E6-3	0,40	
Kadmium	Graphitrohr-AAS DIN 38406-E19-3	0,05	
Kupfer	Graphitrohr-AAS DIN 38406-E7-2	0,20	
Mangan	Graphitrohr-AAS entspr.DIN 38406	0,50	
Zink	Graphitrohr-AAS entspr.DIN 38406	1,00	

Sammlerkonditionierung

Besonders beim Einsatz neuer Sammler, Sammelflaschen und Probenflaschen können den mit dem Niederschlagswasser in Berührung kommenden Oberflächen noch von den Herstellungsprozessen stammende Verunreinigungsspuren anhaften, was eine Verfälschung der Niederschlagsproben zur Folge haben kann. Um diese Möglichkeit auszuschließen, wurden die Oberflächen durch folgendes Konditionierungsverfahren gereinigt:

- 2 Tage Exposition mit verdünnter HNO_3 (pH 3)

- Gründliches Spülen mit warmem und kaltem Leitungswasser

- 2-maliges Spülen mit destilliertem Wasser

- 1-maliges Spülen mit Deionat

- Abschließend 2 Tage Exposition mit Deionat.

Diese Prozedur ist als prophylaktische Qualitätssicherungsmaßnahme anzusehen. In der Praxis zeigte sich, dass die Unterschiede der mit konditionierten und unkonditionierten Sammlern gewonnenen Proben bei den Hauptionen eher gering sind. Wie Bild 1.7 zeigt, wurden lediglich bei den H^+- und K^+-Konzentrationen größere Abweichungen festgestellt. Bei den Schwermetallbestimmungen lieferten die unkonditionierten Sammler vor allem bei Blei und Kupfer höhere Werte, so dass die Konditionierung auf jeden Fall durchgeführt werden sollte.

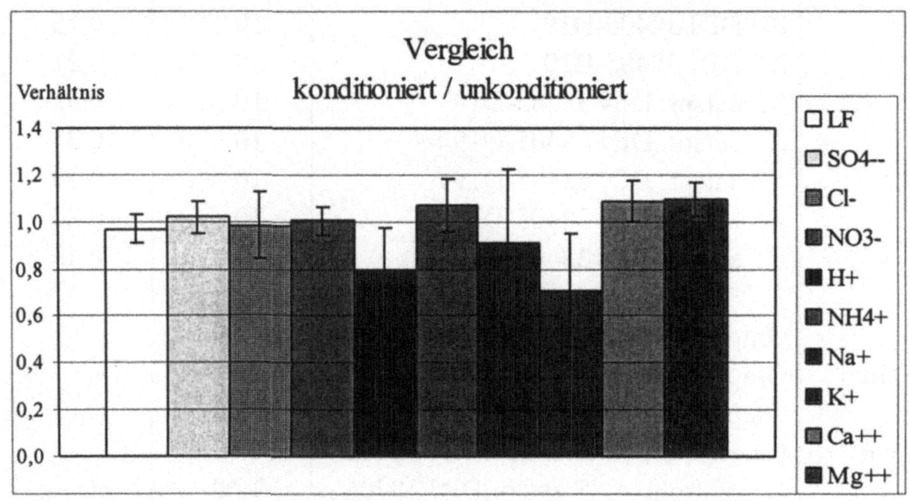

Bild 1.7:   Vergleich der Probenanalysen von konditionierten und unkonditionierten Eigenbrodt-Sammlern (LF = Leitfähigkeit)

Routinemäßige Sammlerreinigung

Eine unbedingte Voraussetzung für eine repräsentative Niederschlagsprobenahme ist eine saubere Sammelvorrichtung. Die Reinigung des Sammlers darf grundsätzlich nur mit destilliertem Wasser erfolgen. Alle mit Niederschlagswasser in Berührung kommenden Innenflächen dürfen nicht mit bloßen Händen angefasst werden. Den Messstellenbetreuern liegen hinsichtlich der Verfahrensweise schriftliche Anweisungen vor, in denen festgelegt ist:

-   Monatliche gründliche Reinigung von Sammeltrichter, Ablaufschlauch und Verteilerteller

-   Spülung der Sammelflaschen nach jeder Probenahme

-   Reinigung des Niederschlagssensors in größeren Abständen bzw. bei sichtbarer Verschmutzung.

Die PE-Oberflächen von Sammeltrichter und Sammelflaschen sind herstellungsbedingt nicht immer ideal glatt, so dass an rauen Stellen bei längerem Gebrauch Verschmutzungen auftreten können, die von den Messstellenbetreuern vor Ort mit einfachen Mitteln nicht beseitigt werden können. Diese Teile werden vom Wartungspersonal ausgetauscht und im Labor einer Reinigung unterzogen.

Probentransport

Die gesammelten Niederschlagsproben werden bis zum Zeitpunkt der Analyse bei 4 °C gekühlt gelagert. Diese Kühlung wird nur während des Postversandes unterbrochen, der in der Regel 1-2 Tage dauert. Es war deshalb zu prüfen, inwieweit während des Transportes bei höheren Temperaturen eine Veränderung der Proben eintreten kann, besonders des pH-Wertes. Über einen Zeitraum von einem halben Jahr wurde 1994 bei den Proben der Messstellen Brotjacklriegel, Deuselbach, Neuglobsow, Schauinsland, Schmücke, Waldhof und Zingst der pH-Wert und die Leitfähigkeit vor dem Postversand an den Messstellen und unmittelbar nach Posteingang im Labor gemessen. In jeder Postsendung wurden Temparaturmodule mitgeschickt, die die während des Transportes aufgetretene Maximaltemperatur registrierten. Der Untersuchungszeitraum erstreckte sich auch über die Sommermonate, in denen Temperaturen auch über 30 °C auftraten. Stellvertretend für diese Untersuchungen sind in den Bildern 1.8 und 1.9 die an der Messstelle Deuselbach und die im IfE-Labor ermittelten Messwerte von pH-Wert und Leitfähigkeit gegenübergestellt. Da sich die Abweichungen, abgesehen von wenigen Ausnahmen, im normalen Toleranzbereich bewegen, kann davon ausgegangen werden, dass die Unterbrechung der Probenkühlung während der Transportzeit von 1-2 Tagen auch bei Sommertemperaturen zu keinen generellen Messwertveränderungen bei pH-Wert und Leitfähigkeit führt /IFE 94/. Die Verfahrensweise der Verschickung der Niederschlagsproben auf dem Postweg ist im Hinblick auf die Qualitätssicherung als zulässig anzusehen. Zur Minimierung transportbedingter Einflüsse ist in der Arbeitsanweisung für das Betreuungspersonal das Versenden der Proben jeweils am Wochenanfang festgelegt (Vermeidung der Postlagerung an Wochenenden).

Betriebssicherheit

Für eine qualitätsgerechte Niederschlagsprobenahme und hohe Datenverfügbarkeit ist eine sichere Funktionsweise des Wet-only-Sammlers unbedingte Voraussetzung. Zur Überwachung der Sammlerfunktionen und frühzeitigen Erkennung von Unregelmäßigkeiten ist das Betreuungspersonal angewiesen, vor allem auf folgende Punkte zu achten:

-   Öffnet der Sammler bei einem Niederschlagsereignis zuverlässig?

- Ist die Heizung des Niederschlagssensors in Ordnung?
  (Die Sensorheizung gewährleistet, dass der Sammler nach Ende des Niederschlagsereignisses schnell wieder schließt und bei Tau nicht öffnet.)

- Erfolgt der Flaschenwechsel zum festgelegten Zeitpunkt?

- Kühlt das Kühlaggregat? (Sommerbetrieb)

- Funktioniert die Sammeltrichterheizung? (Winterbetrieb)

Die ständigen Funktionskontrollen haben wesentlich dazu beigetragen, dass die Sammlerausfälle im UBA-Messnetz gering gehalten werden konnten. Über den gesamten Untersuchungszeitraum und alle Messstellen wurden 98 % aller möglichen Wochenproben gewonnen, was einen hohen Erfassungsgrad darstellt.

1.2.6.2 Analysen

Die Analyse der Niederschlagsproben wird im Labor für Umweltanalytik der IfE Leipzig GmbH durchgeführt, das die Kompetenz nach DIN EN 45001 besitzt und für Prüfungen in den Bereichen physikalische, physikalisch-chemische und chemische Untersuchungen von Abwasser, Wasser, Trinkwasser, Schlamm, Sedimenten und Boden vom Deutschen Akkreditierungsrat akkreditiert ist.

Für die Qualitätssicherung der Analysentätigkeit im Rahmen des UBA-Depositionsmessnetzes nimmt das Umweltlabor regelmäßig an Ringvergleichen teil, die sich speziell auf die Analyse von Niederschlagswässern beziehen. Diese Maßnahmen umfassen:

- Internationale Ringvergleiche im Rahmen des „Co-operative Programme for Monitoring and Evaluation of the Long Range Transmission of Air Pollutants in Europe" (EMEP), organisiert vom Norwegischen Institut für Luftforschung (NILU) in Kjeller

- Internationale Ringvergleiche der World Meteorological Organization (WMO)

- Teilnahme an internen Laborvergleichen des Umweltbundesamtes

- Ringvergleiche im Rahmen des Projektes „Optimierung emissionsmindernder Maßnahmen bei gleichzeitiger Kontrolle der Azidität- und Luftschadstoffentwicklung für die Grenzregionen des Freistaates Sachsen" (OMKAS), organisiert vom Sächsischen Landesamt für Umwelt und Geologie.

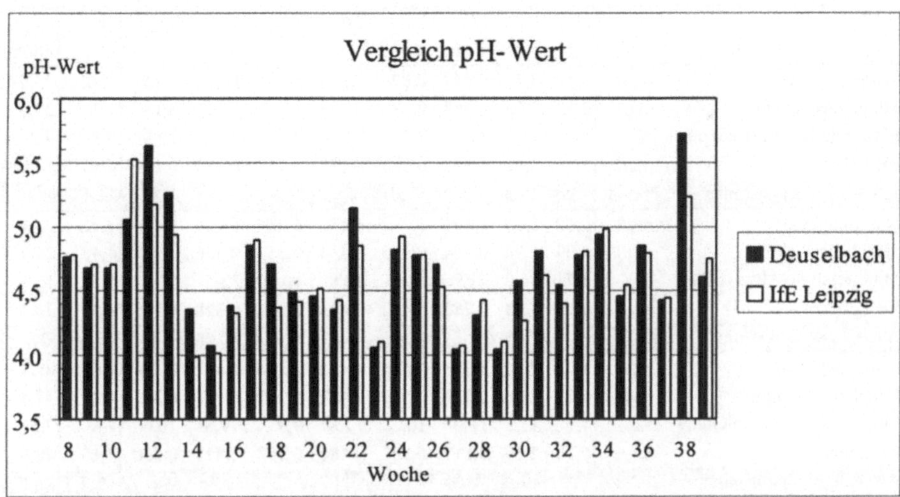

Bild 1.8: Vergleich der pH-Werte vor und nach dem Probentransport für die Messstelle
Deuselbach (8. – 39. Woche 1994)

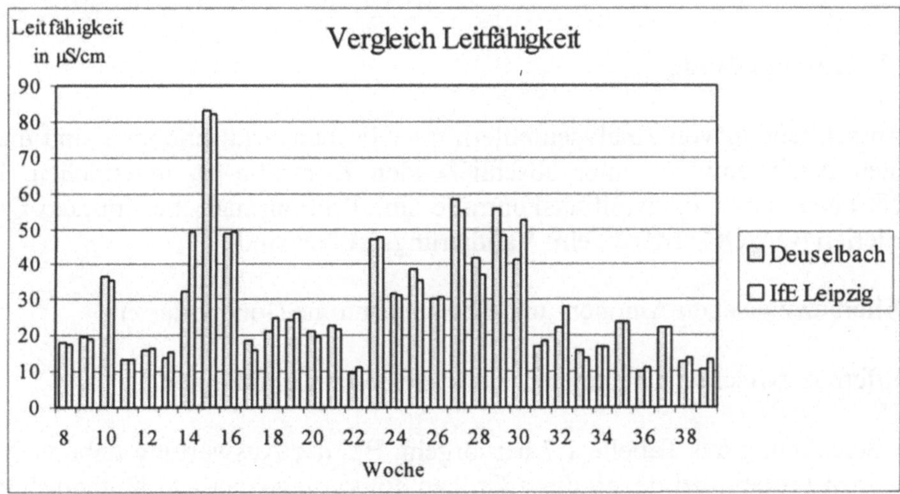

Bild 1.9: Vergleich der Leitfähigkeit vor und nach dem Probentransport für die Messstelle
Deuselbach (8. – 39. Woche 1994)

Die wiederholte Teilnahme an internationalen und nationalen Laborvergleichen
trägt zu einem hohen Maße zur Qualitätssicherung der Niederschlagsuntersu-
chungen bei. Tabelle 1.6 zeigt als Beispiel die Ergebnisse des EMEP-Ringvergleiches 1997 in zusammengefasster Form.

Tabelle 1.6: Ergebnisse des EMEP-Ringvergleiches 1997

Probe Nr.	Größe		SO_4^{--}	NO_3^-	Cl^-	NH_4^+	Na^+	K^+	Ca^{++}	Mg^{++}	pH	LF µS/cm
1	Erwartungswert	mg/l	3,12	3,12	0,463	0,826	0,300	0,178	0,287	0,155	4,42	29,0
	Mittel aller Labors	mg/l	3,12	3,03	0,468	0,836	0,293	0,188	0,306	0,157	4,45	27,6
	Mittl. relative Abweichung	%	6,4	16,5	14,2	7,3	9,8	20,7	41,2	19,9	2,8	9,7
	IfE-Labor	mg/l	3,24	3,14	0,552	0,880	0,292	0,175	0,283	0,145	4,53	24,9
	Abweich. v. Erwartungswert	%	+3,8	+0,6	+19,2	+6,5	-2,7	-1,7	-1,4	-6,5	+2,5	-14,1
2	Erwartungswert	mg/l	3,09	2,00	0,695	0,464	0,451	0,255	0,326	0,170	4,47	25,9
	Mittel aller Labors	mg/l	3,09	1,94	0,704	0,475	0,434	0,257	0,336	0,170	4,48	24,7
	Mittl. relative Abweichung	%	8,7	16,0	21,9	11,5	12,6	10,7	32,5	14,6	2,6	11,1
	IfE-Labor	mg/l	3,15	1,98	0,786	0,462	0,443	0,251	0,328	0,155	4,53	25,2
	Abweich. v. Erwartungswert	%	+1,9	-1,0	+13,1	-0,4	-1,8	-1,6	+0,6	-8,8	+1,3	-2,7
3	Erwartungswert	mg/l	6,03	2,26	0,753	0,516	0,488	0,306	0,421	0,248	4,08	49,6
	Mittel aller Labors	mg/l	6,03	2,20	0,749	0,516	0,472	0,309	0,425	0,245	4,09	47,3
	Mittl. relative Abweichung	%	4,1	15,8	10,0	10,2	11,8	9,9	19,5	10,0	1,8	7,5
	IfE-Labor	mg/l	6,12	2,29	0,817	0,507	0,481	0,302	0,411	0,230	4,15	48,0
	Abweich. v. Erwartungswert	%	+1,5	+1,3	+8,5	-1,7	-1,4	-1,3	-2,4	-7,3	+1,7	-3,2
4	Erwartungswert	mg/l	5,70	2,91	0,405	0,774	0,263	0,153	0,383	0,232	4,10	47,8
	Mittel aller Labors	mg/l	5,67	2,81	0,395	0,782	0,256	0,155	0,402	0,229	4,10	45,5
	Mittl. relative Abweichung	%	5,1	16,0	14,4	7,5	11,2	15,8	43,7	12,2	1,8	7,9
	IfE-Labor	mg/l	5,76	2,90	0,460	0,800	0,254	0,150	0,367	0,211	4,16	46,3
	Abweich. v. Erwartungswert	%	+1,1	-0,3	+13,6	+3,4	-3,4	-2,0	-4,2	-9,1	+1,5	-3,1

1.2.6.3 Datenprüfung

Zur Ausschließung von Analysenfehlern oder Probenverfälschungen sind die ermittelten Analysenwerte einer abschließenden Kontrolle zu unterziehen. Dies
schließt neben einer Plausibilitätskontrolle eine Prüfung nach bestimmten Quali-
tätskriterien (QA/QC criteria) ein. Validierungsgrößen sind

-   Differenz zwischen Anionen- und Kationensumme (Ionenbilanz)

-   Differenz zwischen berechneter und gemessener Leitfähigkeit,

deren Berechnung aus Tabelle 1.7 hervorgeht. Bei der Auswertung unberücksich-
tigt bleiben Proben, bei denen diese Größen ein vorgegebenes Maß überschreiten
(Outlier), das vom Wert der Validierungsgröße abhängt. Für die Identifizierung
von Outliern werden die in Tabelle 1.8 aufgeführten Grenzwerte zugrundegelegt,
die von der U. S. Environmental Protection Agency für die Beurteilung von Niederschlagsanalysen vorgegeben wurden und derzeit dafür allgemein verwendet
werden /EPA 94/.

Tabelle 1.7: Validierungsgrößen für die Datenprüfung

Validierungsgröße	Einheit	Berechnung
H^+-Konzentration	µeq/l	$= 10^{6-pH}$
HCO_3^--Konzentration	µeq/l	$= 5,487/H^+$
Summe Anionen	µeq/l	$= Cl^- + NO_3^- + SO_4^{--} + HCO_3^-$
Summe Kationen	µeq/l	$= NH_4^+ + Na^+ + K^+ + Ca^{++} + Mg^{++} + H^+$
Ionendifferenz	%	$= \dfrac{\Sigma\,Kationen\ -\ \Sigma\,Anionen}{\Sigma\,Kationen\ +\ \Sigma\,Anionen} \cdot 100$
Leitfähigkeit LF berechnet	µS/cm	$= 0,3497\,H^+ + 0,0714\,NO_3^- + 0,0763\,Cl^- + 0,0735\,NH_4^+ + 0,0501\,Na^+ + 0,0735\,K^+ + 0,0595\,Ca^{++} + 0,0808\,SO_4^{--} + 0,0503\,Mg^{++} + 0,0445\,HCO_3^-$
Leitfähigkeitsdifferenz	%	$= \dfrac{LF_{berechnet} - LF_{gemessen}}{LF_{gemessen}} \cdot 100$

Tabelle 1.8: Kriterien für die Identifizierung von Outliern

Σ Anionen + Σ Kationen in µeq/l	Ionendifferenz in %
< 50	> | 60 |
50 - 100	> | 30 |
> 100	> | 20 |
Gemessene Leitfähigkeit in µS/cm	Leitfähigkeitsdifferenz in %
< 5	> | 50 |
5 - 30	> | 30 |
> 30	> | 20 |

1.2.7 Datenerfassung

Die Werte der Niederschlagsanalysen (Wochenproben) werden für jede Messstelle in getrennten Jahresdateien erfasst. Sie enthalten:

- Sammelzeitraum (Wochennummer und Datum)
- Niederschlagsmenge nach Hellmann in mm (nicht alle Messstellen)
- Niederschlagsmenge Eigenbrodt-Sammler in mm
- Verhältnis Niederschlagsmenge Eigenbrodt-/Hellmann-Sammler
- pH-Wert
- Leitfähigkeit in $\mu S/cm$
- Konzentrationen der Hauptionen in mg/l und $\mu eq/l$
- Konzentrationen der untersuchten Schwermetalle in $\mu g/l$
- Ionenbilanzen (Anionen- und Kationensumme, Ionendifferenz, relative Ab-
  weichung)

Desweiteren enthalten die Dateien Kennzahlen für den Ausfall von Niederschlagsproben, deren Erläuterung aus Tabelle 1.9 hervorgeht. Die Datenerfassung
erfolgte zunächst mit der Software QUATTRO PRO 5.0, ab 1997 mit EXCEL 7.0.
Für alle 30 Messorte des UBA-Depositionsmessnetzes sind die Niederschlagsanalysen in Form dieser Jahresdateien (1992-2000) niedergelegt. Die Auswerteer-
gebnisse (Niederschlagsgewichtete Jahresmittel der Ionenkonzentrationen, jährliche Depositionen, Niederschlagsvergleiche) sind in gesonderten Jahresdateien
enthalten, die jeweils das gesamte UBA-Depositionsmessnetz umfassen.

Tabelle 1.9: Datenkennungen bei Ausfall von Niederschlagsproben

Kennung	Bedeutung
- 1	Keine Messung, weil: - Sammler defekt - Probenverlust während des Postversandes - Versehentliches Verschütten der Probe - Ausschluss wegen Fremdverunreinigungen - Messstelle noch nicht in Betrieb oder stillgelegt
- 5	Keine Messung, weil: - Niederschlagsmenge für Analyse aller Komponenten zu gering (< 0,6 mm Niederschlag pro Woche bzw. < 30 ml Probenmenge) - Teilverlust der Probenmenge durch Auslaufen beim Transport
- 8	Keine Messung, weil: - Kein Niederschlag im Probenahmezeitraum

1.3 Entwicklung der Niederschlagsverunreinigung

1.3.1 Azidität des Niederschlagswassers

Die Bezeichnung „Saurer Regen" weist darauf hin, dass der Säuregehalt der Niederschläge gegenüber den natürlichen Bedingungen erhöht ist. Verursacht wird diese Azidität des Niederschlagswassers durch die Emissionen von SO_2 und NO_x, deren Oxidationsprodukte Schwefelsäure und Salpetersäure von den Hydrometeoren in der Atmosphäre aufgenommen werden. Die überproportionale Emission von Säurebildnern spiegelt sich somit in der Konzentration freier Säure wider und kann anhand des pH-Wertes verfolgt werden. Messungen in den fünfziger und sechziger Jahren belegten schon frühzeitig die Änderungen der Niederschlagsazidität in Abhängigkeit von der Emissionsentwicklung. So haben z. B. von der Landesanstalt für Umweltschutz Baden-Württemberg durchgeführte Vergleiche einen deutlichen Abfall der pH-Werte des Niederschlags im Messzeitraum 1955 bis 1964 ergeben /LAN 91/. So ging beispielsweise der pH-Wert in Karlsruhe in diesem Zeitraum von 5,8 auf 4,5 und der in Braunschweig von 5,3 auf 3,8 zurück. Der Säuregehalt hatte sich somit weit mehr als verzehnfacht, was der im Rahmen des wirtschaftlichen Aufschwungs erfolgenden Zunahme der SO_2-Emissionen in jener Zeit geschuldet war. Die Begrenzung der Emissionen aus genehmigungspflichtigen Anlagen (Großfeuerungsanlagenverordnung, TA Luft) haben in den achtziger Jahren dann für eine Trendumkehr gesorgt, so dass die pH-Werte 1987 bis 1989 bei oder etwas über den Werten von 1964 lagen.

Im UBA-Messnetz liegen für den pH-Wert die längsten Messreihen für die Bulk-Deposition (1982-1999) für die Messstellen Brotjacklriegel, Deuselbach, Schauinsland, Waldhof und Westerland vor. Während die für den Zeitraum 1982-1993 ermittelten pH-Werte auf der Grundlage von Tageswerten (es werden nur die Proben von Tagen mit mindestens einem Niederschlagsereignis analysiert) basieren, beruhen die Werte für die Wet-only-Proben von 1994-1999 auf Wochenbasis; sie ergeben sich aus den gewichteten Jahremittelwerten der H^+-Konzentrationen. Wie Bild 1.10 zeigt, ergeben sich deutliche regionale Unterschiede, die einerseits auf orographische und klimatologische Faktoren zurückgeführt werden können, aber auch von der geographischen Lage der Messstellen (Richtung, Entfernung) zu Industrie- und Ballungsgebieten abhängen. So werden an den südlichen Gebirgsstandorten (Brotjacklriegel, Schauinsland) höhere und an den nördlichen Tieflandstationen (Waldhof, Westerland) geringere pH-Werte festgestellt. Eines ist jedoch allen Messstellen gemeinsam, der Tend zu höheren pH-Werten. Wie sich der mittlere pH-Wert für die Bulk-Deposition der Stationen insgesamt entwickelt hat, wird aus Bild 1.11 deutlich. Seit 1982 ist ein Anstieg von 4,35 auf 4,73 zu verzeichnen, was eine starke Verringerung der Niederschlagsazidität bedeutet, mit entsprechend niedrigeren Säureeinträgen in terrestrische und aquatische Ökosysteme (s. Kap. 1.4.1).

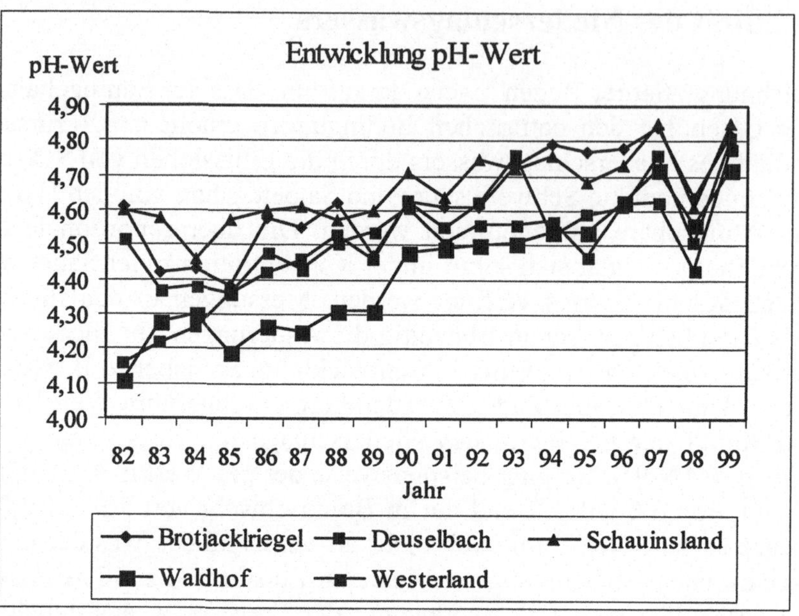

Bild 1.10: Entwicklung des pH-Wertes an den UBA-Messstellen (Bulk-Messungen) der alten Bundesländer

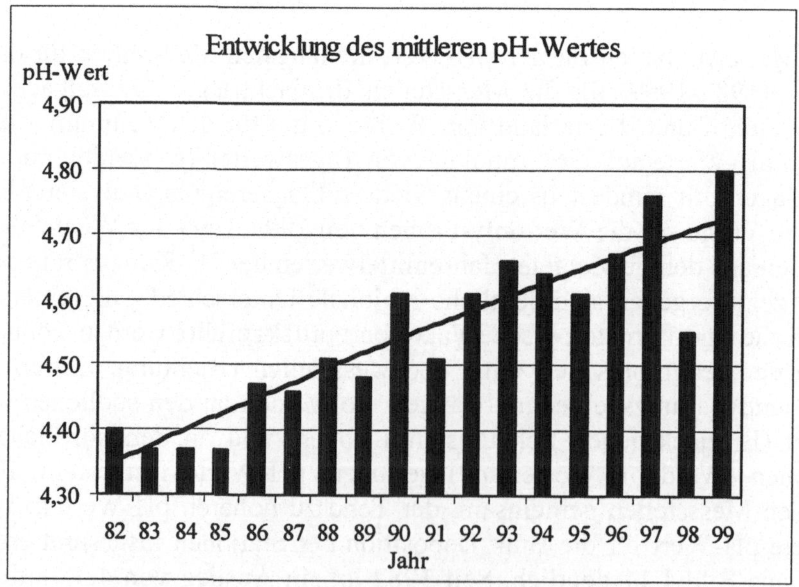

Bild 1.11: Entwicklung des mittleren pH-Wertes an den UBA-Messstellen (Bulk-Messungen) der alten Bundesländer

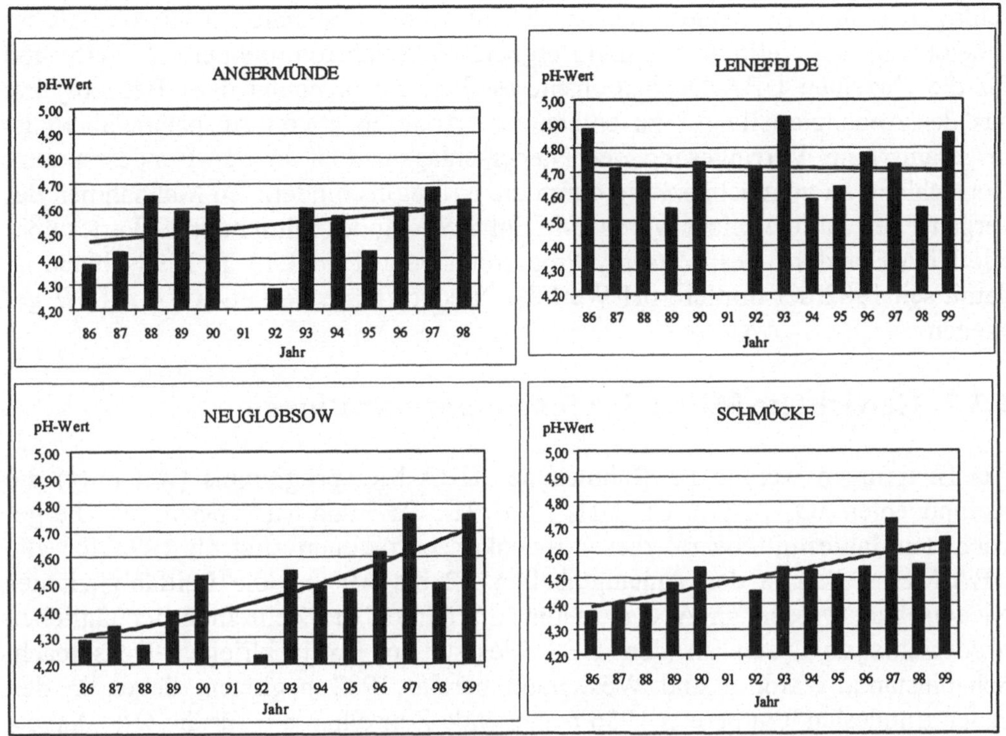

Bild 1.12: Entwicklung des pH-Wertes seit 1986 an den ausgewählten Depositionsmessstellen
(wet only)

Die Emissionsstruktur der neuen Bundesländer war durch den dominierenden Braunkohleeinsatz geprägt, mit hohen SO_2-Emissionen, aber auch mit Flugascheemissionen, die basische Bestandteile enthielten. Nach der Wiedervereinigung 1990 wurde zunächst die Staubabscheidung in den Braunkohlenkraftwerken verbessert, so dass die basischen Komponenten zurückgehalten wurden. Eine Verringerung der SO_2-Emission erfolgte erst im Zuge der Anlagenmodernisierungen und Brennstoffumstellungen. Somit war zu erwarten, dass die Senkung der Niederschlagsazidität verzögert erfolgt. Die längsten pH-Messreihen der neuen Bundesländer liegen für die Messstellen Angermünde, Leinefelde, Neuglobsow und Schmücke vor. Die ermittelten pH-Werte basieren auf Wochenproben, die bis Mitte 1993 mit ANTAS-Sammlern und dann mit Eigenbrodt-Sammlern gewonnen wurden. Bedauerlicherweise wurde das Depositionsmessnetz in den neuen Bundesländern 1991 als Folge der institutionellen Veränderungen unterbrochen, so dass dieses Jahr in den Messreihen fehlt. Wie aus Bild 1.12 hervorgeht, hat die Sanierung der Atmosphäre in den neuen Bundesländern eine deutliche Abnahme der Niederschlagsversauerung gebracht, die sich auch im Jahr 2000 fortsetzt. Die

Messstelle Leinefelde nimmt hinsichtlich von Höhe und Trend der Nieder-schlagsazidität eine Sonderrolle ein, die nur durch regionale Einflüsse erklärbar scheint (Einfluss Kaliindustrie und Bergbau?). Die Jahresmittel der pH-Werte sind für die einzelnen UBA-Depositionsmessstellen entsprechend ihrer Betriebsjahre aus der Anhangtabelle A1 zu entnehmen. Abgesehen von Ausnahmejahren ist insgesamt eine Verringerung der Niederschlagsazidität in der Bundesrepublik Deutschland zu verzeichnen, die durch die emissionsmindernden Maßnahmen der vergangenen Jahre erreicht wurde. Die Entwicklung des mittleren pH-Wertes über alle UBA-Standorte des Wet-only-Programms zeigt Bild 1.13. In Deutschland ist damit seit 1992 der mittlere pH-Wert der Niederschläge von etwa 4,4 auf 4,7 ge-stiegen.

1.3.2 Gewichtete Mittel der Ionenkonzentrationen

Als Hauptionen werden im Rahmen des UBA-Messprogramms (wet only) die Komponenten SO_4^{--}, NO_3^-, Cl^-, NH_4^+, Na^+, K^+, Ca^{++} und Mg^{++} bestimmt. Die ge-wichteten Jahresmittelwerte dieser Ionenkonzentrationen sind ab 1992 für alle UBA-Messstellen in den Anhangtabellen A2 bis A9 und die Leitfähigkeit des Niederschlagswassers in A10 aufgeführt. Während die Zeitreihen der täglichen Niederschlagsanalysen an den UBA-Messstellen Brotjacklriegel, Deuselbach, Schauinsland, Waldhof und Westerland bereits 1982 beginnen, liegen in den neuen Bundesländern bereits 1986 beginnende Zeitreihen nur für die Orte Anger-münde, Leinefelde, Lindenberg/Falkenberg, Neuglobsow, Teterow und Schmücke vor. Nachfolgend soll beispielhaft für die Messorte Angermünde, Leinefelde, Neuglobsow und Schmücke die Entwicklung der am stärksten anthropogen beein-flussten Ionenkonzentrationen SO_4^{--}, NO_3^-, NH_4^+ und Ca^{++} betrachtet werden.

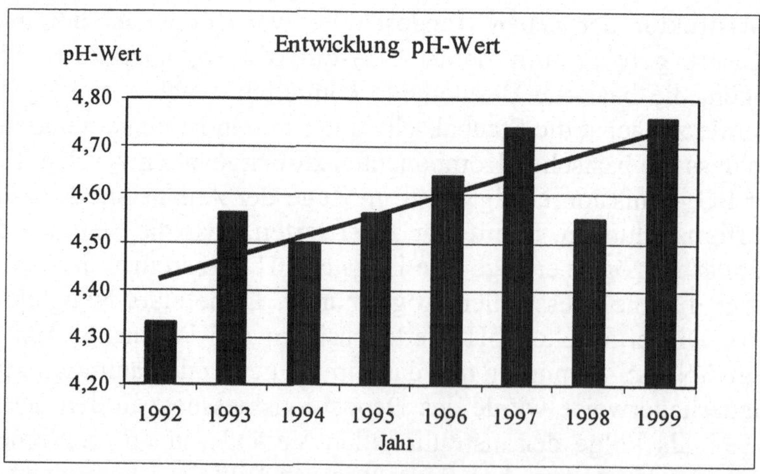

Bild 1.13: Entwicklung des mittleren pH-Wertes aller UBA-Depositionsmessstellen (wet only) seit 1992

SO_4^{--}-Konzentration (Bild 1.14)

Der drastische Rückgang der SO_2-Emissionen während des letzten Jahrzehnts kommt in der Entwicklung der SO_4^{--}-Konzentration des Niederschlagswassers zum Ausdruck. An allen vier betrachteten Messorten ist eine markante Abnahme dieser Ionenkonzentration sichtbar, wobei jetzt ein Niveau um 2 mg/l erreicht ist. Damit beträgt die SO_4^{--}-Konzentration nur noch etwa ein Viertel derjenigen von 1986.

Ein Rückgang des Sulfationengehaltes ist an allen Messstellen nachweisbar, in den neuen Bundesländern auf Grund der nach 1989 eingeleiteten Emissionsminderungsmaßnahmen am stärksten. Seit Inbetriebnahme der Messstellen im gesamten Bundesgebiet 1994 haben sich die Jahresmittelwerte der SO_4^{--}-Konzentration über alle Messstellen (ohne Helgoland) um rund ein Drittel verringert (Bild 1.15). Außerdem ist eine Angleichung der Messstationen bezüglich der Sulfatgehalte erkennbar (Tabelle A2), mit Werten um 2 mg/l oder darunter.

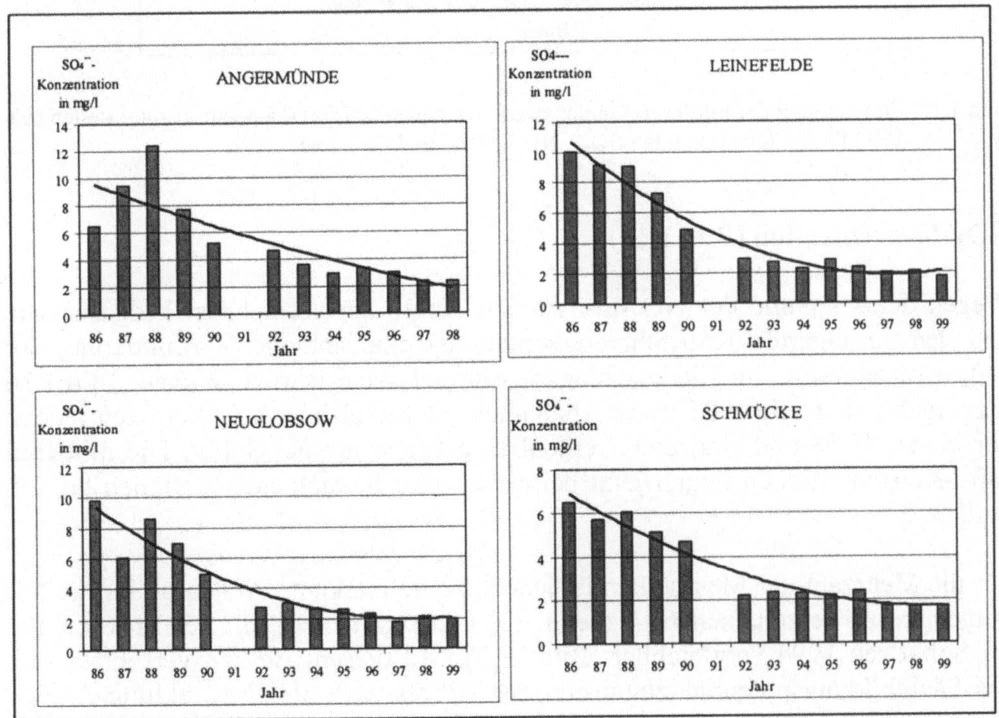

Bild 1.14: Entwicklung der SO_4^{--}-Konzentration seit 1986 an den ausgewählten Depositionsmessstellen

Die Messstelle Helgoland wurde in die Betrachtung nicht mit einbezogen, da die Ionenkonzentrationen wegen eines starken maritimen Einflusses (Seaspray) wesentlich höhere Werte aufweisen als an anderen Stationen. Der direkte Eintrag von Seaspray in den Niederschlagssammler ist wahrscheinlich.

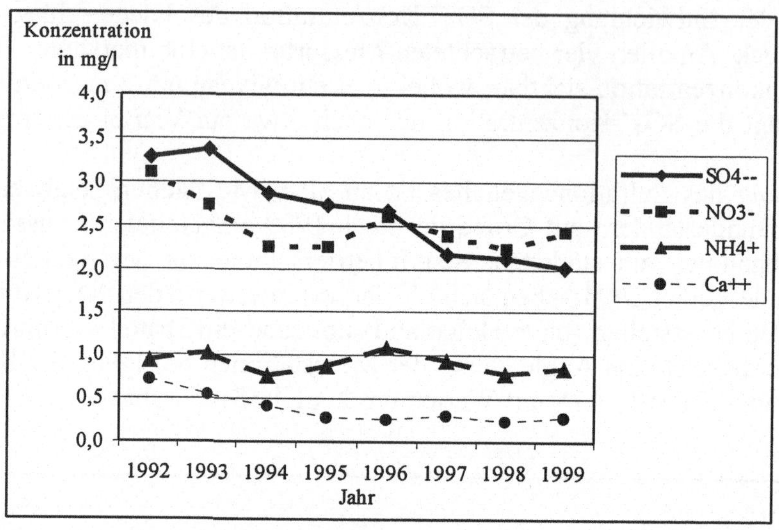

Bild 1.15: Entwicklung der mittleren Ionenkonzentrationen aller UBA-Depositionsmessstellen seit 1992 für die Komponenten SO_4^{--}, NO_3^-, NH_4^+ und Ca^{++} (wet only)

NO_3^--Konzentration (Bild 1.16)

Wegen der Zunahme der NO_x-Emissionen durch den vermehrten Erdgaseinsatz und den gesteigerten Kraftfahrzeugverkehr ist eine analoge Verminderung der NO_3^--Konzentration im Niederschlagswasser nicht zu erwarten. Wie aus Bild 1.16 hervorgeht, sind seit 1986 zwar Abnahmen zu verzeichnen, sie betragen jedoch nur bis zu 40 % und sind damit erheblich geringer als bei Sulfat. Die mittleren NO_3^--Konzentrationen liegen jetzt bei diesen vier betrachteten Stationen bei 2,5 mg/l.

Für die Mehrzahl der Messstellen ist jedoch keine markante Abnahme für die Nitratgehalte zu verzeichnen (s. Tabelle A3) und somit nicht mit der Entwicklung für Sulfat seit 1994 vergleichbar (Bild 1.15). Mit diesem Befund verschiebt sich das Säurebildungspotential zugunsten des Nitrats, wie die Entwicklung der Ionenäquivalentverhältnisse zeigt (s. Kap. 1.3.3). Eine gravierende Entlastung der Ökosysteme hinsichtlich der atmosphärischen Stickstoffeinträge ist somit nicht gegeben.

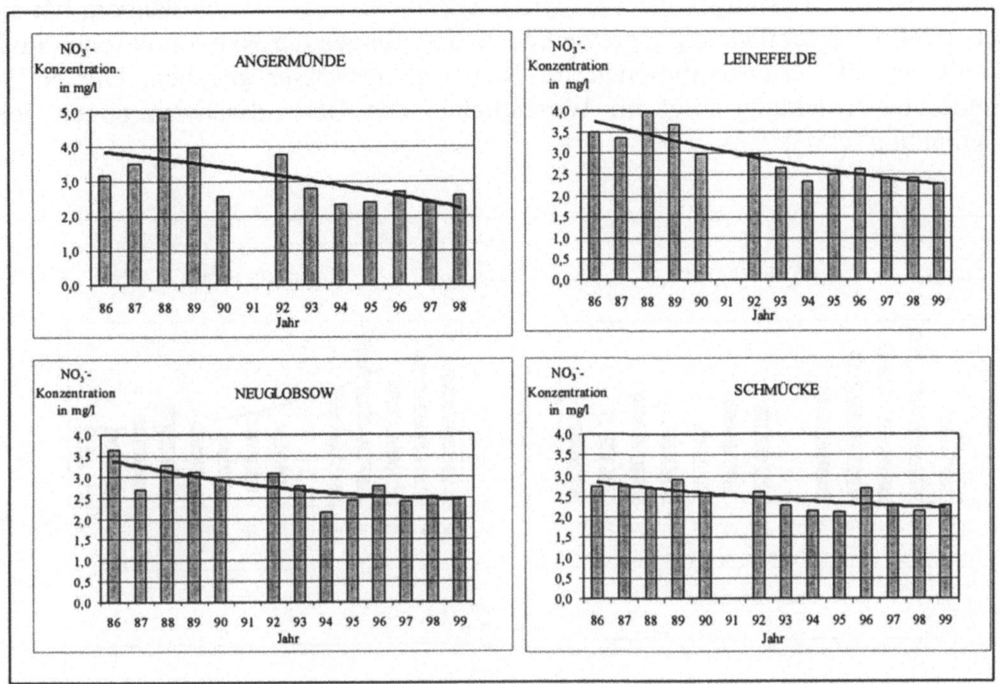

Bild 1.16: Entwicklung der NO_3^--Konzentration seit 1986 an den ausgewählten Depositions-
Messstellen (wet only)

NH_4^+-Konzentration (Bild 1.17)

Der NH_4^+-Gehalt des Niederschlagswassers ist zum größten Teil auf die NH_3-
Emissionen der Landwirtschaft zurückzuführen (Tierhaltung, Düngemittelver-
wendung) /RUD 91/ und liefert einen bedeutsamen Beitrag zu den Stickstoffeinträgen in Böden und Gewässer (s. Kap. 1.4.2). Die Entwicklung der NH_4^+-Kon-
zentration der Niederschlagswässer verlief seit 1986 unterschiedlich. Während die
NH_4^+-Gehalte an den in stark landwirtschaftlich geprägten Regionen liegenden
Messstellen der neuen Bundesländer um etwa ein Drittel zurückging (Angermünde, Leinefelde), ist an den anderen in waldreichen Regionen befindlichen
Messstellen nur ein unwesentlicher Rückgang zu verzeichnen. Es ist offensichtlich, dass die durch Landwirtschaft beeinflussten Messstandorte vor der Wiedervereinigung höhere NH_4^+-Werte aufwiesen. Nach 1989 erfolgte ein Angleich
bezüglich der NH_4^+-Konzentrationen, die jetzt leicht unter 1 mg/l liegen.

Im Mittel über alle Messorte des UBA-Depositionsmessprogrammes ist bei NH_4^+
seit Inbetriebnahme des Messnetzes kein Trend festzustellen (s. Tabelle A5). Der

Durchschnitt der Jahresmittel über alle Messorte beträgt 0,91 mg/l. Nach den strukturellen Anpassungen der Landwirtschaft in den neuen Bundesländern hat es seit 1994 offensichtlich keine gravierenden Änderungen der NH_3-Emissionen und damit der NH_4^+-Konzentrationen im Niederschlagswasser gegeben. Die NH_3-Emissionsentwicklung folgt im Wesentlichen den Bestandsschwankungen der Tierhaltung /UMW 97/.

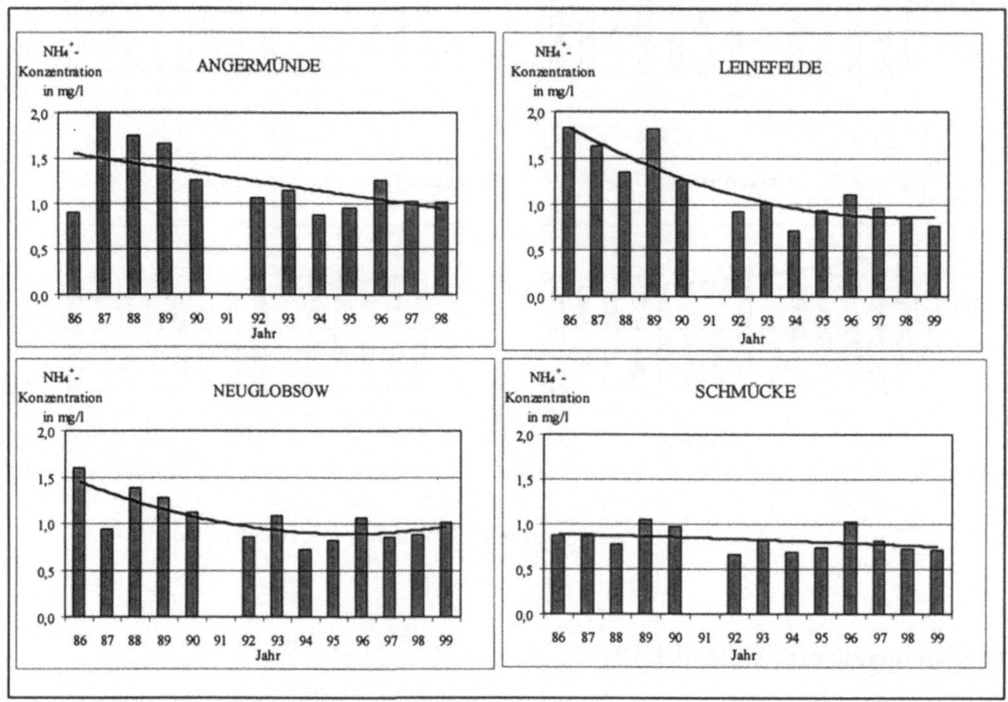

Bild 1.17: Entwicklung der NH_4^+-Konzentration seit 1986 an den ausgewählten Depositionsmessstellen (wet only)

Ca^{++}-Konzentration (Bild 1.18)

Der Ca^{++}-Gehalt des Niederschlagswassers ist im Wesentlichen auf die Staub- bzw. Ascheemissionen aus Industrie- und Feuerungsanlagen und durch Schüttgüterumschlag zurückzuführen, aber auch durch Aufwirbelung von Bodenstaub (wind pickup). Einen hohen Anteil an basischen Bestandteilen in Form von CaO enthielten vor allem die emittierten Stäube der Braunkohlenfeuerungen in den neuen Bundesländern, wodurch ein Teil der säurebildenden Emissionsbestandteile neutralisiert wurde /MAR 85/. Mit der Stilllegung veralteter Anlagen, der Verbesserung der Entstaubungstechnik und der Substitution von Brennstoffen war auch eine drastische Senkung der Ca^{++}-Gehalte der Niederschlagswässer zu erwarten.

Die im Bild 1.18 für die vier ausgewählten Messorte dargestellte Entwicklung bestätigt diese Verminderung der Ca^{++}-Ionenkonzentration. Die Abnahme auf etwa ein Fünftel der in den achtziger Jahren festgestellten Werte ist ein Ergebnis der Sanierung der Atmosphäre in den neuen Bundesländern.

Für das gesamte Messnetz ist festzustellen, dass ab 1994 keine wesentliche Veränderung der Ca^{++}-Konzentration mehr eingetreten ist. Der Durchschnitt der Jahresmittel über alle Messorte (ohne Helgoland) betrug in den letzten Jahren 0,30 mg/l.

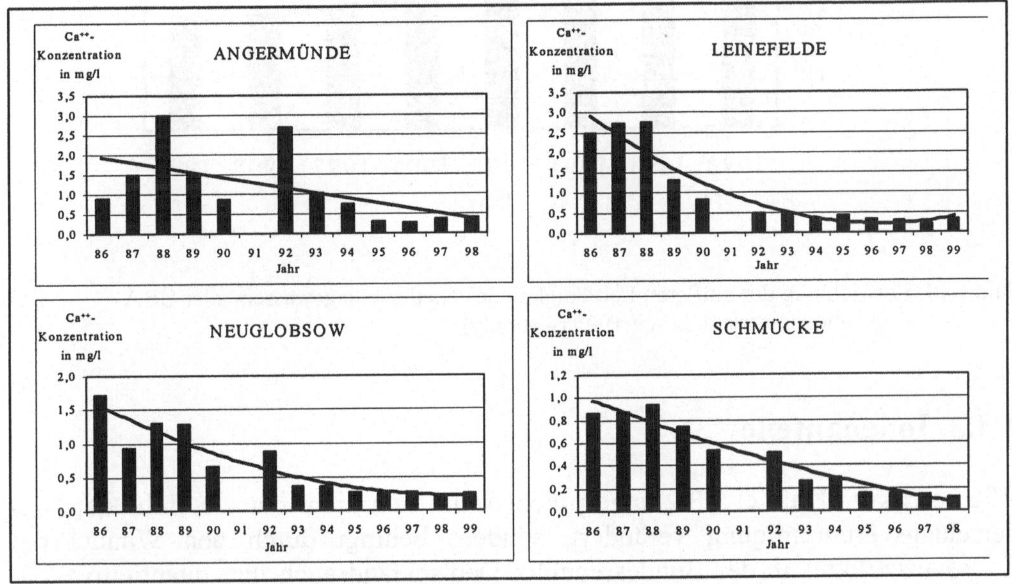

Bild 1.18: Entwicklung der Ca^{++}-Konzentration seit 1986 an den ausgewählten Depositionsmessstellen (wet only)

Leitfähigkeit (Bild 1.19)

Die Leitfähigkeit des Niederschlagswassers ist von der Konzentration aller Inhaltsstoffe abhängig und somit Ausdruck der Niederschlagsverunreinigung insgesamt. Seit Messbeginn 1992 sind die niederschlagsgewichteten Jahresmittelwerte der Leitfähigkeit im Mittel über alle Messstellen (ohne Helgoland) um etwa ein Drittel gefallen. Während sie 1992 noch um 30 µS/cm betrugen, liegen die Werte heute bei 20 µS/cm.

Höhere Leitfähigkeiten werden an den Standorten der Nordseeküste gemessen (Helgoland, Westerland, Twixlum, Dunum), was durch den maritimen Einfluss (erhöhte Einträge von Cl^-, Na^+, Mg^{++}) bedingt ist (Tabelle A10). Die Verringerung der Leitfähigkeit des Niederschlagswassers ist ein weiteres Indiz für die allgemeine Verbesserung der Luftqualität in den letzten Jahren.

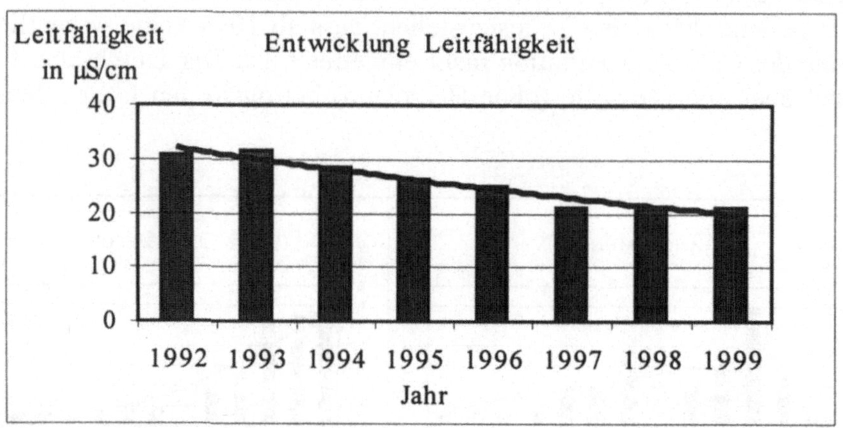

Bild 1.19: Entwicklung der mittleren Leitfähigkeit des Niederschlagswassers aller UBA-Depositionsmessstellen seit 1992 (wet only)

1.3.3 Ionenanteile

Wie bereits im Kapitel 1.3.2 angesprochen, hat sich nicht nur die Höhe der Niederschlagsverunreinigung verändert, sondern bedingt durch den Wandel der Emissionsstruktur in der Bundesrepublik Deutschland auch ihre quantitative Zusammensetzung. Am offensichtlichsten wird dies am Beispiel des Ionenäquivalentverhältnisses SO_4^{--}/NO_3^-, das in Bild 1.20 für die vier ausgewählten Messorte der neuen Bundesländer dargestellt ist. Seit 1986 ist dieses Verhältnis an diesen Orten von etwa 3,2 auf 1,0 gesunken. Damit ist eine starke Verschiebung vom SO_4^{--} zum NO_3^- zu verzeichnen, verursacht durch den gravierenden Rückgang der SO_2-Emissionen nach der Wiedervereinigung 1990. Auf Grund der Brennstoffumstellungen (Erdgasverfeuerung) und der Zunahme des Kraftfahrzeugverkehrs ist dagegen bei der NO_x-Emission keine derartige Senkung zu verzeichnen.

Aus Bild 1.20 ist ersichtlich, dass sich die wesentlichste Veränderung auf Grund des strukturellen Umbruchs in den neuen Bundesländern nach 1989 vollzogen hat; ab 1992 ist die Abnahme nur noch moderat. Dies bestätigt sich auch, wenn man das mittlere Ionenäquivalentverhältnis über alle UBA-Depositionsmessstellen (wet only) betrachtet (Bild 1.21).
Die Veränderung der Relationen zwischen den verschiedenen Hauptionenarten ist aus den Darstellungen der Anionen- und Kationenanteile ersichtlich (Bilder 1.22 und 1.23). Auch bei der Betrachtung aller Anionen zeigt sich die Abnahme des

SO_4^{--}-Anteiles; während er 1993 noch etwa 50 % der Anionensumme ausmachte, verteilen sich SO_4^{--}, NO_3^- und Cl^- jetzt zu je einem Drittel.

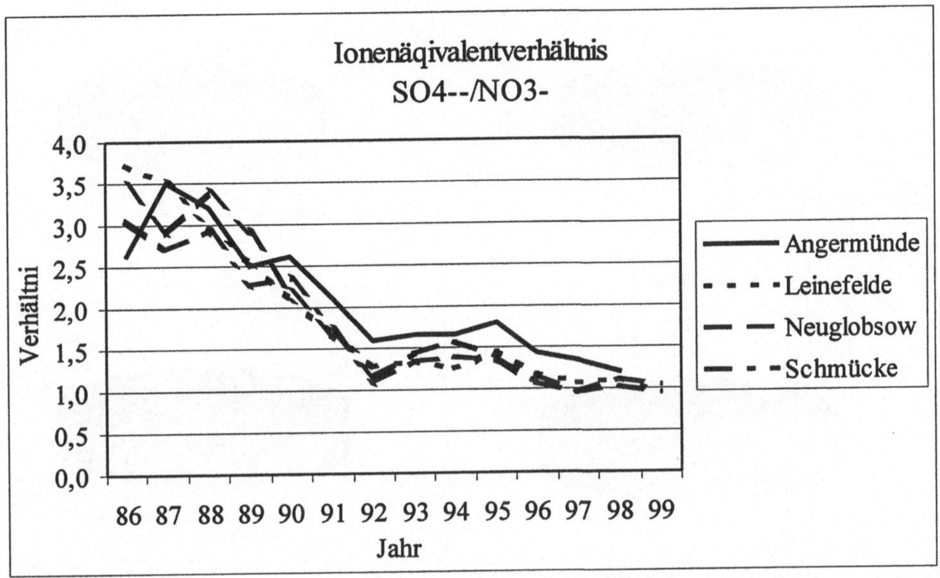

Bild 1.20: Entwicklung des Ionenäquivalentverhältnisses SO_4^-/NO_3^- seit 1986 an den ausgewähl-ten Depositionsmessstellen (wet only)

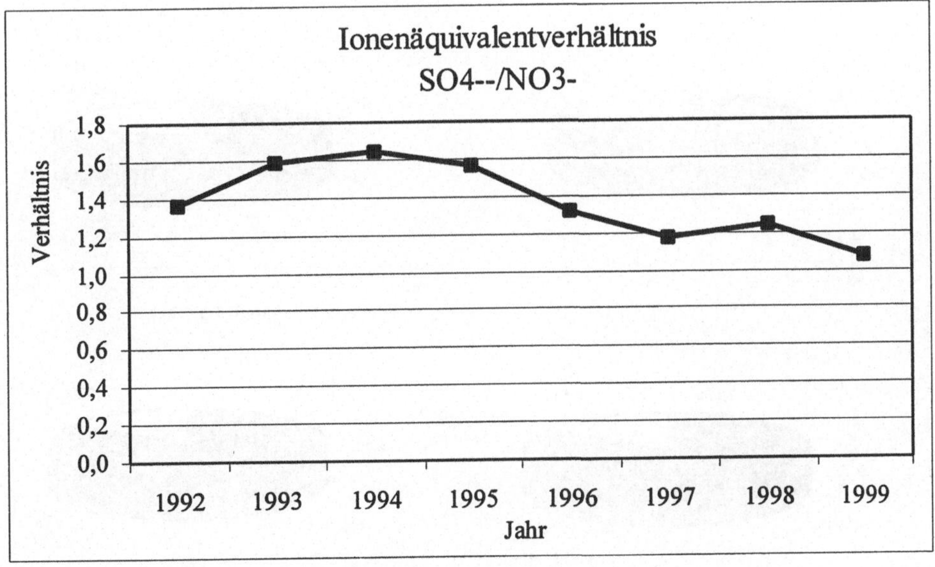

Bild 1.21: Entwicklung des mittleren Ionenäquivalentverhältnisses SO_4^-/NO_3^- aller UBA-Depositionsmessstellen seit 1992 (wet only)

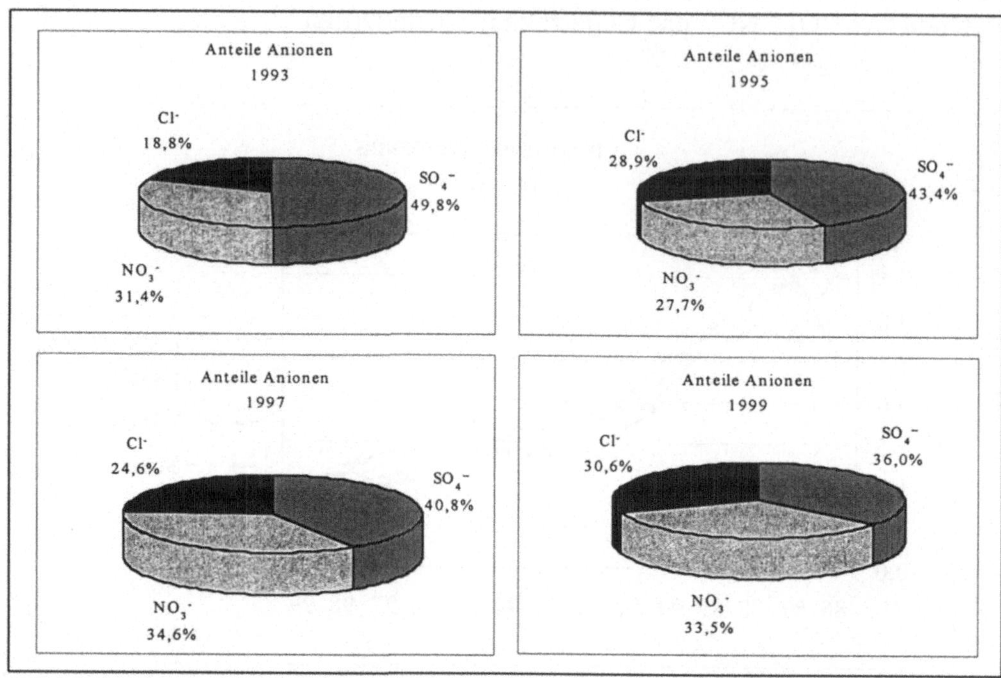

Bild 1.22: Mittlere Anteile der Anionen über alle UBA-Depositionsmessstellen (wet only)

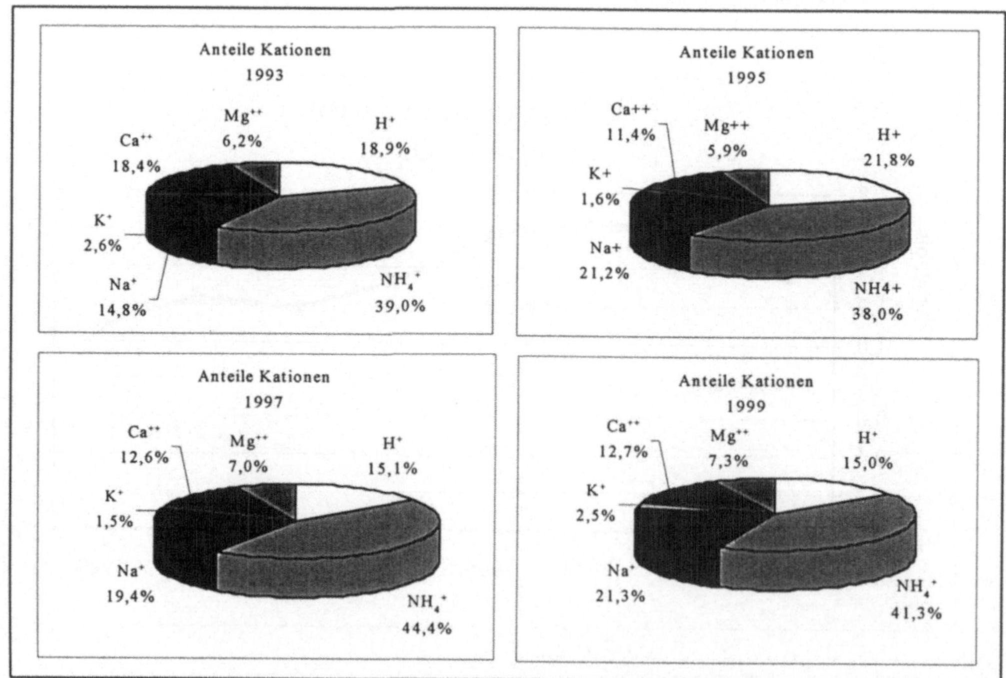

Bild 1.23: Mittlere Anteile der Kationen über alle UBA-Depositionsmessstellen (wet only)

Von Bedeutung für die Azidität der Niederschläge ist vor allem die Verringerung des Anteiles der freien Säure (H^+) um etwa ein Drittel im Untersuchungszeitraum. Einen leichten Anstieg weist dagegen der NH_4^+-Anteil auf. NH_4^+ ist für die Säurebelastung der Ökosysteme wegen der Umwandlung zu Nitrat und der damit verbundenen H^+-Produktion von besonderem Interesse.

1.3.4 Schwermetallkonzentrationen

Spezielle Untersuchungen der Schwermetallkonzentrationen im Niederschlag wurden im UBA-Messnetz bereits 1989 aufgenommen. Hierbei erfolgt die Schwermetallbestimmung mit optimierten Probenahme- und Analysenverfahren, sowohl im bulk-Niederschlag (Messstellen Deuselbach und Waldhof) als auch im wet-only-Niederschlag (Messstellen Westerland und Zingst). Ergebnisse dieser Messungen wurden zusammenfassend u.a. im Jahresbericht 1999 des UBA-Messnetzes dargestellt /UBA 00/ und werden deshalb in dem vorliegenden Beitrag nicht behandelt. Die hier vorgestellten Ergebnisse beziehen sich dagegen auf die Messungen an den 30 wet-only-Depositionsmessstellen des Umweltbundesamtes.

Seit 1994 werden an den UBA-Depositionsmessstellen die Schwermetallgehalte des Niederschlagswassers in Form eines Screeningverfahrens[1] bestimmt (Blei, Kadmium, Kupfer, Zink, Mangan). Häufig liegen die Konzentrationen unterhalb der Bestimmungsgrenze (s. Tabelle 1.5). In diesen Fällen wird bei der Berechnung der gewichteten Jahresmittel ein Wert von 50 % der Bestimmungsgrenze eingesetzt. Diese Annahme berücksichtigt, dass der jeweilige Wert zwar unter der Bestimmungsgrenze liegt, aber wahrscheinlich nicht null ist. Der Anteil der Proben, deren Werte unterhalb der Bestimmungsgrenze lagen, betrug im Mittel bei Blei 10,2 %, Kadmium 45,8 %, Kupfer 2,2 %, Zink 0,2 % und Mangan 2,9 %. Der Anteil ist somit nur bei Kadmium sehr hoch, so dass das errechnete Jahresmittel der Kadmium-Konzentration wegen der häufigen Einsetzung des 50 %-Wertes nur als grobe Näherung anzusehen ist.

Die Entwicklung der Schwermetallkonzentrationen seit 1994 ist im Mittel über alle UBA-Depositionsmessstellen aus Bild 1.24 ersichtlich. Bei allen Komponenten ist im Untersuchungszeitraum ein Rückgang zu verzeichnen, der mit der allgemeinen Verringerung der Niederschlagsverunreinigungen korrespondiert. Wie aus den Anhangtabellen A11 bis A15 hervorgeht, sind die Verläufe an den

---

[1] Bei der Probenahme für Schwermetalle wird normalerweise die regelmäßige Säurekonditionierung der Sammelapparatur sowie das Ansäuern der gesamten Probe direkt in der Sammelflasche gefordert. In dem beschriebenen Messprogramm erfolgt die Probenahme für die Bestimmung der Hauptionen und Spurenmetalle aus Gründen der Kostenersparnis aus einem gemeinsamen wet-only-Sammler. Nach der Probenahme wird die Probe geteilt und erst dann wird der Teil für die Spurenmetallanalytik angesäuert.

Messstellen jedoch verschieden stark ausgeprägt. Außerdem hat sich gezeigt, dass sich lokale Beeinflussungen der Messstandorte insbesondere auf die Schwermetallkonzentrationen auswirken. Dies gilt vorrangig für Kupfer und Zink. Beispiele dafür sind Einflüsse durch einen Mobilfunkmast (Regnitzlosau), verzinkte Aufbauten von Sendeanlagen in der Nähe der Messplattform (Brotjacklriegel) oder noch nicht identifizierte Einflüsse der Umgebung (Lindenberg, Falkenberg). Offensichtlich durch Fremdeinflüsse verfälschte Werte wurden bei der Mittelung über alle Messstellen nicht berücksichtigt.

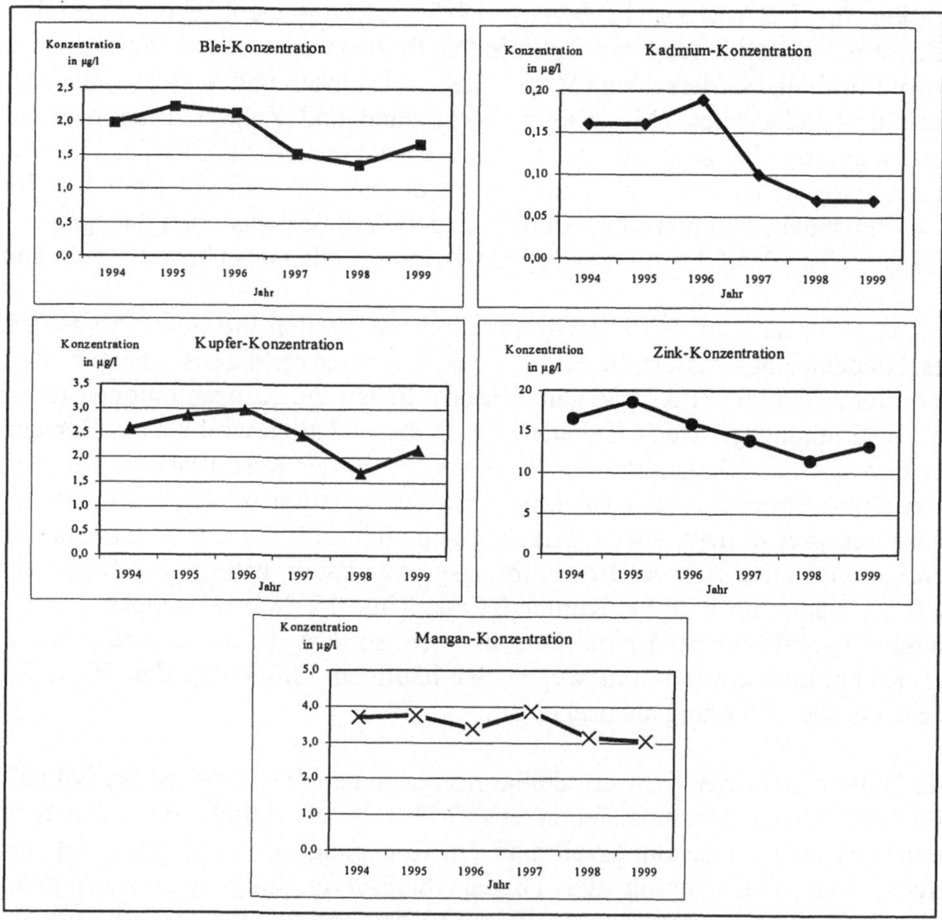

Bild 1.24: Gewichtete Mittel der Schwermetallkonzentration über alle UBA-Depositionsmessstellen (wet only)

1.4 Entwicklung der nassen Depositionen

Die jährlichen nassen Depositionen ergeben sich aus den niederschlagsgewichteten Ionenkonzentrationen und den Jahresniederschlagsmengen an den jeweiligen Messorten (s. Kap. 1.1.3). Sie werden im Folgenden in kg/ha (Hauptionen) bzw. in g/ha (Schwermetalle) angegeben.

Aus Bild 1.25, das die gemessenen Jahresniederschlagsmengen für die vier ausgewählten Orte der neuen Bundesländer zeigt, sowie aus Tabelle A16 geht hervor, dass die Niederschlagsverteilung sehr unterschiedlich ist. Vor allem an den Gebirgsstandorten fällt wesentlich mehr Niederschlag, in einigen Fällen bis zum Dreifachen der Menge im Vergleich zu den Flachlandstationen. Die Niederschlagsmenge ist somit neben der Stoffkonzentration die Größe, die die Höhe der Einträge in terrestrische und aquatische Ökosysteme bestimmt.

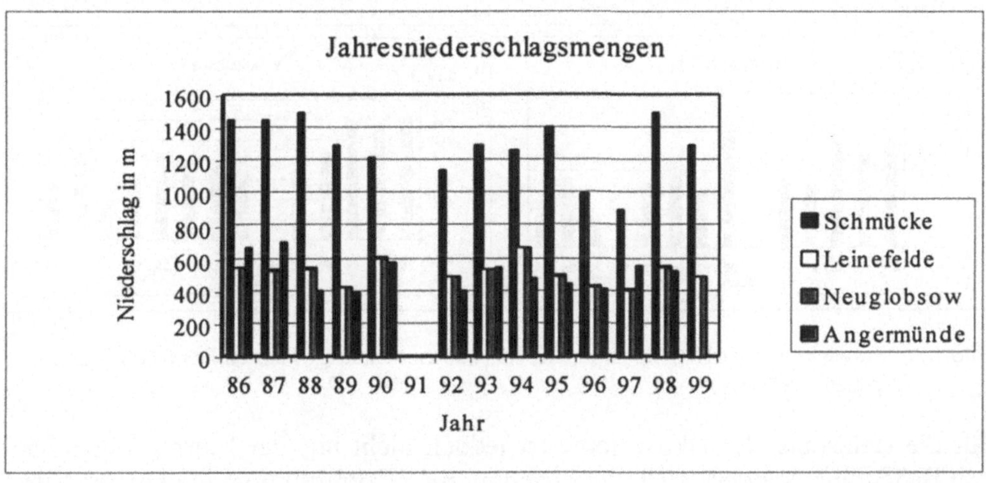

Bild 1.25: Gemessene Jahresniederschlagsmengen an den ausgewählten Depositionsmessstellen

1.4.1 Azididätseintrag

Entsprechend der festgestellten Zunahme des pH-Wertes der Niederschläge verringerten sich die direkten Aziditätseinträge (freie Protonen) seit den achtziger Jahren erheblich. So ging die H^+-Deposition beispielsweise an den Orten Angermünde, Neuglobsow und Schmücke seit dieser Zeit etwa auf ein Drittel zurück (Bild 1.26). Höhere Einträge waren zwischenzeitlich nur im Ausnahmejahr 1998 zu verzeichnen. Eine Sonderstellung kommt auch hier wieder der Messstelle Leinefelde zu, an der in den achtziger Jahren bereits geringere H^+-Einträge festgestellt wurden (Einfluss Kaliindustrie ?).

Auch in den neunziger Jahren gingen die Aziditätseinträge an allen UBA-Depositionsmessstellen zurück (Tabelle A17). Die über alle Messstellen gemittelte H^+-Deposition verringerte sich im Zeitraum 1992 – 1999 um fast 50 %, wenn das Jahr 1998 als Ausnahmejahr außer Betracht bleibt (Bild 1.27).

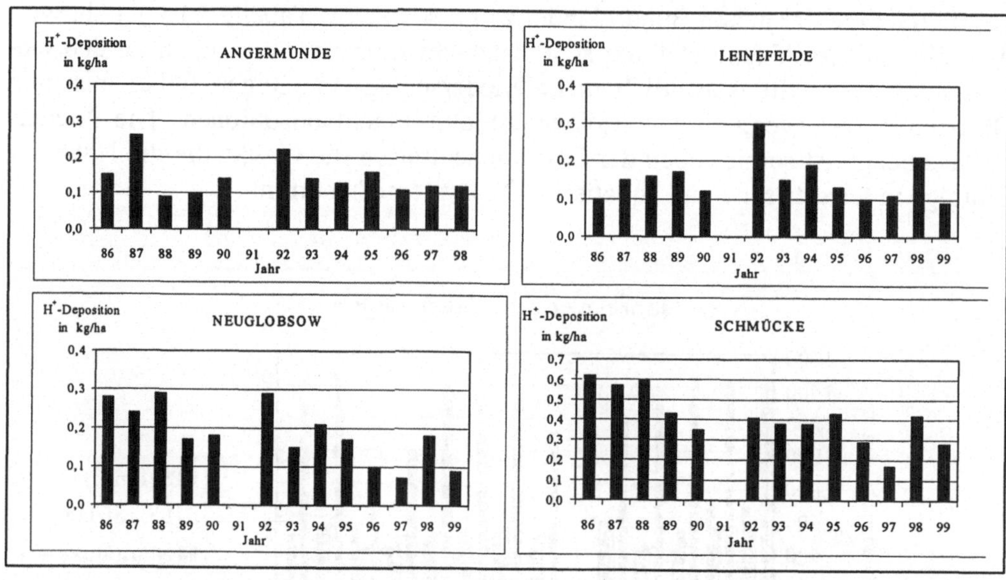

Bild 1.26: Entwicklung der H^+-Depositionen seit 1986 an den ausgewählten Depositionsmessstellen (wet only)

Für die Belastung der Ökosysteme ist jedoch nicht nur der Eintrag freier Säure von Bedeutung, sondern auch die bodeninterne H^+-Produktion, die bei der Nitrifizierung der NH_4^+-Einträge erfolgt. Bild 1.28 zeigt, dass diese den Eintrag freier Protonen um ein Mehrfaches übersteigt und die Säurebelastung vorrangig durch die NH_4^+-Depositionen bedingt ist, unter der Annahme einer vollständigen Umsetzung von NH_4^+. Der Forderung nach Absenkung der NH_3-Emissionen, besonders der Landwirtschaft, muss deshalb vorrangige Aufmerksamkeit zukommen. Wie aus Bild 1.28 ersichtlich ist, ist die Gesamtsäurebelastung seit den achtziger Jahren besonders in den landwirtschaftlich geprägten Regionen gefallen (Angermünde, Leinefelde). Der relative Anteil der bodeninternen H^+-Produktion am Säureaufkommen ist im Mittel aller Messstellen seit Beginn der neunziger Jahre jedoch gestiegen und beträgt jetzt etwa 90 % (Bild 1.29).

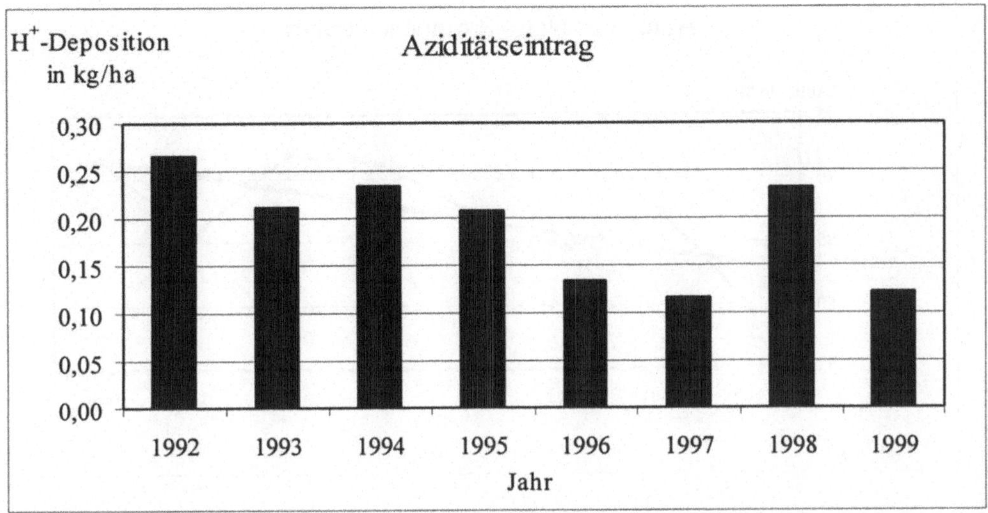

Bild 1.27: Entwicklung des mittleren Aziditätseintrages aller UBA-Depositionsmessstellen seit 1992 (wet only)

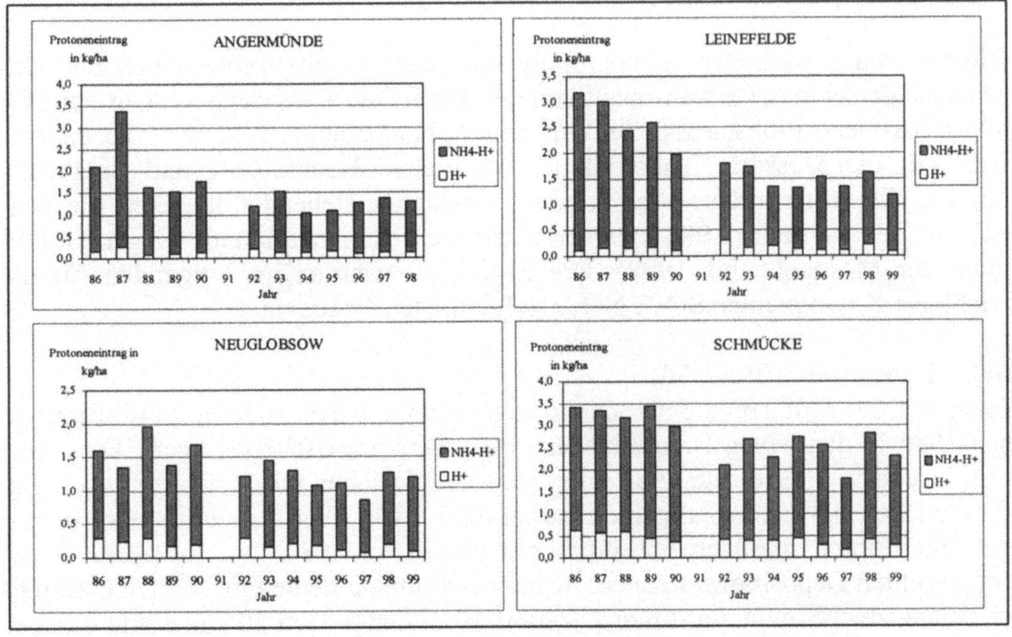

Bild 1.28: Entwicklung der Gesamtsäurebelastung seit 1986 an den ausgewählten Messstellen und Anteile von H^+ und NH_4^+ (wet only)

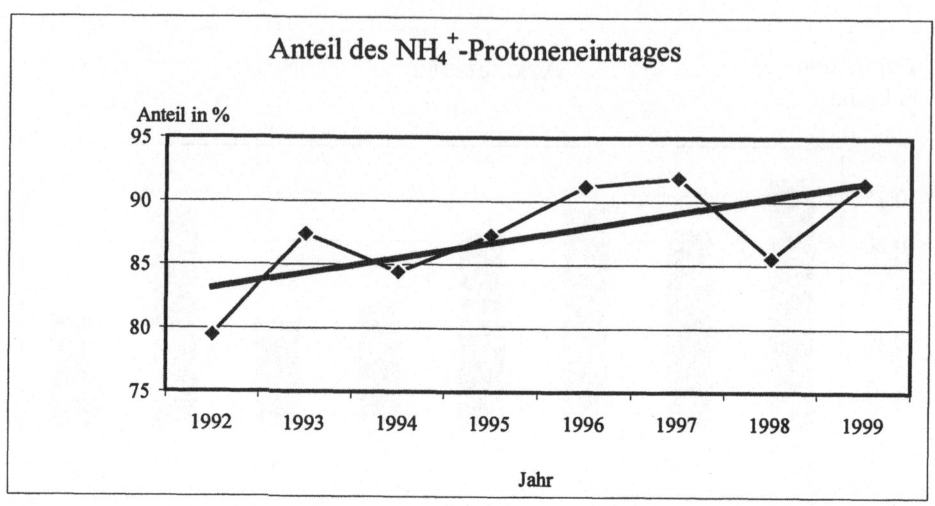

Bild 1.29: Anteil der NH_4^+-Protonenproduktion an der Gesamtsäurebelastung
        - Entwicklung seit 1992 im Mittel aller UBA-Depositionsmessstellen -

1.4.2 Ionendepositionen

Die aus den gewichteten Jahresmittelwerten der Ionenkonzentrationen und den
Jahresniederschlagssummen resultierenden jährlichen Ionendepositionen sind für
alle UBA-Depositionsmessstellen aus den Anhangtabellen A18 bis A25 ersichtlich. Für die Messorte Angermünde, Leinefelde, Neuglobsow und Schmücke
konnten die Stoffeinträge wegen der zur Verfügung stehenden längeren Messreihen für den Zeitraum 1986-1999 ermittelt werden (Angermünde wegen Stilllle-
gung der Messstelle bis 1998). Die Ergebnisse werden im Folgenden für die
wichtigen Komponenten SO_4^{--}, NO_3^-, NH_4^+ und Ca^{++} betrachtet.

SO_4^{--}-Deposition (Bild 1.30)
Entsprechend dem Trend der Ionenkonzentrationen haben sich die SO_4^{--}-Einträge
seit 1986 in den neuen Bundesländern besonders drastisch verringert. Die nasse
SO_4^{--}-Deposition erreichte 1986 an niederschlagsreichen Orten nahezu 100 kg/ha
(Schmücke) und lag im Allgemeinen bei oder etwas über 50 kg/ha. 1999 betrug
der SO_4^{--}-Eintrag nur noch ein Fünftel des Wertes von 1986.
Im gesamten Depositionsmessnetz liegen die Einträge heute um 10 kg/ha; an niederschlagsreichen und maritimen Standorten werden jedoch 20 kg/ha und darüber
erreicht (Angaben ohne Seesalzkorrektur). Wie Tabelle A18 ausweist, sind die
SO_4^{--}-Depositionen seit der Inbetriebnahme des UBA-Depositionsmessnetzes an
allen Messorten weiter zurückgegangen, ein Erfolg der Durchsetzung der Groß-

feuerungsanlagenverordnung sowie der lufthygienischen Sanierungsmaßnahmen in den neuen Bundesländern.

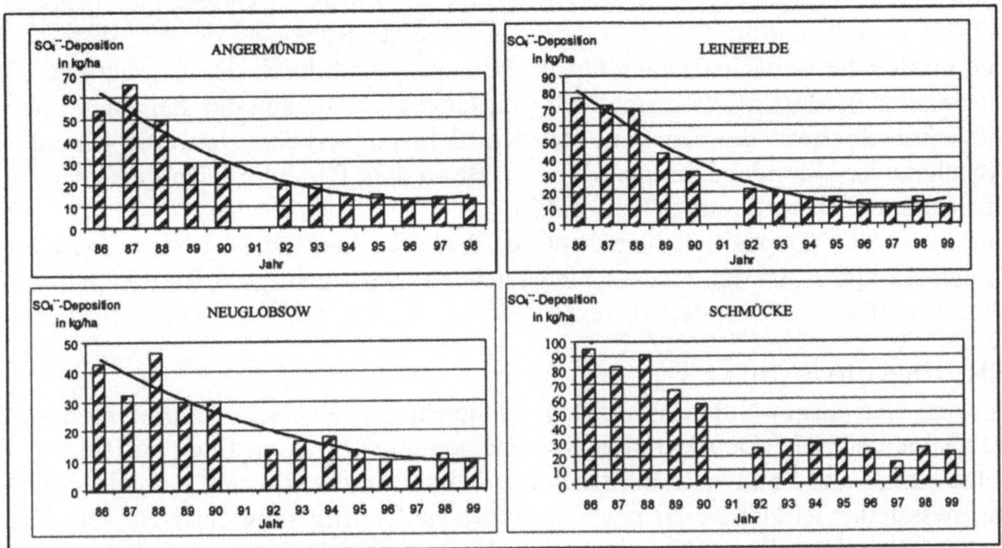

Bild 1.30: Entwicklung der SO_4^{--}-Depositionen seit 1986 an den ausgewählten Depositionsmessstellen (wet only)

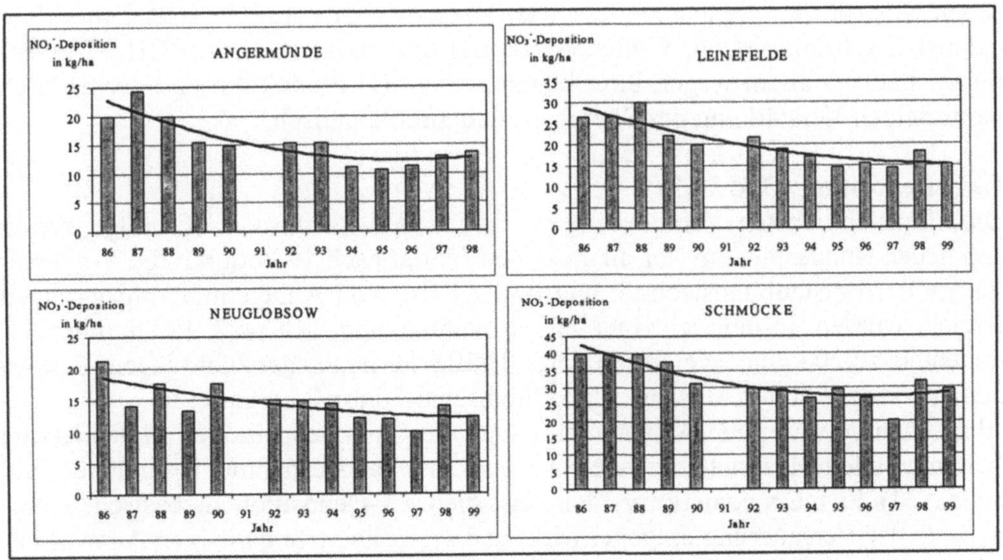

Bild 1.31: Entwicklung der NO_3^{-}-Depositionen seit 1986 an den ausgewählten Depositionsmessstellen (wet only)

NO_3^--Deposition (Bild 1.31)

Die NO_3^--Einträge sind an den vier ausgewählten Messorten seit 1986 nur um etwa ein Drittel gefallen. Der Rückgang erfolgte vornehmlich Ende der achtziger Jahre. Seit Inbetriebnahme des UBA-Depositionsmessnetzes ist an allen Messstellen keine wesentliche Abnahme der NO_3^--Deposition zu verzeichnen (Tabelle A19). Die gegenläufige Entwicklung, zum einen der Rückgang der NO_x-Emissionen infolge der wirtschaftlichen Umstrukturierung und durch den Einsatz emissionsärmerer Brennstoffe (flüssig, gasförmig) und zum anderen der steigende Energieverbrauch sowie die Zunahme des Kraftfahrzeugverkehrs, hat eine generelle Abnahme der Nitratdeposition verhindert. Besondere Bedeutung hat dies auch für den Gesamtstickstoffeintrag (Kap. 1.4.3).

Die nasse NO_3^--Deposition liegt heute an den Flachlandstationen etwa zwischen 10 und 15 kg/ha , an den niederschlagsreicheren Mittelgebirgsstandorten und maritim beeinflussten Messstellen werden Eintragsraten von 20 kg/ha überschritten.

NH_4^+-Deposition (Bild 1.32)

An den vier ausgewählten Messorten der neuen Bundesländer ist eine moderate Abnahme der NH_4^+-Deposition zu verzeichnen, die vor allem Ende der achtziger Jahre eintrat und Landwirtschaftsregionen betraf. An den meisten UBA-Depositionsmessstellen ist keine oder nur eine schwache Verringerung der NH_4^+-Einträge festzustellen (Tabelle A21). Die Schwankungen einzelner Jahre sind durch die unterschiedlichen Jahresniederschläge bedingt oder durch eventuelle Bestandsschwankungen in der Tierhaltung, auf die die NH_3-Emissionen im Wesentlichen zurückzuführen sind. Da der Tierbestand jedoch immer einen Mindestumfang haben wird, dürften Senkungen der NH_4^+-Deposition nur durch zusätzliche Maßnahmen (Abluftreinigung, Güllebehandlung) erreichbar sein. Die NH_4^+-Depositionen sind vor allem wegen ihrer bodeninternen H^+-Produktion und der dadurch verursachten Verstärkung der Säurebelastung problematisch.

Ca^{++}-Deposition (Bild 1.33)

Die offensichtlichsten Veränderungen ergeben sich für die Ca^{++}-Einträge, die in den neuen Bundesländern vor allem in den Jahren nach 1989 durch die Verbesserungen der Entstaubungstechnik und in der Folge von Anlagenmodernisierungen erreicht wurden. In den achtziger Jahren wurden zum Teil noch Kalziumdepositionen bis zu 20 kg/ha erreicht; in der 2. Hälfte der neunziger Jahre lagen diese an den vier ausgewählten Messorten im Durchschnitt unter 2 kg/ha.

Abgesehen von wenigen Ausnahmen liegen die Ca^{++}-Depositionen in den letzten Jahren an allen Messstellen zwischen 1 und 3 kg/ha (Ausnahme: Helgoland) (Tabelle A24). Es muss bemerkt werden, dass die Ca^{++}-Deposition als basische Komponente der Versauerung entgegenwirkt und somit keine ungünstigen Auswirkungen zur Folge hat. Die Entwicklung der Ca^{++}-Einträge spiegelt jedoch den Erfolg der Luftreinhaltungsmaßnahmen der vergangenen Jahre besonders wider.

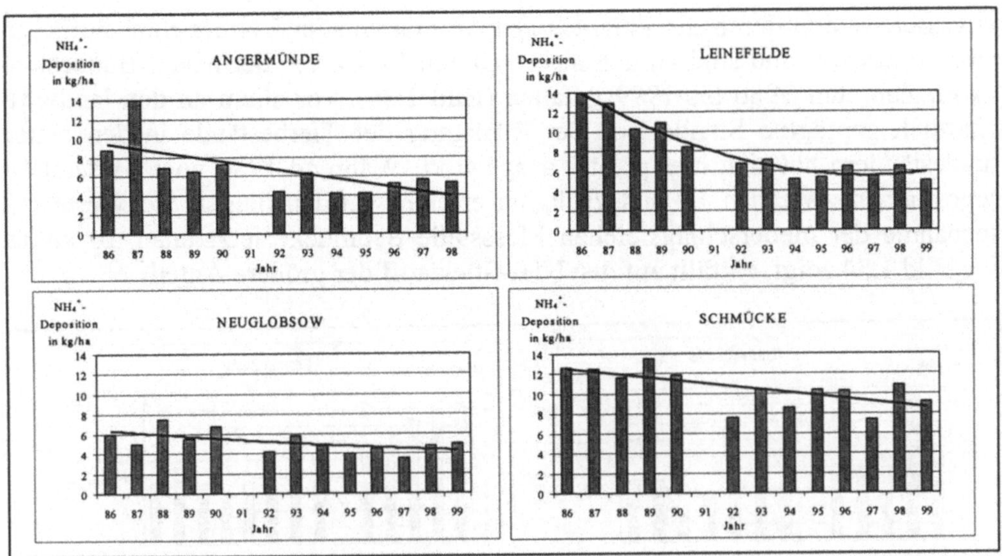

Bild 1.32: Entwicklung der NH_4^+-Depositionen seit 1996 an den ausgewählten Depositions-messstellen (wet only)

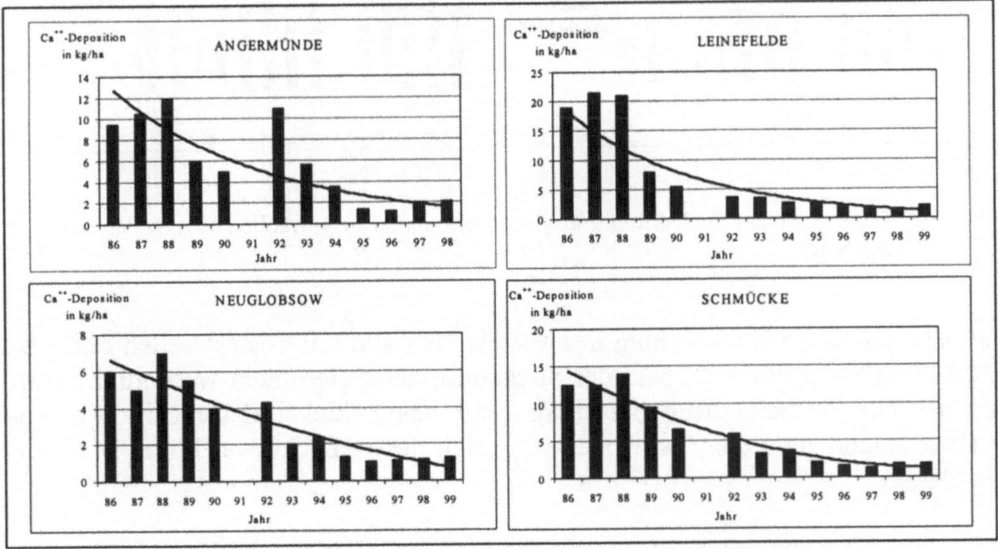

Bild 1.33: Entwicklung der Ca^{++}-Depositionen seit 1986 an den ausgewählten Depositions-messstellen (wet only)

1.4.3 Stickstoffeintrag

Wie im Kapitel 1.1.2 erläutert, kann eine übermäßige Stickstoffzufuhr zu Nähr-stoffungleichgewichten in Biotopen führen. Die Stickstoffeinträge in Böden und

Gewässer werden durch die Frachten des Ammonium- und Nitrat-Stickstoffs zusammen bewirkt und sind an den ausgewählten Messorten der neuen Bundesländer im Zeitraum 1986 bis 1999 gefallen (Bild 1.34), vor allem an den landwirtschaftlich geprägten Standorten. Der Rückgang der Tierbestände in den neuen Bundesländern hat sich hier positiv ausgewirkt. Während 1986 noch Gesamt-N-Depositionen zwischen 15 und 20 kg/ha erreicht wurden, liegen die Werte mit Ausnahme der niederschlagsreichen Messstelle Schmücke jetzt unter 10 kg/ha. Wie Bild 1.34 zeigt, entfällt auf den NH_4-Stickstoff der größere Anteil.

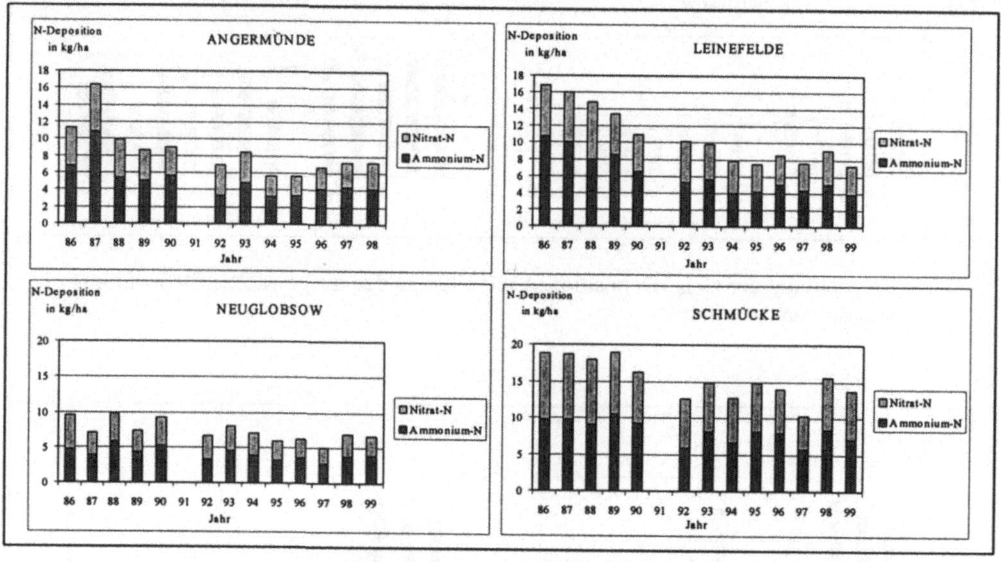

Bild 1.34: Entwicklung der Stickstoffeinträge seit 1986 an den ausgewählten Messstellen (wet only)

Betrachtet man die Entwicklung des Mittels über alle UBA-Messstellen seit 1992 (Bild 1.35), so ergibt sich, dass der Stickstoffeintrag sich nicht wesentlich verändert hat. Die jährliche Grundbelastung durch nasse Stickstoff-Deposition beträgt in Deutschland etwa 8 kg/ha, wobei der Anteil des NH_4-N etwas höher ist als der des NO_3-N.

Eine vom Umweltbundesamt durchgeführte Bilanz hat für das Jahr 1993/94 für Landwirtschaftsflächen einen Stickstoffeintrag durch Mineraldünger von 102 kg /ha ausgewiesen /UMW 97/. Die nasse N-Deposition betrug in dieser Zeit im Mittel 9 kg/ha und hat an der Stickstoffzufuhr in Landwirtschaftsflächen somit nur einen relativ geringen Anteil. Für Waldböden kann dieser für Freilandstationen erhobene Eintrag bereits die Erreichung der critical loads bedeuten, die für diese Ökosysteme meist im Bereich von 5 bis 15 kg/ha·a liegen /UMW 97/. Jedoch erreicht die N-Deposition in den Wäldern vergleichsweise wesentlich höhere Werte. Eine weitere Verringerung der atmosphärischen Stickstoffeinträge kann nur durch die Verringerung der NH_3-Emissionen in der Landwirtschaft und durch die Senkung der NO_x-Emissionen des Kraftfahrzeugverkehrs erreicht werden.

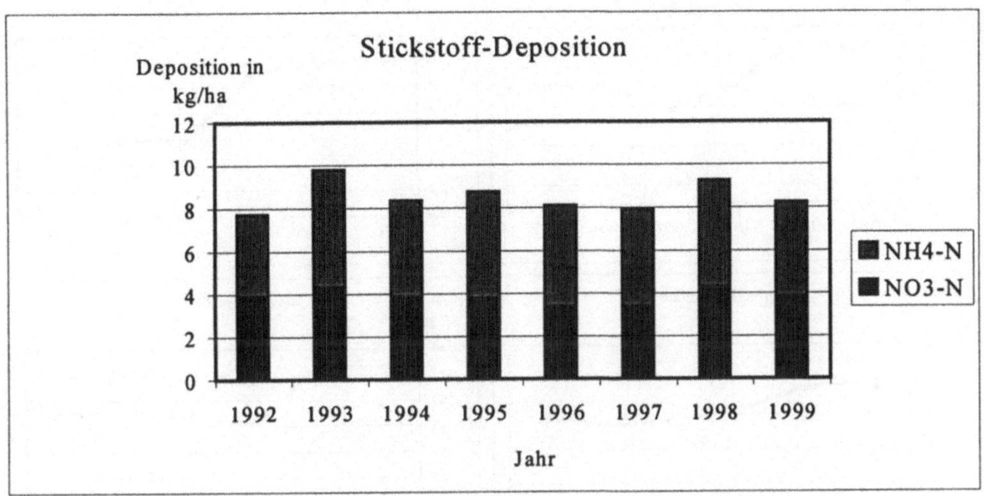

Bild 1.35: Entwicklung der mittleren Stickstoff-Depositionen über alle UBA-Depositions-messstellen seit 1992 (wet only)

1.4.4 Schwermetalldepositionen

Die Schwermetallkonzentrationen der Niederschlagswässer haben korrespondierend mit dem allgemeinen Rückgang der Niederschlagsverunreinigungen seit Beginn der Schwermetallanalysen 1994 abgenommen (s. Kap. 1.3.4). Dementsprechend hatten die niederschlagsbedingten Schwermetalleinträge in Böden und Gewässer ebenfalls eine abnehmende Tendenz. Bild 1.36 zeigt die Entwicklung dieser Depositionen im Mittel über alle UBA-wet-only-Depositionsmessstellen. Die Werte für die einzelnen Messstellen sind den Tabellen A26 bis A30 zu entnehmen. Wegen der häufigen Unterschreitung der Bestimmungsgrenzen sind die Kadmium-Depositionen nur als grobe Näherungen zu betrachten (s. Kap. 1.3.4).

Im Mittel sind im Untersuchungszeitraum Abnahmen bis zu einem Drittel zu verzeichnen. 1999 betrugen die Einträge im Durchschnitt bei Blei 12 g/(ha·a), Kadmium 0,5 g/(ha·a), Kupfer 15 g/(ha·a), Zink 88 g/(ha·a) und Mangan 21 g/(ha·a). In der TA Luft sind Grenzwerte für Schwermetalle als Bestandteil im Staubniederschlag festgelegt, mit 91 g/(ha·a) für Blei und 18 g/(ha·a) für Kadmium /TAL 86/. Diese Werte werden durch die nassen Schwermetalldepositionen, die den

Hauptteil der gesamten Schwermetalldeposition in emissionsfernen Gebieten darstellen, bei weitem unterschritten.

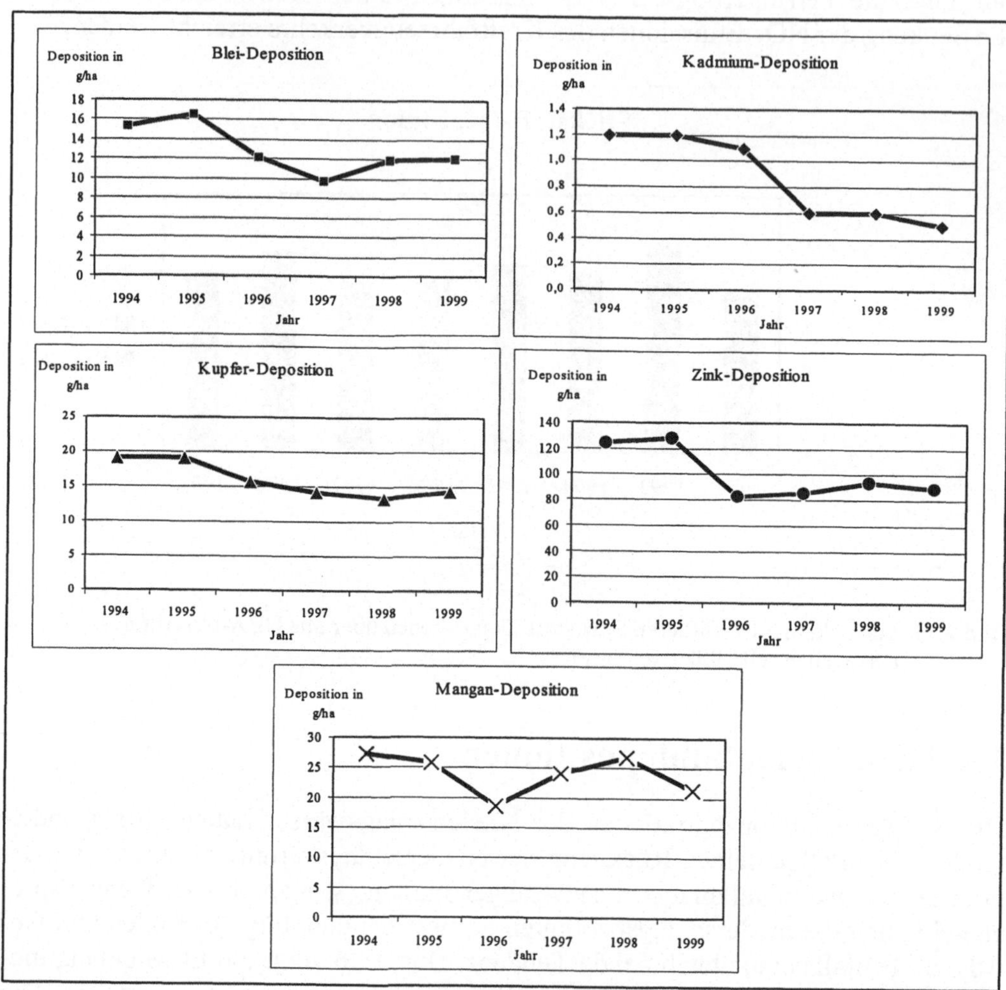

Bild 1.36: Mittel der Schwermetalldepositionen über alle UBA-Depositionsmessstellen (wet only)

Es sei darauf hingewiesen, dass insbesondere bei der Probenahme für die Schwermetallbestimmung keine besonderen Vorkehrungen getroffen werden konnten, so dass die Ergebnisse orientierenden Charakter haben. Die Schwermetallbestimmungen waren somit als Screening angelegt, um dennoch einen Überblick über die allgemeine Belastung und deren Entwicklung zu erlangen und dazu die zur Bestimmung der Hauptionenkonzentrationen ohnehin gewonnenen Proben zu nutzen (s. Kap. 1.3.4).

1.5 Zusammenfassung und Ausblick

Die Ablagerung anthropogener Luftverunreinigungen führt zu Stoffeinträgen in Böden und Gewässer, die in Abhängigkeit von Umfang und Art der eingebrachten Stoffe zu Schadwirkungen in der Umwelt führen können. Für empfindliche Ökosysteme sind vor allem die niederschlagsbedingten Depositionen von Säuren, Nährstoffen und toxischen Spurenmetallen von Bedeutung. Zur Ermittlung und Beobachtung der Grundbelastung (Background-Deposition) hat das Institut für Energetik und Umwelt gGmbH, Leipzig, im Auftrag des Umweltbundesamtes ein wet-only-Depositionsmessprogramm in der Bundesrepublik Deutschland aufgebaut und den Betrieb (Management, Geräteservice, Niederschlagsanalysen und Datenerfassung) durchgeführt. Dazu gibt der vorliegende Beitrag eine zusammenfassende Übersicht.

Dieses Messprogramm umfasst gegenwärtig 30 Messstellen, die mit wet-only-Niederschlagssammlern der Firma Eigenbrodt, Königsmoor, ausgerüstet sind. Anhand von Wochenproben werden die Niederschlagswässer hinsichtlich pH-Wert, der Konzentrationen der Hauptionen (SO_4^{--}, NO_3^-, Cl^-, NH_4^+, Na^+, K^+, Ca^{++}, Mg^{++} und Leitfähigkeit) und Schwermetallgehalten untersucht. Die jährlichen wet-only-Depositionen in terrestrische und aquatische Ökosysteme werden aus den gewichteten Stoffkonzentrationen und den gemessenen Jahresniederschlagsmengen ermittelt.

Die Ergebnisse des nunmehr seit 1992 in Betrieb befindlichen UBA-Depositionsmessprogrammes ermöglichen einige grundlegende Aussagen zur landesweiten Entwicklung der wet-only-Freilanddepositionen in Deutschland und der damit verbundenen Säureeinträge. Für einige ausgewählte Messorte der neuen Bundesländer (Angermünde, Leinefelde, Neuglobsow, Schmücke) konnten lange Messreihen erhalten und die Messungen seit 1986 in die Auswertung einbezogen werden.

Über die Entwicklung der Niederschlagsverunreinigungen und der Grundbelastung durch die damit verbundenen nassen Depositionen kann folgendes festgestellt werden:

- Die Niederschlagsazidität hat sich seit den achtziger Jahren stark verringert. Die direkten Säureeinträge (freie Protonen) in Böden und Gewässer sanken an den ausgewählten Messstellen der neuen Bundesländer seit 1986 im Mittel auf ein Drittel; im gesamten UBA-Depositionsprogramm haben diese Einträge seit 1992 weiter abgenommen.

- Die durch die Verunreinigungen insgesamt beeinflusste Leitfähigkeit der Niederschlagswässer nahm im Untersuchungszeitraum im Mittel über alle Messorte von 30 µS/cm auf 20 µS/cm ab.

- Der niederschlagsbedingte Eintrag von SO_4^{--}-Ionen hat sich in den neuen Bundesländern seit 1986 auf etwa ein Fünftel verringert. Eine Abnahme dieser Deposition ist seit Inbetriebnahme des UBA-Depositionsprogrammes 1992 insgesamt festzustellen. Die jährlichen Einträge liegen heute an den niederschlagsärmeren Flachlandstationen bei 10 kg/ha; an niederschlagsreichen Gebirgsstandorten und maritim beeinflussten Gebieten werden dagegen 20 kg/ha und darüber erreicht.

- Im Gegensatz zum SO_4^{--} haben sich die NO_3^--Einträge in den neuen Bundesländern seit 1986 nur um ein Drittel verringert. Diese Abnahme erfolgte vornehmlich Ende des achten Jahrzehnts. Seit Inbetriebnahme des UBA-Depositionsprogrammes ist an allen Messstellen keine wesentliche Abnahme der NO_3^--Deposition zu verzeichnen. Dies ist auf die NO_x-Emissionen des verstärkten Erdgaseinsatzes und die Zunahme des Kraftfahrzeugverkehrs zurückzuführen. Die nasse NO_3^--Deposition liegt heute an den Flachlandstationen zwischen 10 und 15 kg/ha; an den niederschlagsreicheren Mittelgebirgsstandorten und maritim beeinflussten Messstellen werden jährliche Eintragsraten von 20 kg/ha überschritten.
  Das Ionenäquivalentverhältnis SO_4^{--}/NO_3^- hat sich zu Gunsten von NO_3^- verschoben.

- Die im Wesentlichen auf die NH_3-Emissionen zurückzuführenden NH_4^+-Depositionen haben, vorwiegend Ende der achtziger Jahre, an den durch Landwirtschaft geprägten Standorten der neuen Bundesländer moderat abgenommen. Die NH_4^+-Depositionen sind vor allem wegen ihrer bodeninternen H^+-Produktion und der dadurch verursachten Verstärkung der Säurebelastung problematisch.

- Die stärksten Veränderungen ergeben sich für die Ca^{++}-Einträge, die in den neuen Bundesländern vor allem in der Folge der Wiedervereinigung durch die Verbesserungen der Entstaubungstechnik und Anlagenmodernisierungen erfolgten. In den achtziger Jahren wurden zum Teil noch jährliche nasse Ca^{++}-Einträge von 20 kg/ha erreicht; in der 2. Hälfte der neunziger Jahre lagen diese Werte an den vier ausgewählten Messorten im Durchschnitt unter 2 kg/ha. Abgesehen von wenigen Ausnahmen liegen die Ca^{++}-Depositionen in den letzten Jahren an den UBA-Depositionsmessstellen zwischen 1 und 3 kg/ha.

- Die Stickstoffeinträge, die aus den Depositionen von NO_3^- und NH_4^+ resultieren und in der Folge zu Nährstoffungleichgewichten in Biotopen führen können, verringerten sich seit 1986 vor allem an den landwirtschaftlich geprägten und struktuellen Veränderungen unterworfenen Standorten der neuen Bundesländer (Verringerung von 15 bis 20 kg N/(ha·a) auf unter 10 kg N/(ha·a)). Die jährliche Grundbelastung durch nasse Stickstoff-Deposition beträgt jetzt im Mittel über alle UBA-Messorte etwa 8 kg/ha, wobei der Anteil des NH_4-Stickstoffs etwas überwiegt. Für Waldböden kann dieser Eintrag die Erreichung der critical loads bedeuten.

- Die Bestimmung der Schwermetalldepositionen (Blei, Kadmium, Kupfer, Zink, Mangan) war aus Gründen einer kosteneffektiven Überwachung als Screening angelegt. Es sollte damit ein bundesweiter Überblick erlangt und Entwicklungen aufgezeigt werden. Seit Aufnahme der Schwermetalluntersuchungen 1994 haben diese Depositionen eine abnehmende Tendenz.

Generell zeigen die Ergebnisse, dass die niederschlagsbedingten Stoffeinträge durch die orographischen Gegebenheiten und meteorologischen Bedingungen sowie von maritimen und lokalen Einflüssen mehr oder weniger geprägt sind. Deshalb sind in dem vorliegenden Beitrag die Einzelergebnisse sämtlicher UBA-Depositionsmessstellen für die Untersuchungsjahre im Anhang als Tabellen, aus denen die wet-only-Depositionen ersichtlich sind, beigefügt.

Mit dem Aufbau und Betrieb des UBA-Depositionsmessnetzes wurden die Anforderungen des SRU-Gutachtens nach einem landesweiten, bundesländerübergreifenden Messprogramm, das zudem die Forderung nach Ausstattung mit einheitlicher Probenahme und Analyse aller Proben in einem Labor erfüllen kann, umgesetzt. Das Messprogramm wird als wertvoller Beitrag zum Monitoring der Schadstoffbelastung terrestrischer und aquatischer Ökosysteme eingeschätzt. Die Messergebnisse belegen den Erfolg der eingeleiteten Emissionsminderungsmaßnahmen, insbesondere in den Jahren nach der Wiedervereinigung.

Seit dem Aufbau des UBA-Depositionsmessnetzes haben sich Schwerpunkte und Anforderungen sowohl innerhalb des UBA-Messnetzes als auch beim UN/ECE-Messprogramm EMEP weiterentwickelt. Die neue Langzeitstrategie für EMEP wurde gerade beschlossen, z. B. wird für die Untersuchung der Deposition von Schwefel und Säure ein so genanntes Trendmonitoring (geringere Stationsdichte, höhere Datenqualität) als ausreichend angesehen; erhöhte Ansprüche an Datenverfügbarkeit und –qualität werden aber z. B. bei den Schwermetallen gestellt. Das Depositionsmessnetz des Umweltbundesamtes soll zukünftig auch diesen geänderten Anforderungen gerecht werden.

Literatur

/CON 99/   Conradt, S.; Kuss, H.: Neueste Tendenzen der Luftschadstoff-
           belastungs- und Depositionsentwicklung. Sächsisches Landesamt für
           Umwelt und Geologie, Projekt OMKAS, Newsletter Nr. 4, Oktober
           1999, S. 10-14.

/EME 96/   EMEP/CCC-Report 1/95, Revision 1/96: 29. März 1996.

/EPA 94/   Environmental Protection Agency: Quality Assurance Handbook for
           Air Pollution Measurement Systems, Volume V - Precipitation
           Measurement Systems, Report EPA-600/R-94/038e.

/FOK 95/   Foken, Th.; Dlugi, R. und Kramm, G.: On the determination of dry
           deposition and emission of gaseous compounds at the biosphere-
           atmosphere interface, Meteorologische Zeitung, N.F. 4 (1995), S. 91-
           118.

/IFE 91/   Institut für Energetik: Untersuchung der Abhängigkeit der
           Ionengehalte in Niederschlägen von regionalen Emissionsstrukturen
           und modifizierenden meteorologischen Kenngrößen beim Langstrek-
           kentransport, IfE-Bericht Leipzig 1991.

/IFE 94/   Institut für Energetik gGmbH: Untersuchung zur Qualitätssicherung
           im UBA-Depositionsmessnetz: Vergleiche der Messungen von pH-
           Wert und Leitfähigkeit des Niederschlagswassers vor und nach dem
           Probenversand sowie Prüfung eines eventuellen Temperatureinflusses,
           Arbeitsbericht 1994.

/KAL 97/   Kallweit, D.: Geeignete Sammelverfahren zur Erfassung von De-
           positionen im UBA-Messnetz. Fachgespräch „Ermittlung atmosphäri-
           scher Stoffeinträge in den Boden" des Zentralen Fachdienstes Wasser-
           Boden-Abfall-Altlasten bei der Landesanstalt für Umweltschutz Ba-
           den-Württemberg, 1997.

/LAN 91/   Landesanstalt für Umweltschutz Baden-Württemberg: Durchführung
           von Depositionsmessungen nach „historischen" Methoden und
           Vergleich der heutigen Werte mit denen der 50er Jahre aus dem
           Rossby-Egner-Messnetz, UFO-Plan-Nr. 104 02 634.

/LAW 98/   Länderarbeitsgemeinschaft   Wasser: Atmosphärische   Deposition, Richtlinie für Beobachtung und Auswertung der Niederschlagsbeschaffenheit, 1998.

/MAR 00/   Marquardt, W.; Brüggemann, E. und Thomas, A.: Nationale und grenzüberschreitende   Auswirkungen   von   Emissionen   auf Niederschlagskomponenten in sächsischen Grenzregionen, Teilprojekt IIb Projekt OMKAS. Abschlussbericht des Instituts für Troposphärenforschung Leipzig, März 2000.

/MAR 71/   Marquardt, W.; Ihle, P.: Der Ausfall von Spaltprodukten aus der Atmosphäre. Zeitschrift für Meteorologie, Band 22 (1971) Heft 11-12, S. 351-367.

/MAR 85/   Marquardt, W.; Ihle, P.: Saure und basische Niederschlagsbestandteile an industriefernen Messpunkten als Folge verschiedener Emissionscharakteristiken. Bericht des Instituts für Energetik Leipzig, Nr. 14.5878.85 F, September 1985.

/MAR 86/   Marquardt, W.; Ihle, P. und Kappe, W.: Automatischer großflächiger Niederschlagsprobensammler für Spurenstoffanalysen. Chemische Technik 38 (1986) 6, S. 262-263.

/MAR 88/   Marquardt, W.; Ihle, P.: Acidic and Alkaline Precipitation Components in the Mesoscale Range under the Aspects of Meteorological Factors and the Emissions. Atmosperic Environment 22 (1988) 12, S. 2707-2713.

/MAR 96/   Marquardt, W.; Brüggemann, E. und Ihle, P.: Trends in the Composition of Wet Deposition: Effects of the Atmospheric Rehabilitation in East-Germany. Tellus 48 B (1996), S. 361-371.

/MÖL 92/   Möller, D.; Lux, H.: Deposition atmosphärischer Spurenstoffe in der ehemaligen DDR bis 1990. Schriftenreihe der Kommission Reinhaltung der Luft im VDI und DIN, Band 18, 1992.

/MOS 93/   Moser, H. R.; Hohl, C.: Niederschlagsanalysen an der Meteorologischen Station Basel-Binningen - Jahre: 1987-1990. Lufthygieneamt Basel, Liestal, April 1993.

/NÜR 83/   Nürnberg, H. W.; Valenta, P. und Nguyen, V. D.: Untersuchungen zur Belastungssituation in der Bundesrepublik durch Deposition von Säure und Schwermetallen mit Niederschlägen. Tagung der

Arbeitsgemeinschaft der Großforschungseinrichtungen (AFG), 3. und 4. November 1983, Bonn – Bad Godesberg.

/RUD 91/ Rudolph, E: Das Niederschlagsdepositions-Messnetz des Bayerischen Landesamtes für Umweltschutz. Staub - Reinhaltung der Luft 51 (1991), S. 445-451.

/SRU/90 Der Rat von Sachverständigen für Umweltfragen: Allgemeine ökologische Umweltbeobachtung. Stuttgart: Metzler-Poeschel, 1990.

/TAL 86/ Technische Anleitung zur Reinhaltung der Luft - TA Luft. Erste Allgemeine Verwaltungsvorschrift zum Bundesimmissionsschutzgesetz, 27.2.1986.

/UBA 97/ Fricke, W. u. a.: Ergebnisse täglicher Niederschlagsanalysen in Deutschland von 1982 bis 1995. UBA-Texte 10/97 (1997).

/UBA 99/ Beilke, S.; Uhse, K.: Jahresbericht 1998 aus dem Messnetz des Umweltbundesamtes. UBA-Texte 66/99 (1999).

/UBA 00/ Beilke, S.; Uhse, K.: Jahresbericht 1999 aus dem Messnetz des Umweltbundesamtes. UBA-Texte 24/00, im Druck (2000).

/UMW 92/ Umweltbundesamt: Jahresbericht 1992, S. 236.

/UMW 97/ Umweltbundesamt: Daten zur Umwelt 1997. Erich-Schmidt-Verlag.

/VDI 85/ Verein Deutscher Ingenieure: Meteorologische Messungen für Fragen der Luftreinhaltung - Niederschlag. VDI-Richtlinie 3786 Bl. 7, Juli 1985.

/WAL 97/ Wallasch, M. u. a.: Precipitation analysis at German EMEP stations, Comparison between bulk and wet-only sampling. EMEP/CCC-Report 6/97, Kjeller (Norwegen), 1997, S. 89-93.

/WIL 99/ Wilsnack, D.: Qualitätssicherung in einem trinationalen Raum, Projekt OMKAS. Sächsisches Landesamt für Umwelt und Geologie, Newsletter Nr. 3, März 1999, S. 25-27.

/WIN 89/ Winkler, P.; Jobst, S.; Harder, C.: Meteorologische Prüfung und Beurteilung von Sammelgeräten für die nasse Deposition. BPT-Bericht 1/1998.

/WIN 93/   Winkler, P.; Riedl, J. und Lang, P.: A Treshold Intensity to Standardize Wet Deposition. Meteorologische Zeitschrift 2 (1993), S. 21-26.

/WIN 93a/   Winkler, P.; Georgii, H.-W.; Andersson, T.: Vergleich der Depositionsmessungen in der Bundesrepublik Deutschland und der ehemaligen DDR. Universitätsinstitut für Meteorologie und Geophysik Frankfurt/Main und Deutscher Wetterdienst – Meteorologisches Observatorium Hamburg. F+E-Bericht 104 02 655, Januar 1993.

2 Atmosphärische Stoffeinträge in Schleswig-Holstein

Uwe Eckermann, Gerhard Köhler, Carola Pommerening

2.1 Aufgaben

Die Aufgabe der messtechnischen Überwachung der Luft in Schleswig-Holstein liegt bei der Lufthygienischen Überwachung Schleswig-Holstein (LÜSH) im Staatlichen Umweltamt Itzehoe.

Neben der Ermittlung der Grundbelastung durch Luftschadstoffe und atmosphärische Stoffeinträge zur Beobachtung und Dokumentation der langfristigen Entwicklung der Luftbelastung ist die Erfassung lokaler Immissionsbelastungen in Emittentennähe und an Verkehrsschwerpunkten von besonderer Bedeutung. Hierfür wird ein Messnetz aus zur Zeit 15 ortsfesten und mobilen Messstationen betrieben. Mit einem Messwagen werden zusätzlich zeitlich befristete orientierende Messungen in der Nähe von industriellen Anlagen oder an Standorten in unmittelbarer Verkehrsnähe durchgeführt. Insbesondere die Messstation Bornhöved ist in ihrer Funktion als Referenzstandort Schnittstelle zum Ökosystemforschungsraum Bornhöveder Seenkette sowie zu den Untersuchungen von Waldökosystemen im Rahmen des europäischen Level II-Programms.

Die Information der Öffentlichkeit erfolgt unter anderem über verschiedene Messberichte /STA 00/, Videotext und Internet (http://www.umwelt.schleswig-holstein.de).

Die automatisch arbeitenden Messstationen werden durch ein Messnetz zur Erfassung atmosphärischer Stoffeinträge ergänzt.

2.2 Depositionsmessnetz

2.2.1 Übersicht

Das Depositionsmessnetz der Lufthygienischen Überwachung Schleswig-Holstein (LÜSH) umfasst acht Messstellen. Das Messnetz wurde im Rahmen eines inzwischen abgeschlossenen Forschungsvorhabens für die „Erarbeitung und Erprobung einer Konzeption für die integrierte, regionalisierende Umweltbeobachtung Schleswig-Holstein" /FRÄ 91/ konzipiert und zum Beginn des Jahres 1997 noch einmal modifiziert. Bei der Konzeption wurde auch die inzwischen von der Länderarbeitsgemeinschaft Wasser (LAWA) herausgegebene Richtlinie für die Erfassung der atmosphärischen Deposition /LAW 98/ berücksichtigt. Diese Richtlinie

soll in Messnetzen angewendet werden, die unter wasserwirtschaftlichen oder immissionsschutzrechtlichen Gesichtspunkten betrieben werden. Die Auswertung der Daten des Messnetzes für die Jahre 1988-1996 /STA 98/ hat gezeigt, dass die räumlichen Unterschiede der Einträge mit Ausnahme der meerbürtigen Elemente gering sind. Daher konnte die Zahl der Messstellen auf acht festgelegt werden.
Bei der Wahl der Standorte wurde die Lage von sogenannten integrierten Dauerbeobachtungsflächen (IDF) des Landesamtes für Natur und Umwelt berücksichtigt. Die Messergebnisse können somit auch in die dortigen Betrachtungen einfließen. Weiterhin wurden die drei Schwerpunkträume der Lufthygienischen Überwachung Schleswig-Holstein (LÜSH), in denen verstärkt Immissionsmessungen stattfinden, einbezogen. Es sind dies die Stadt Lübeck, das Industriegebiet Brunsbüttel und das ländliche Gebiet Bornhöveder Seenkette.
Bild 2.1 enthält einen Lageplan der Standorte.

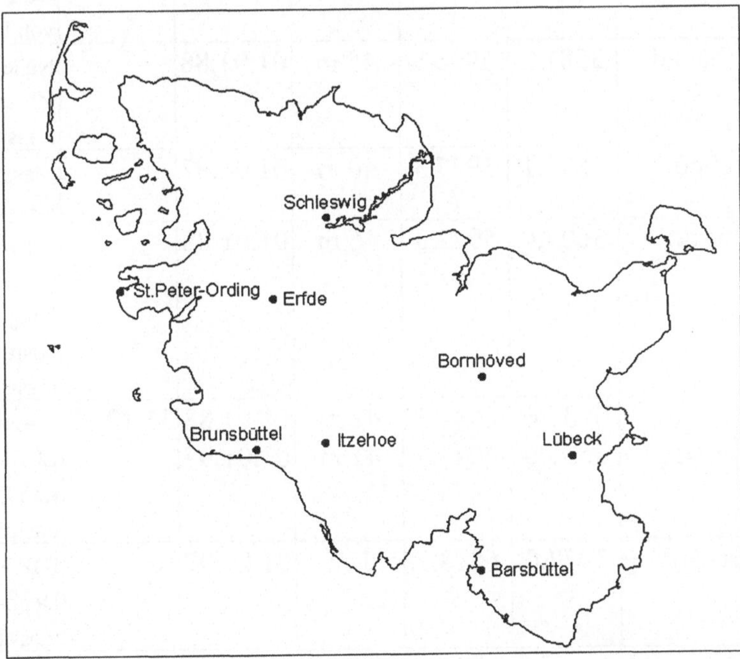

Bild 2.1:   Standorte des Depositionsmessnetzes der Lufthygienischen Überwachung
            Schleswig-Holstein

Die Lage der Probenahmestandorte ist in Tabelle 2.1 zusammengestellt unter Angabe der Koordinaten (Rechts- und Hochwerte) sowie der Zeitpunkte der In- bzw. Außerbetriebnahme. Der Probenahmestandort Westerbüttel, nordwestlich des Industriegebietes Brunsbüttel, wurde im Frühjahr 1994 gemeinsam mit der Messstation zur kontinuierlichen Erfassung von Luftschadstoffen nach Brunsbüttel, östlich des Industriegebietes, verlegt.

Tabelle 2.1: Übersicht über die Standorte des Depositionsmessnetzes

Nr.	Ort	Rechts-wert	Hoch-wert	Höhe ü. NN	Anfang	Ende	Anmerkung
01	Westerbüttel	3508,4	5976,8	0 m	01.01.88	15.03.94	Schwerpunkt-
01	Brunsbüttel	3514,9	5975,2	0 m	16.03.94		raum der LÜSH, langjährige De-positionsmes-sungen
02	Erfde	3519,9	6019,8	12 m	01.01.89	31.12.89	Nähe IDF, lang-
02	Erfde	3519,9	6019,8	12 m	01.01.97		jährige Deposi-tionsmessungen
03	Barsbüttel	3580,5	5939,3	42 m	01.01.97		Messstation der LÜSH, Randlage von Hamburg
04	Bornhöved	3581,2	5996,5	45 m	01.01.88		Nähe IDF, lang-jährige Deposi-tionsmessungen
05	Itzehoe	3535,1	5977,3	40 m	01.01.97		Messnetzzen-trale der LÜSH
06	Lübeck	3607,6	5972,3	16 m	01.01.88		Schwerpunkt-raum der LÜSH, langjährige De-positions-messungen
07	Schleswig	3535,6	6044,3	42 m	01.01.88	31.12.89	Messstation der
07	Schleswig	3535,6	6044,3	42 m	01.01.97		LÜSH, langjäh-rige Depositi-onsmessungen
08	St. Peter-Ording	3477,0	6018,7	1 m	01.01.97		IDF, langjährige Depositions-messungen

Gegenstand dieses Berichtes sind die an diesen Standorten ermittelten Einträge der nassen Deposition. Auf die an diesen und einem weiteren Standort in Karken-damm seit 1997 mit offenen Topfsammlern erfassten Einträge einiger Schwer-metalle wird hier nicht weiter eingegangen.

2.2.2 Probenahmeverfahren

Im Messnetz der Lufthygienischen Überwachung wird an acht Messstellen die nasse Deposition durch Wet-Only-Sammler vom Typ ARS 721 ermittelt, der in der VDI-Richtlinie 3870, Blatt 2 /VDI 97/ beschrieben ist.
Die sensorgesteuerte Trichterabdeckung wird bei Niederschlagsereignissen geöffnet, so dass nur die nasse Deposition gesammelt wird. Der Sensor verfügt über eine Heizung, um bei Schneefall eine Tropfenbildung auf dem Sensor zu erreichen, wodurch das Niederschlagsereignis erkannt und die Trichterabdeckung geöffnet wird. Außerdem wird der Sensor durch die Beheizung nach dem Ende des Niederschlagsereignisses getrocknet.
Die Auffangfläche des Trichters aus Polyethylen beträgt 490 cm², der Niederschlag wird durch einen Vitonschlauch in zwei 5l-Sammelflaschen aus Polyethylen geleitet. Die Temperatur wird von April bis November durch eine nachträglich eingebaute Kühlung (ab 1997) im Probenraum bzw. bei Frost durch Beheizung im Sammler auf ca. 5° C gehalten.

Bild 2.2: Wet-Only-Sammler vom Typ ARS 721 am Messpunkt Schleswig

2.2.3 Logistik

Bis Ende 1996 fand der Wechsel der Depositionsproben wöchentlich statt. Seit 1997 werden die Probenbehälter monatlich von Mitarbeitern der Lufthygienischen Überwachung Schleswig-Holstein gewechselt. Transport und Lagerung der Proben erfolgen unter Kühlung. Im Labor der LÜSH in Itzehoe werden die aufgefangenen Regenmengen ermittelt sowie pH-Wert und Leitfähigkeit gemessen.

Ein Teil der Probe wird durch Membranfilter aus Celluloseacetat mit einer Porengröße von 0,45 µm filtriert und bis zur Analyse tiefgefroren. Die Proben werden stets in der gleichen Woche aufgearbeitet, in der auch der Wechsel erfolgt ist. Alle mit den Proben in Berührung kommenden Gefäße werden ausschließlich für diesen Zweck verwendet, die Probenahmegefäße sind durch dauerhafte Beschriftung einem Standort zugeordnet. Sie werden mit heißem Wasser, einem Reinigungskonzentrat und Bürste gereinigt, anschließend mit Wasser und VE-Wasser gründlich gespült.

2.2.4 Analysenverfahren und Nachweisgrenzen

Die Leitfähigkeit wird mit einer Leitfähigkeitselektrode mit einer Zellkonstante von 0,1, bezogen auf 20°C, bestimmt.
Der pH-Wert wird mit einer Glaselektrode mit Schliffdiaphragma und einer einmolaren KCl-Lösung als Elektrolyt bei einer automatischen Temperaturkompensation gemessen. Hierbei wird die VDI-Vorschrift 3870 Blatt 10 /VDI 94/ berücksichtigt.
In den filtrierten Proben werden die Konzentrationen von Chlorid, Nitrat, Sulfat, Natrium, Ammonium und Kalium mit der Ionenchromatographie bestimmt. Eingesetzt wird ein Ionenchromatograph mit Supressortechnik in zwei getrennten Analysenläufen. Die Anionen Chlorid, Nitrat und Sulfat werden mit Hilfe einer Anionentrennsäule und einem Eluenten, bestehend aus einer Natriumcarbonat/Natriumhydrogencarbonat-Lösung, getrennt. Die Kationen Natrium, Kalium und Ammonium werden mit Hilfe einer Kationentrennsäule und einem Eluenten, bestehend aus einer Lösung von verdünnter Schwefelsäure, getrennt. Das Analysensystem besteht aus einer isokratischen Pumpe, den spezifischen Säulen zur Trennung, einem Umschaltventil mit Probenschleife, dem Suppressor und dem Leitfähigkeitsdetektor. Die Suppressoren erniedrigen die Leitfähigkeit und wandeln die Probenspezies in ihre korrespondierende Säure bei den Anionen oder in ihre korrespondierende Base bei den Kationen um. Mit einem Autosampler wird die Probenschleife mit Messlösung gefüllt und in den Eluentenlauf eingeschleust. Mit einem angeschlossenem Datensystem geschieht die Zuordnung der Peakfläche vom Leitfähigkeitsdetektor zu Konzentrationswerten aus Kalibrierlösungen.
Die Gehalte an den Kationen Magnesium und Kalzium werden atomabsorptionsspektrometrisch mit der Flammentechnik ermittelt. Magnesium wird in einer Luft-Acetylen-Flamme bei einer Wellenlänge von 285,2 nm bestimmt. Die Analyse von Kalzium erfolgt in einer Acetylen-Lachgas-Flamme bei einer Wellenlänge von 422,7 nm. Ausgewertet werden die erhaltenen Signalflächen, die mit bekannten Konzentrationen aus wässrigen Kalibrierlösungen verglichen werden.

Die Nachweisgrenzen ergeben sich aus dem Rauschpegel des Untergrundes der Blindproben zuzüglich der dreifachen Standardabweichung der Blindproben (Tabelle 2.2).

Tabelle 2.2: Übersicht über Analysenverfahren und Nachweisgrenzen

Komponente	Analysenverfahren	Nachweisgrenze
Chlorid	Ionenchromatograph	0,2 mg/l
Nitrat	Ionenchromatograph	0,02 mg/l
Sulfat	Ionenchromatograph	0,03 mg/l
Natrium	Ionenchromatograph	0,1 mg/l
Kalium	Ionenchromatograph	0,1 mg/l
Ammonium	Ionenchromatograph	0,1 mg/l
Magnesium	AAS-Flamme	0,01 mg/l
Kalzium	AAS-Flamme	0,02 mg/l

2.2.5 Qualitätssicherung

In den Analysenläufen werden Kontrollproben, Mehrfachbestimmungen und Blindwertproben zur Überprüfung der Analysen durchgeführt. Die einzelnen Ergebnisse werden nach der Analyse auf Plausibilität überprüft. Zur weiteren Kontrolle der Richtigkeit werden auch Vergleichsmessungen mit anderen Labors durchgeführt und Standardreferenzmaterial eingesetzt.

Zur abschließenden Auswertung werden die Ergebnisse in einer Datenbank zusammengeführt. Für die Berechnung des Stoffeintrages durch die Deposition werden fehlende Analysenergebnisse durch die mit dem Niederschlag gewichteten Mittelwerte der anderen Messstellen ersetzt. Mit Hilfe der Ionenbilanz wird das Gleichgewicht der Anionen und Kationen im Regenwasser überprüft.

Eine visuelle Kontrolle der grafisch dargestellten Messergebnisse dient zur Erkennung der Ausreißer und anderer unplausibler Messwerte.

Grundsätzlich ist festzustellen, dass die Messgenauigkeit bei derartigen Verfahren, die eine Vielzahl manueller Schritte beinhalten, geringer ist als z. B. bei automatischen Messungen von Luftschadstoffen. Ungenauigkeiten können z. B. durch zu geringe Probenahmemengen auftreten oder dadurch, dass die Sensoren zur Öffnung der Sammler für die nasse Deposition nicht immer einwandfrei funktionieren.

In einer Standardarbeitsanweisung sind die Probenahmevorbereitung, die Probenahme und die Analytik dokumentiert.

2.2.6 Bestimmung der Niederschlagsmenge

Zur Ermittlung von Stoffeinträgen aus den gemessenen Stoffkonzentrationen in der nassen Deposition muss die im Probenahmezeitraum gefallene Niederschlagsmenge bekannt sein. Sie wird aus den Probengewichten der Wet-Only-Sammler über die Auffangfläche berechnet.

Zur Absicherung stehen zum Vergleich für alle Standorte die Niederschlagsdaten des Deutschen Wetterdienstes als Tagessummen zur Verfügung. Außerdem können für einen Teil der Standorte zur Überprüfung auch die Ergebnisse der Niederschlagsmessungen herangezogen werden, die an den automatischen Messstationen der LÜSH ermittelt werden.

Ein mehrjähriger Vergleich dieser Daten lässt die Berechnung der Niederschlagsmengen aus den Probengewichten zu. Nur wenn keine zu verwertende Probe aus dem Wet-Only-Sammler vorliegt, werden die Angaben des Deutschen Wetterdienstes herangezogen.

2.3 Ergebnisse

2.3.1 Übersicht

In den folgenden Abschnitten werden die Ergebnisse aus dem Gesamtmesszeitraum 1988 bis 1999 vorgestellt. Die räumliche Verteilung wird in Kapitel 2.3.2 dargestellt, wobei eine zeitliche Mittelung vorgenommen wurde.

In Kapitel 2.3.3 steht die zeitliche Entwicklung im Vordergrund, wobei über alle Standorte gemittelt wird.

In Kapitel 2.3.4 werden die Ergebnisse der Bulk- und der nassen Deposition gegenübergestellt. Es folgen in Kapitel 2.3.5 Angaben zur ionaren Zusammensetzung der Niederschläge.

Die Stoffe Chlorid, Natrium und Magnesium sind meerbürtige Komponenten, Kalium und Kalzium sind erdgebunden. Die Stickstoffverbindungen entstammen hauptsächlich Verbrennungsprozessen (z. B. Kraftwerke, Autoverkehr) bzw. der Landwirtschaft. Schwefelverbindungen entstehen ebenfalls hauptsächlich bei der Verbrennung fossiler Brennstoffe.

2.3.2 Räumliche Verteilung

Die räumliche Verteilung der Konzentrationen, mit der Niederschlagsmenge gewichtet und gemittelt über den Gesamtzeitraum, geht aus Tabelle 2.3 hervor.

Tabelle 2.3: Mittelwerte 1997-1999 für Konzentrationen und Niederschlagsmengen

STANDORT	Cl	NO$_3$-N	SO$_4$-S	Na	NH$_4$-N	K	Mg	Ca	NS
				mg/l					mm/a
Westerbüttel/ Brunsbüttel	3,95	0,46	0,87	2,35	1,11	0,17	0,27	0,17	739
Erfde	3,75	0,46	0,73	2,44	0,97	0,20	0,29	0,18	865
Barsbüttel	2,07	0,54	0,77	1,35	1,00	0,16	0,17	0,18	733
Bornhöved	2,22	0,45	0,61	1,39	0,70	0,13	0,17	0,14	812
Itzehoe	3,12	0,49	0,74	1,90	0,87	0,17	0,23	0,22	857
Lübeck	2,11	0,56	0,73	1,17	0,80	0,14	0,14	0,17	615
Schleswig	3,31	0,54	0,80	2,02	0,92	0,16	0,24	0,16	900
St. Peter-Ording	8,41	0,45	0,87	5,12	0,72	0,23	0,59	0,26	809
Mittelwert	3,62	0,49	0,76	2,22	0,89	0,17	0,26	0,19	791
Median	3,22	0,47	0,75	1,96	0,89	0,16	0,24	0,18	811
Minimum	2,07	0,45	0,61	1,17	0,70	0,13	0,14	0,14	615
Maximum	8,41	0,56	0,87	5,12	1,11	0,23	0,59	0,26	900
Rel. Standardabw.	0,57	0,09	0,11	0,57	0,16	0,19	0,54	0,21	0,12

Cl - Chlorid	NO$_3$-N - Nitrat-Stickstoff	SO$_4$-S - Sulfat-Schwefel
Na - Natrium	NH$_4$-N - Ammonium-Stickstoff	K - Kalium
Mg - Magnesium	Ca - Kalzium	NS - Niederschlag

Bild 2.3 zeigt die Spannweite der Konzentrationen, wobei für jede Komponente mit dem jeweiligen Median über alle Standorte normiert wurde.

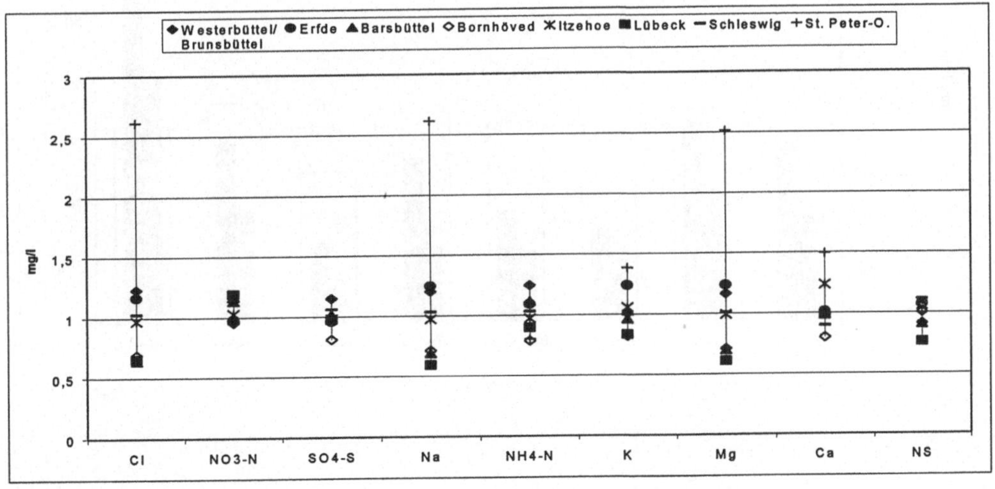

Bild 2.3: Spannweite der Konzentrationen, normiert mit dem Median aller Standorte und gemittelt über die Jahre 1997-1999

Starke räumliche Unterschiede fallen insbesondere bei den meerbürtigen Komponenten Chlorid, Natrium und Magnesium auf. Die Streuung beträgt hier 54 bis 57 % Die in der Nähe der Nord- oder Ostsee gelegenen Standorte St. Peter-Ording, Erfde, Brunsbüttel, Schleswig und Itzehoe weisen hier deutlich höhere Einträge bzw. Konzentrationen auf.

Die mittleren jährlichen Einträge sind für die Komponenten Chlorid und Natrium im Bild 2.4 dargestellt.
Bei den Komponenten Sulfat-Schwefel und Gesamt-Stickstoff (Nitrat- und Ammonium-Stickstoff) sind die räumlichen Unterschiede deutlich geringer (Bild 2.5). Die Streuung beträgt hier nur 9 bis 11 %. Auch bei Sulfat-Schwefel, der nicht Seesalz-korrigiert wurde, ist ein Einfluss der Küstennähe zu erkennen, der allerdings sehr gering ausfällt.

Abgesehen von der Konzentration der Komponenten im Niederschlag ist die Verteilung der Einträge entscheidend vom regionalen Niederschlagsprofil abhängig.

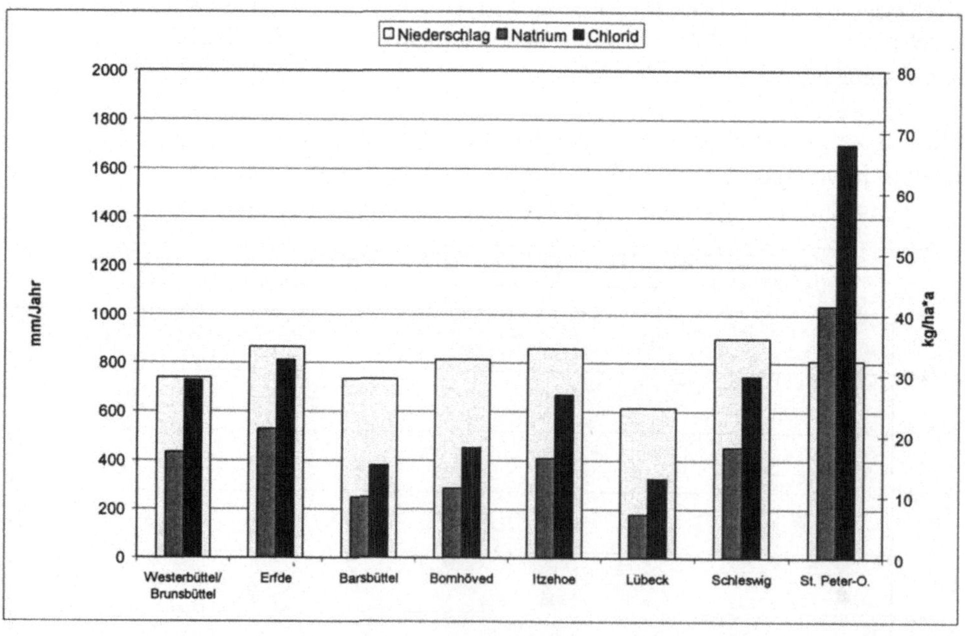

Bild 2.4:   Mittlere jährliche Einträge von Natrium und Chlorid und mittlere Niederschlagsmengen, Mittelwerte 1997-1999

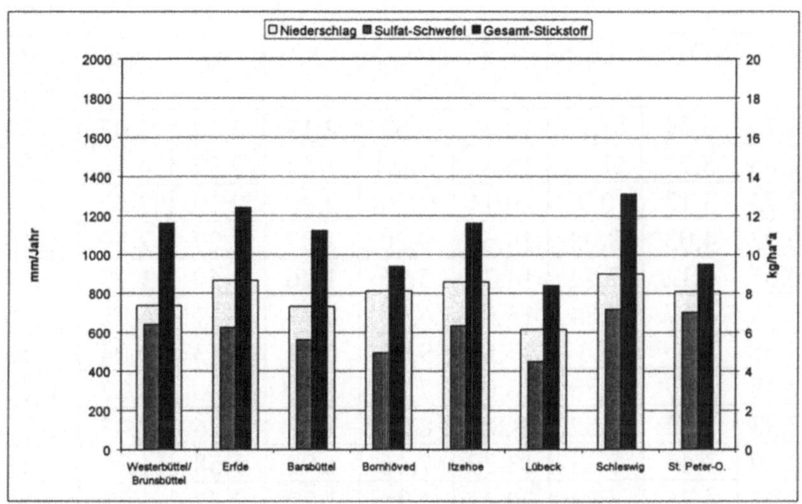

Bild 2.5 :   Mittlere jährliche Einträge von Sulfat und Gesamt-Stickstoff und mittlere
             Niederschlagsmengen, Mittelwerte 1997-1999

2.3.3 Zeitliche Entwicklung 1988 bis 1999

In Tabelle 2.4 sind die Jahreseinträge der nassen Deposition und die mittleren
Konzentrationen von 1988 bis 1999, jeweils über alle Standorte gemittelt, sowie
die jährlichen Niederschlagsmengen zusammengestellt.

Da die Einträge von der Konzentration von Schadstoffen im Niederschlag und der
jährlich schwankenden Niederschlagsmenge abhängen, können sie trotz Abnahme
der mittleren Konzentrationen ansteigen. Das wird anhand von Bild 2.6 verdeutlicht. Es zeigt die mittlere Konzentration und die daraus resultierenden Einträge
an Sulfat-Schwefel von 1988 bis 1999, jeweils gemittelt über alle Standorte.
Die mittleren Konzentrationen im Niederschlag zeigen im Verlauf der Jahre eine
deutliche Abnahme von ca. 1,5 mg/l bis auf ca. 0,7 mg/l.
Der Rückgang von Schwefeldioxid wird an den Messstationen der LÜSH ebenfalls beobachtet. Dort ist seit Beginn der Messungen eine Abnahme der Belastung
von ca. 20 bis 40 µg/m³ auf jetzt ca. 3 bis 6 µg/m³ feststellbar. Bild 2.7 verdeutlicht diese Entwicklung, die auf die bereits angesprochenen, vielfältigen Maßnahmen zur Emissionsreduktion (z. B. 13. BImSchV [Großfeuerungsanlagen-
verordnung]) sowie auf Sanierungen und Stillegungen in den „neuen Bundesländern" zurückzuführen ist.

Tabelle 2.4: Jahreseinträge der nassen Deposition, mittlere Konzentrationen und jährlicher
          Niederschlag, gemittelt über alle Standorte

	Cl	NO$_3$-N	SO$_4$-S	Na	NH$_4$-N	K	Mg	Ca	H	NS
				kg/ha·a					g/ha·a	mm/a
1988	36,79	6,34	13,26	18,87	9,57	2,13	2,74	3,03	0,33	885
1989	28,65	5,72	11,72	18,42	10,51	1,64	2,37	4,16	0,33	712
1990	32,73	5,13	10,92	20,11	10,38	2,06	2,72	2,57	0,32	822
1991	26,92	4,03	8,02	14,64	9,20	1,07	2,27	2,39	0,19	644
1992	20,66	4,12	7,54	14,39	5,96	1,26	1,59	1,77	0,24	633
1993	25,28	4,17	8,84	15,78	6,56	0,94	2,11	1,72	0,30	725
1994	28,66	5,45	10,33	17,59	9,06	0,91	2,13	2,04	0,26	898
1995	27,48	4,47	8,78	18,04	7,91	1,29	2,06	1,77	0,20	714
1996	17,93	3,73	6,62	9,85	8,36	1,73	1,26	1,47	0,23	530
1997	22,29	3,44	5,43	13,29	7,46	1,99	1,58	1,39	0,13	658
1998	32,07	4,46	7,24	20,47	7,21	1,22	2,42	1,38	0,13	973
1999	32,81	3,76	5,47	19,81	6,37	0,88	2,37	1,63	0,04	743
Mittel	27,69	4,57	8,68	16,77	8,21	1,43	2,13	2,11	0,23	745
	Cl	NO$_3$-N	SO$_4$-S	Na	NH$_4$-N	K	Mg	Ca	pH	NS
				mg/l						mm/a
1988	4,1	0,7	1,5	2,1	1,1	0,2	0,3	0,3	4,4	885
1989	4,2	0,8	1,7	2,7	1,5	0,2	0,3	0,6	4,3	712
1990	4,2	0,6	1,3	2,4	1,3	0,2	0,3	0,3	4,4	822
1991	4,5	0,6	1,3	2,3	1,4	0,2	0,4	0,4	4,5	644
1992	3,5	0,7	1,2	2,3	0,9	0,2	0,3	0,3	4,4	633
1993	3,6	0,6	1,2	2,2	0,9	0,1	0,3	0,2	4,4	725
1994	3,3	0,6	1,2	2,0	1,0	0,1	0,2	0,2	4,5	898
1995	3,8	0,6	1,2	2,5	1,1	0,2	0,3	0,2	4,5	714
1996	3,4	0,7	1,3	1,9	1,6	0,3	0,2	0,3	4,4	530
1997	3,5	0,5	0,8	2,1	1,1	0,3	0,2	0,2	4,7	658
1998	3,3	0,5	0,7	2,1	0,7	0,1	0,2	0,1	4,9	973
1999	4,2	0,5	0,7	2,5	0,9	0,1	0,3	0,2	5,2	743
Mittel	3,8	0,6	1,2	2,3	1,1	0,2	0,3	0,3	-	745

Cl - Chlorid	NO$_3$-N - Nitrat-Stickstoff	SO$_4$-S - Sulfat-Schwefel
Na - Natrium	NH$_4$-N - Ammonium-Stickstoff	K - Kalium
Mg - Magnesium	Ca - Kalzium	H - Wasserstoff
pH - pH-Wert	NS - Niederschlag	

Für Nitrat-Stickstoff hingegen, siehe Bild 2.8, ist trotz Einführung des Katalysa-
tors und anderer Maßnahmen noch kein deutlicher Rückgang festzustellen.

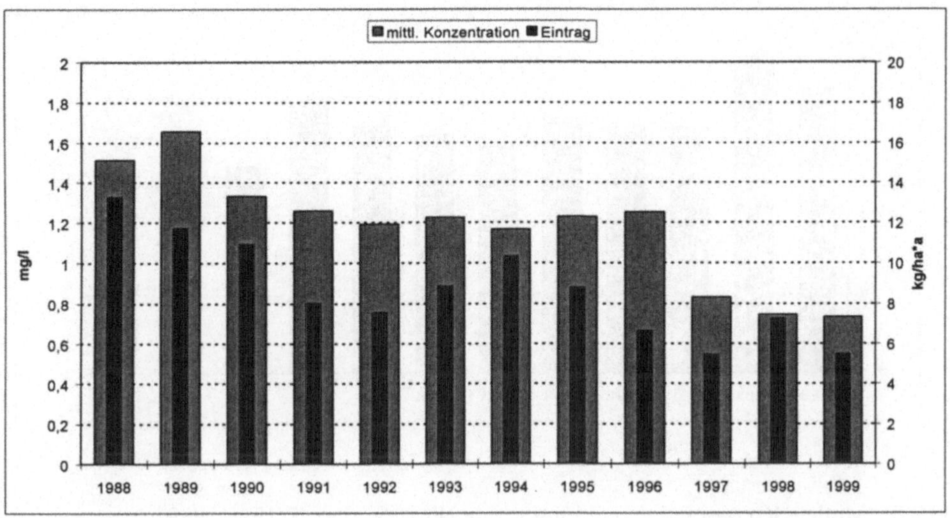

Bild 2.6: Mittlere Konzentration und Eintrag von Sulfat-Schwefel, 1988-1999,
           gemittelt über alle Standorte

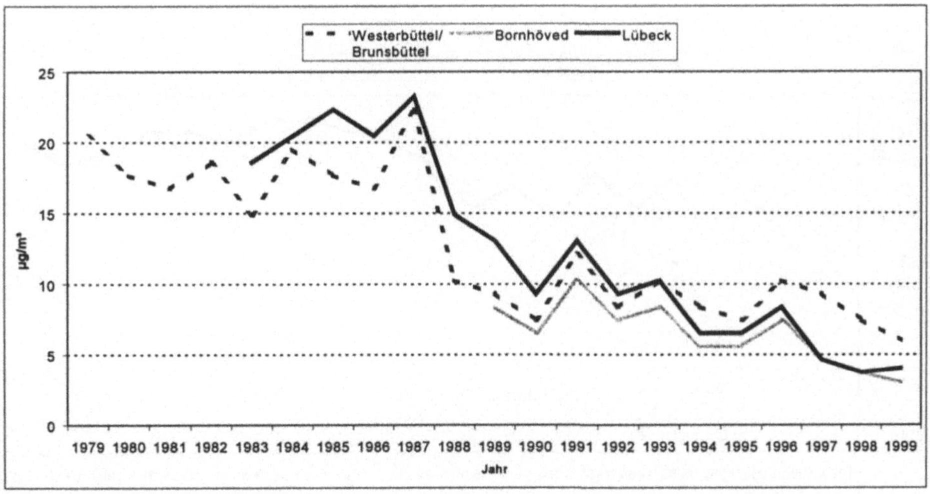

Bild 2.7: Schwefeldioxidkonzentration in mg/m³ (20°C, 1013mbar), Jahresmittelwerte 1979-1999

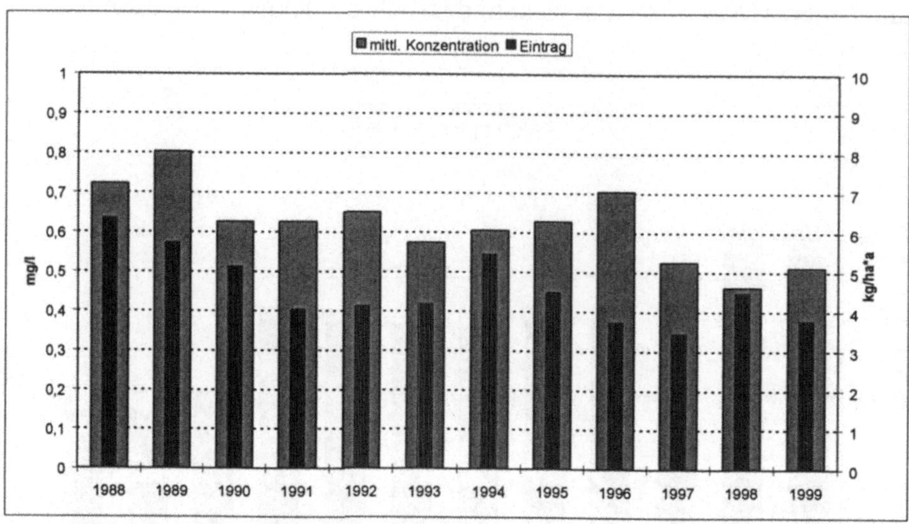

Bild 2.8:   Mittlere Konzentration und Eintrag von Nitrat-Stickstoff, 1988-1999,
            gemittelt über alle Standorte

Auch für Stickstoffdioxid ist noch keine Abnahme erkennbar (Bild 2.9). Die Zunahme am Standort Lübeck-Schönböcken seit Anfang der 90er Jahre ist mögli-
cherweise auf eine Verkehrszunahme auf der nahegelegenen Autobahn Lübeck-
Hamburg nach der Grenzöffnung zurückzuführen.

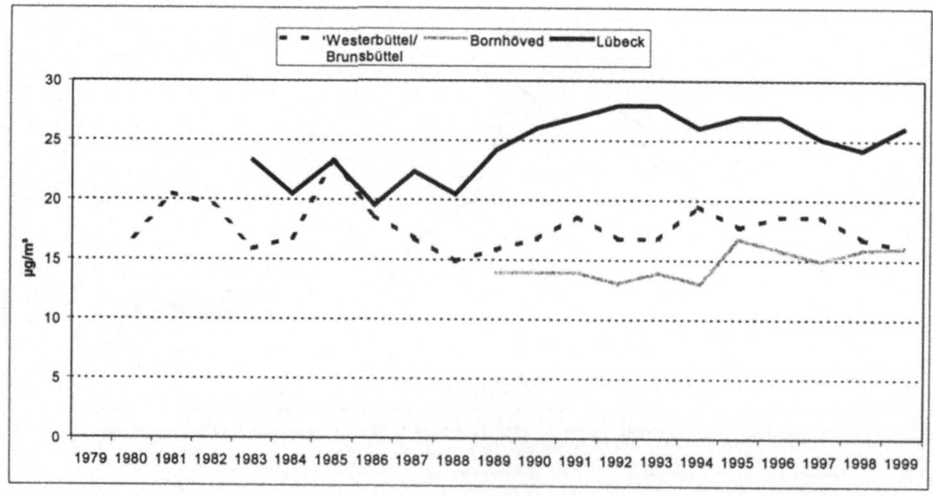

Bild 2.9:   Stickstoffdioxidkonzentration in mg/m³ (20°C, 1013mbar), Jahresmittelwerte
            1979-1999

Die pH-Werte der Standorte Westerbüttel/Brunsbüttel, Bornhöved und Lübeck sind für die Jahre 1988 bis 1999 in Tabelle 2.5 zusammengefasst.

Tabelle 2.5: Mittlere pH-Werte 1988-1999

		1988	1989	1990	1991	1992	1993	1994	1995	1996	1997	1998	1999
Westerbüttel/ Brunsbüttel	pH	4,39	4,48	4,43	4,70	4,57	4,47	4,61	4,76	4,73	5,03	5,13	5,36
Bornhöved	pH	4,61	4,56	4,41	4,57	4,43	4,36	4,53	4,53	4,27	4,66	4,84	5,28
Lübeck	pH	4,34	4,31	4,31	4,39	4,30	4,34	4,50	4,41	4,38	4,58	4,64	5,01

Der sich hieraus ergebende Protoneneintrag zeigt eine deutliche Abnahme, wie aus Bild 2.10 hervorgeht.

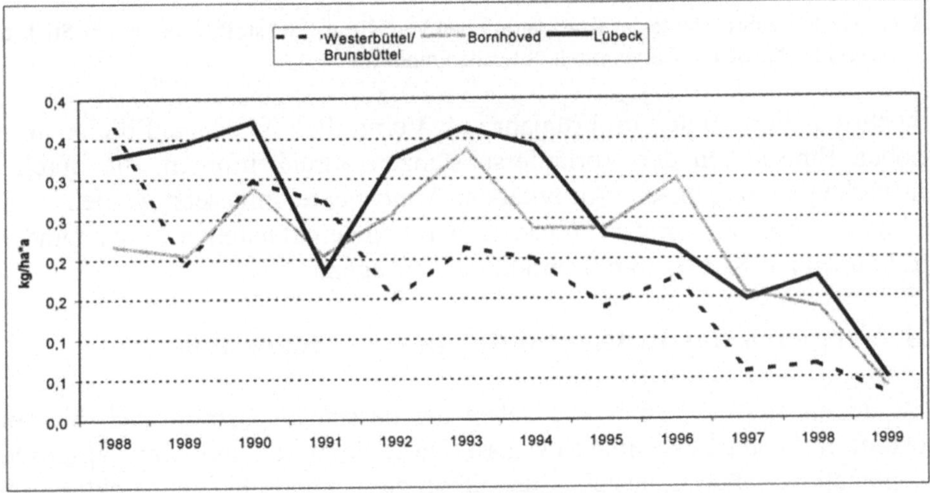

Bild 2.10: Protoneneintrag, Jahresmittelwerte 1988 - 1999

Für die folgende Grafik wurden zunächst aus den vorhandenen Konzentrationen von einem Monat über alle Standorte ein Mittelwert gebildet. Aus diesen Werten wurde über die zwölf Jahre ein Durchschnittswert für jeden Monat ermittelt. Auf eine Wichtung wurde verzichtet. Die zu beobachtenden Jahresgänge der Konzentrationen von Nitrat- und Ammonium-Stickstoff und Sulfat-Schwefel sind in Bild 2.11 dargestellt.

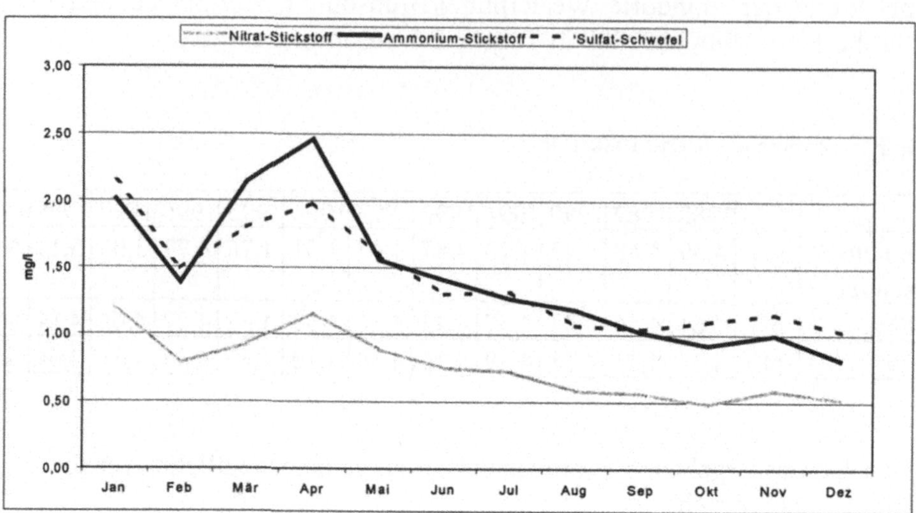

Bild 2.11: Mittlere Jahresgänge der Konzentrationen von Nitrat-Stickstoff, Ammonium-Stickstoff
und Sulfat-Schwefel, gemittelt über alle Standorte

Die höchsten Werte treten im Frühjahr auf. Vermutlich ist dies auf die noch relativ hohen Emissionen der Vorläufersubstanzen zurückzuführen, die durch die
schon starke photochemische Aktivität der Atmosphäre umgesetzt werden.
Auch die im Frühjahr verstärkt einsetzenden Düngemaßnahmen in der Landwirtschaft können zur Konzentrationserhöhung beitragen.

2.3.4 Vergleich der Bulk- und der nassen Deposition

In den Jahren 1988 –1996 wurde neben der nassen Deposition auch die Bulk-
Deposition mit offenen Sammlern erfasst. Diese Sammler sind dem Typ „LÖLF"
der ehemaligen Landesanstalt für Ökologie, Landschaftsentwicklung und
Forstplanung (LÖLF) Nordrhein-Westfalen angelehnt. Die Totalisatoren bestehen
aus einem Auffangtrichter aus Polyethylen, der mit einer 5-Liter-Auffangflasche
verschraubt ist. Die Probenahmehöhe betrug einen Meter.

Durch Vergleich der Ergebnisse der Totalisatoren mit Wet-Only-Sammlern lässt
sich der Anteil abschätzen, der durch die nasse Deposition eingetragen wird. Tabelle 2.6 stellt die jeweiligen Beiträge an den Standorten Westerbüttel/Bruns-
büttel, Bornhöved und Lübeck für alle Komponenten auf der Basis jener Jahre
dar, für die mit beiden Messverfahren verlässliche Werte ermittelt werden konnten.

Tabelle 2.6:   Anteil der nassen Deposition an der Bulk-Deposition, Mittelwerte 1988-1996

	Westerbüttel/ Brunsbüttel			Bornhöved			Lübeck		
	Bulk-Depo-sition	nasse Depo-sition		Bulk-Depo-sition	nasse Depo-sition		Bulk-Depo-sition	nasse Depo-sition	
	kg/ha·a		%	kg/ha·a		%	kg/ha·a		%
Chlorid	49,48	37,25	75	26,62	25,05	94	20,27	17,13	85
Nitrat-Stickstoff	5,79	4,42	76	5,13	4,72	92	5,74	4,98	87
Sulfat- Schwefel	12,99	9,79	75	10,36	9,54	92	10,14	9,24	91
Natrium	30,98	21,23	69	17,68	15,21	86	14,06	11,36	81
Amm.-Stickstoff	12,12	8,83	73	9,59	8,26	86	8,49	7,62	90
Kalium	3,07	1,63	53	2,83	1,54	55	2,32	1,13	49
Magnesium	3,25	2,92	90	2,25	1,94	86	1,65	1,33	80
Kalzium	4,35	2,72	63	3,33	2,17	65	4,69	2,10	45

Der Eintrag an Sulfat-Schwefel und Nitrat-Stickstoff und der meerbürtigen Stoffe erfolgt demnach überwiegend durch die nasse Deposition, während die erdgebundenen Komponenten wie Kalium und Kalzium etwa je zur Hälfte durch nasse und trockene Deposition eingetragen werden.

Für einige Stoffe ist der Eintrag in Bild 2.12 dargestellt.

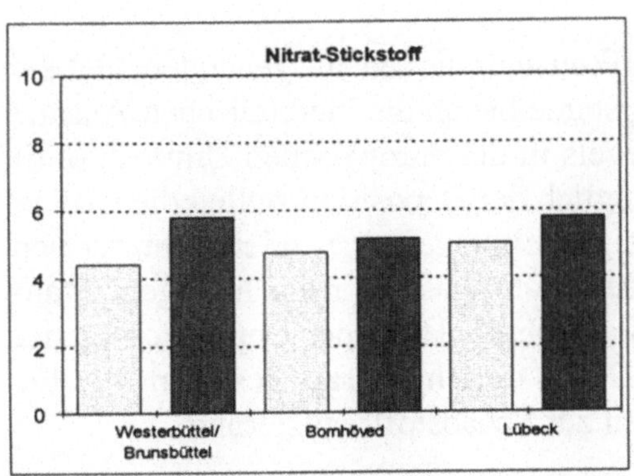

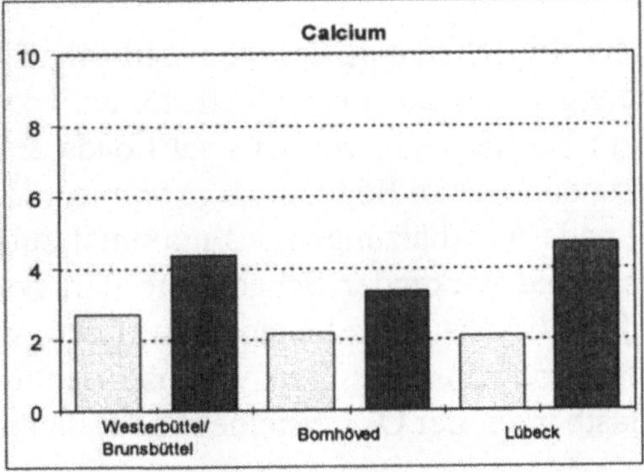

Bild 2.12:   Vergleich der Jahreseinträge in kg/ha·a der nassen (weiss) und der Bulk-Deposition (schraffiert), Mittelwerte 1988-1996

2.3.5 Ionare Zusammensetzung der Niederschläge

Die Kreisdiagramme in Bild 2.13 zeigen für drei Standorte die ermittelte Äquivalentverteilung der Anionen und Kationen in den Jahren 1989 und 1999. Angegeben sind jeweils die Prozentanteile, bezogen auf die Summe der Anionen- und der Kationen-Äquivalentkonzentrationen. Unter dem Stationsnamen ist außerdem die Mikroäquivalentkonzentration je Liter angegeben.

Der auf die Schwefelsäure zurückzuführende Anteil am sauren Eintrag ist 1989 etwa doppelt so hoch wie der aus der Salpetersäure, wobei sich dieses Verhältnis aufgrund der bereits angesprochenen zeitlichen Entwicklung (Abnahme der Schwefeleinträge) inzwischen verschoben hat.

Die Neutralisation der Säuren erfolgt im wesentlichen durch Ammonium, zu einem geringeren Teil durch Magnesium und Kalzium.

Bei der Betrachtung der Prozentanteile der ionaren Zusammensetzung muss berücksichtigt werden, dass die Mikroäquivalentkonzentrationen 1999 deutlich geringer als 1989 sind. So ist z. B. der prozentuale Anteil von Nitrat und Ammonium 1999 höher als 1989, obwohl die Absolutkonzentrationen geringer sind.

Das aus dem Seesalz (sea-spray) stammende Chlorid fällt von Westen nach Osten stark ab. Entsprechendes gilt für das Natrium auf der Seite der Kationen. Beide tragen aufgrund ihrer Herkunft zum pH-Wert des Niederschlages nicht bei.

2.4   Bewertung

Im sogenannten BAT-Konzept (Best Available Technology) wird festgelegt, mit welchen in Europa verfügbaren Technologien der geringste Schadstoffausstoß zu erwarten ist /NAG 94/.

Zur Einschätzung des von Luftschadstoffkonzentrationen ausgehenden Gefährdungspotentials auf die betroffenen Ökosysteme haben die methodischen Ansätze zur Bestimmung von Critical Loads & Levels in der europäischen Umweltpolitik zunehmend an Bedeutung gewonnen. Bezüglich der Deposition stellen die Critical Loads Abschätzungen des maximal zulässigen Eintrages eines oder mehrerer versauernd wirkender Schadstoffe dar, bei dessen Einhaltung nach heutigem Stand des Wissens keine Schäden auftreten, wobei sich die Höhe der Deposition an den Eigenschaften des Ökosystems orientiert. Nach diesem Ansatz bestimmt die Belastbarkeit der Ökosysteme die Maßnahmen zur Schadstoffreduzierung

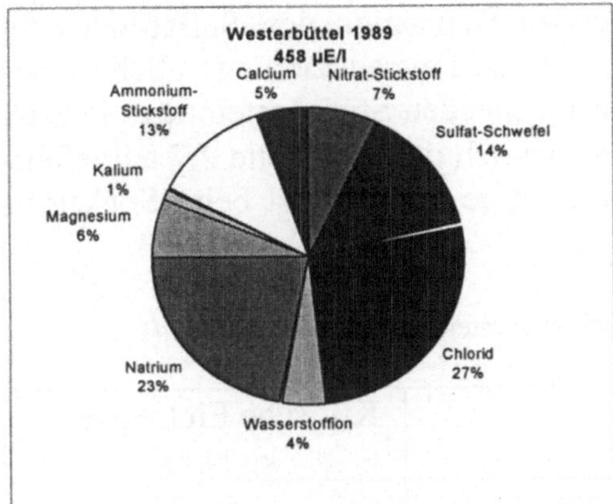

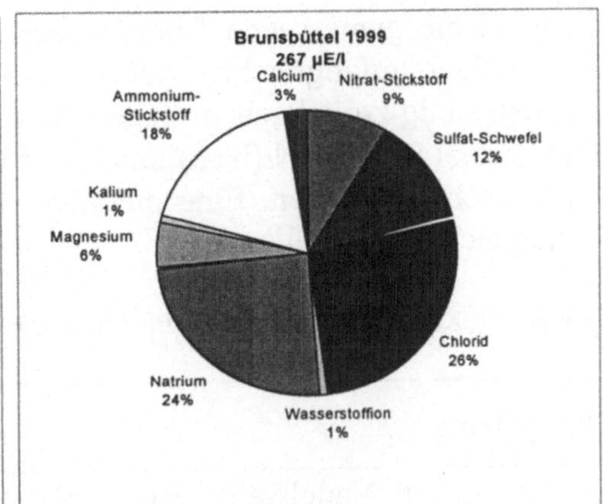

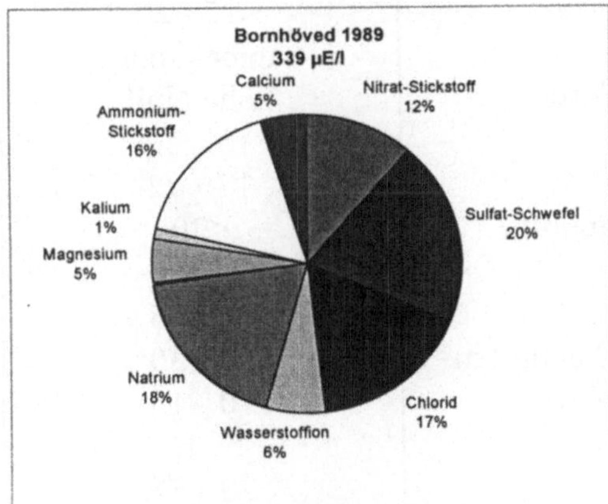

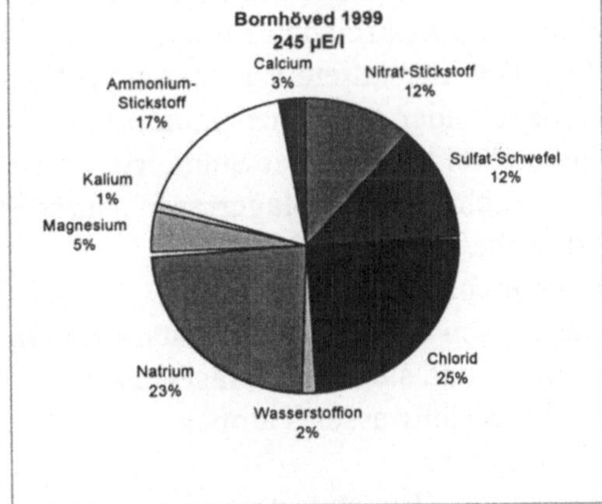

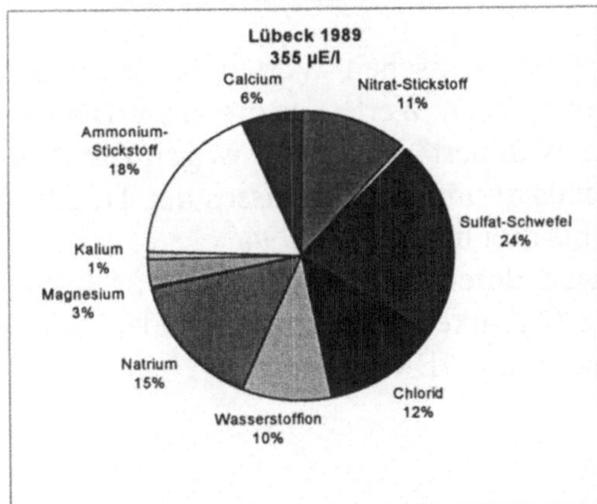

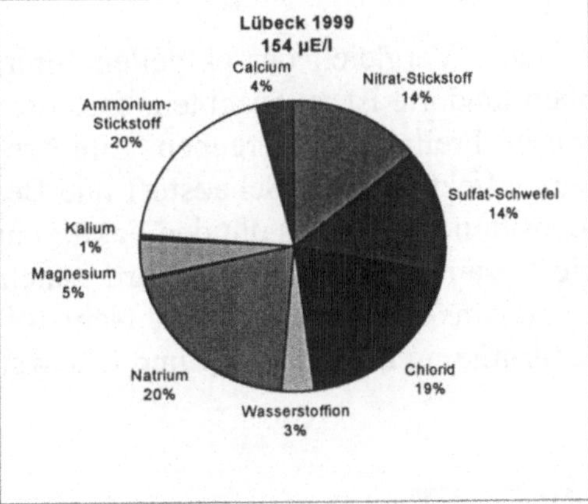

Bild 2.13: Äquivalente Verteilung der Nährstoffe im Niederschlag, 1989 und 1999

Während die gemessenen Einträge der nassen Deposition von Sulfat-Schwefel aufgrund der umfangreichen Maßnahmen zur Emissionsreduzierung in Schleswig-Holstein stetig zurückgehen, liegen die entsprechenden Stickstoffeinträge je nach Standort bei 9-13 kg N/(ha·a) und somit im Bereich der in Tabelle 2.7 aufgeführten kritischen Frachten. Eine merklich rückläufige Tendenz ist beim Stickstoffeintrag nicht festzustellen.

Tabelle 2.7: Kritische Eintragsraten für Stickstoff bei Ökosystemen (verkürzt /SRU 94/)

Ökosysteme	Kritische Eintragsraten kg N/ha·a
Bewirtschaftete Nadelwälder saurer Standorte	15 - 20
Bewirtschaftete Laubwälder saurer Standorte	<15 - 20
Wälder auf kalkreichen Böden	unbekannt
Nicht bewirtschaftete Wälder saurer Standorte	nahe Null
Tieflandheiden trockener Standorte	15 - 20
Tieflandheiden feuchter Standorte	17 - 22
Artenreiche Heiden/Magerrasen saurer Standorte	<20
Arktische/alpine Heiden	5 - 15
Artenreiche Kalk-Magerrasen	14 - 25
Magerrasen auf schwach bis stark sauren Standorten	20 - 30
Montane und subalpine Magerrasen	10 - 15
Flache Weichwasser-Tümpel	5 -15
Niedermoore	20 - 35
Hochmoore (Regenwassermoore)	5 - 10

Bei dem Vergleich der aktuellen Einträge mit kritischen Werten in Bezug auf Waldstandorte ist zu beachten, dass die gemessenen Werte nur die nasse Deposition im Freiland wiedergeben. Einträge in Waldbestände liegen wegen der Auskämmeffekte je nach Schadstoff und Bestandsart und des Einflusses der Trockendeposition mindestens um den Faktor eins bis drei höher /NAG 94/.
Die Gesamt-Säurebelastung wird zunehmend durch den Stickstoffeintrag beeinflusst, was zu abnehmender Nährstoffverfügbarkeit und zunehmender Stickstoffsättigung in den Agrar- und Ökosystemen führt /BML 99/.

Literatur

/BML 99/   Dauerbeobachtungsflächen zur forstlichen Umweltkontrolle
             (Level II). Workshop zur wissenschaftlichen Diskussion der Auswertekonzepte in Bonn-Röttgen, 29. - 30. November 1999, S. 1 – 48.

/FRÄ 91/   Fränzle, O., et al.: Erarbeitung und Erprobung einer Konzeption für
            die ökologisch orientierte Planung auf der Basis der regionalisieren-
            den Umweltbeobachtung am Beispiel Schleswig-Holstein. Abschluss-
            bericht (1991).

/LAW 98/   Atmosphärische Deposition – Richtlinie für Beobachtung und Aus-
            wertung der Niederschlagsbeschaffenheit. Länderarbeitsgemeinschaft
            Wasser (LAWA).

/NAG 94/   Nagel, H. D., Smatek, G., Werner, B. (1994): Das Konzept der kriti-
            schen Eintragsraten als Möglichkeit zur Bestimmung von Um-
            weltbelastungs- und -qualitätskriterien - Critical Loads & Critical
            Levels., Materialien zur Umweltforschung beim Rat von Sachverstän-
            digen für Umweltfragen. Stuttgart. Metzler-Poeschel.

/SRU 94/   Der Rat von Sachverständigen für Umweltfragen: Umweltgutachten
            1994 für eine dauerhaft umweltgerechte Entwicklung. Stuttgart.
            Metzler-Poeschel.

/STA 98/   Staatliches Umweltamt Itzehoe: Atmosphärische Stoffeinträge in
            Schleswig-Holstein, 1998.

/STA 00/   Staatliches Umweltamt Itzehoe: Messbericht 1999 – Immissionsüber-
            wachung der Luft in Schleswig-Holstein.

/VDI 94/   VDI Richtlinie 3870 Blatt 10 – Messen von Regeninhaltsstoffen,
            Messen des pH-Wertes in Regenwasser.

/VDI 96/   VDI Richtlinie 3870 Blatt 13 – Messen von Regeninhaltsstoffen, Be-
            stimmung von Chlorid, Nitrat und Sulfat in Regenwasser mittels Io-
            nenchromatographie mit Supressortechnik.

/VDI 97/   VDI Richtlinie 3870 Blatt 2 – Messen von Regeninhaltsstoffen,
            Probenahme von Regenwasser Sammelgerät ARS 721.

3 Entwicklung der luftschadstoffbedingten regionalen Umweltprobleme Versauerung und Eutrophierung in Sachsen 1989-1999

Sophie Conradt und Wilfried Küchler

3.1 Sächsisches Depositions-Landesmessnetz

3.1.1 Lage der Messstellen

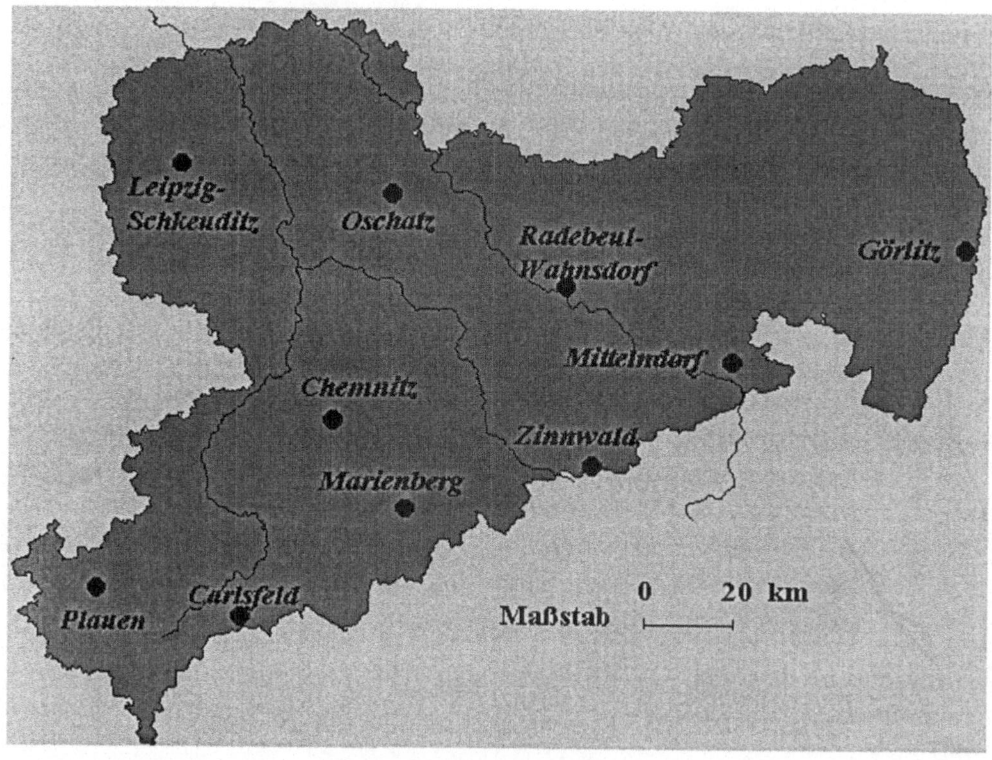

Bild 3.1: Sächsisches Depositionsmessnetz

Im Freistaat Sachsen werden im Rahmen eines kontinuierlichen Depositions-messprogrammes des Sächsischen Landesamtes für Umwelt und Geologie (LfUG) nasse Depositionen erfasst, analysiert und bewertet. Zwischen 1985 bis 1991 umfasste das Messnetz 8 Messstellen, seit 1992 werden an 10 Messstellen relevante Regeninhaltsstoffe bestimmt. In Bild 3.1 sind die Messstellen des sächsischen Depositionsmessnetzes dargestellt.

Die Standorte in Sachsen unterscheiden sich in ihren orographischen Gegebenheiten, meteorologischen Bedingungen sowie den Entfernungen zu den Emissionsgebieten und größeren Emittenten (z. B. Industriegebiet Leipzig/Halle, IndustrReviere Nordböhmen, Dreiländereck u. a.). Drei der zehn Messstellen - Zinnwald, Marienberg, Carlsfeld - liegen im Erzgebirge. Die beiden Stationen Mittelndorf und Carlsfeld wurden erst später in das Messnetz integriert, so dass für diese beiden Messstellen erst ab 1992 Kenngrößen der nassen Deposition verfügbar sind.

Im Zeitraum von 1985 bis 1988/89 erfolgte die Sammlung der Niederschlagsproben mit einem Bulk-Sammler. In den Jahren 1988/89 wurde durch den Einsatz des ANTAS das bis dahin zugrunde liegende Probenahmeregime grundlegend verändert (Bulk-Sammler wurden durch Wet only-Sammler ersetzt). Die daraus resultierende messmethodisch bedingte Differenzierung lässt keine zusammengefasste Interpretation der Datenreihen 1985-1999 zu. Infolgedessen orientieren sich die im Bericht dargestellten Untersuchungen auf den Zeitraum 1989-1999. Wet only-Resultate für Sommerhalbjahre liegen im Freistaat Sachsen somit umfassend seit 1989 vor.

3.1.2 Probenahme und Analytik

Alle Stationen sind gegenwärtig mit einem Eigenbrodt-Sammler ausgerüstet. Bis 1999 wurde ein Niederschlagssammler vom Typ ANTAS zur Ermittlung des Stoff-eintrages eingesetzt. Der Öffnungsquerschnitt des ANTAS beträgt 2400 cm². Für die Bestimmung von Inhaltsstoffen im Niederschlagswasser werden die in Tabelle 3.1 aufgeführten Analysenmethoden angewandt.

Die Probenahme des Niederschlagswassers erfolgt immer dienstags in der Zeit zwischen 7:00 und 7:30 Uhr (MEZ). Die Sammelzeit beträgt 1 Woche.

3.2 Die atmosphärische Deposition

Durch verschiedene Umwandlungs- und Depositionsprozesse der Luftschadstoffe wird ihre atmosphärische Lebensdauer begrenzt. Die atmosphärische Deposition der primären Luftschadstoffe sowie ihrer Reaktionsprodukte in die Ökosysteme erfolgt trocken als Gas oder in Form von Partikeln, feucht als Nebel bzw. nass als Regen oder Schnee. Die atmosphärische Selbstreinigung erfolgt dabei über mehrere Depositionsmechanismen. Diese Unterscheidung ist naturgemäß sehr grob und physikalisch nicht streng, da die Mechanismen, die zur trockenen Deposition beitragen, auch bei der nassen Deposition eine Rolle spielen, und da die trockene Deposition auch bei Regenperioden weiter stattfindet. In der Regel wird die trockene Deposition an der Oberfläche der Vegetation mit üblichen Messverfahren unterschätzt, während die nasse Deposition relativ genau gemessen werden kann.

Tabelle 3.1: Untersuchte Komponenten und angewandte Analysenmethoden

Komponente	Analysenmethode	Vorschrift
H^+ (pH-Wert)	Elektrometrische Bestimmung	DIN 38404, Teil 5
Ca^{2+}, Mg^{2+}	Atomabsorptionsspektrometrie	DIN 38406, Teil 3
K^+	Atomabsorptionsspektrometrie	DIN 38406, Teil 13
NH_4^+, Na^+	Ionenchromatographie	Anlehnung an DIN ISO 10304-1
SO_4^{2-}, NO_3^-, Cl^-, F^-	Ionenchromatographie	DIN ISO 10304-1

3.2.1 Trockene Deposition

Die trockene Deposition auf die Vegetation wird vorwiegend durch den Oberflächenwiderstand bestimmt, wobei die Stomata- und Kutikulawiderstände die wichtigsten Faktoren sowohl für Schwefeldioxid als auch für Stickstoffdioxid sind. Ist die Vegetation benetzt, kann die Depositionsgeschwindigkeit von

Schwefeldioxid von 0,3 – 0,4 auf über 1,0 cm/s ansteigen. Auf die Problematik der Messung trockener Depositionen sei an dieser Stelle lediglich hingewiesen; quantitative Abschätzungen werden infolgedessen vorrangig auf der Basis geeigneter Modellrechnungen durchgeführt.

3.2.2 Nasse Deposition

Das Auswaschen und Ausregnen von primär emittierten oder sekundär entstehenden Stoffen wird als nasse Deposition bezeichnet.

Die Ermittlung der Stoffeinträge über die Niederschläge ist ein wichtiger Aspekt im Hinblick auf ein ökosystemar orientiertes Umweltmonitoring. Die im zurückliegenden Jahrzehnt durchgeführten Untersuchungen belegen, dass es in Sachsen, insbesondere aber im Erzgebirge, trotz des signifikanten Rückganges der Schwefeldeposition Anzeichen für ein weiterhin hohes Potenzial luftschadstoffbedingter Schadwirkungen an Ökosystemen gibt, die auf einen unvermindert hohen Eintrag von Stickstoffverbindungen zurückzuführen sind. Als Besorgnis erregend ist die Ammoniumdeposition zu sehen, die eine besondere Gefahr für die Stabilität der Waldökosysteme darstellt.

Hohe Emissionen sind die Ursache der erhöhten Stoffflüsse, die global und regional beobachtet werden. Die erhebliche Reduktion der Emissionen von Staub, SO_2, NO_x und NH_3 in Ostdeutschland seit 1989 führte zu signifikanten Veränderungen der Luftverunreinigungskonzentrationen. Die nasse Deposition ist ein sensitiver Indikator für veränderte Emissionsverhältnisse und somit auch als Grundlage für Untersuchungen der kumulativen Veränderungen der chemischen Zusammensetzung der Atmosphäre prädestiniert. Auf der Grundlage von Langzeitmessungen niederschlagschemischer Kenngrößen sowie der entsprechenden Schadstofffrachten an den 10 Messstellen des sächsischen Depositionsmessnetzes werden Tendenzen und Trends der chemischen Zusammensetzung der Atmosphäre über Sachsen untersucht und potentielle Folgen für die sensiblen Ökosysteme abgeschätzt.

Eine besondere Bedeutung kommt dabei der Untersuchung der räumlichen Charakteristiken und zeitlichen Strukturen der Kenngrößen in den Winterhalbjahren zu, da in diesen Zeitabschnitten i. Allg. die höchsten Emissionen und aufgrund meteorologischer Parameter auch engere Korrelationen zwischen Emission und Deposition zu verzeichnen sind.

3.2.3 Feuchte Deposition

Für die Chemie der Troposphäre sind nicht die Hauptbestandteile der Luft, sondern die Spurenstoffe maßgebend. Natürliche und anthropogene Spurenstoffe werden in der Atmosphäre durch photochemische und andere Prozesse umgewandelt. Diese Vorgänge werden durch Wolken- und Nebelereignisse entscheidend beeinflusst.Tritt zu dem aus Gas- und fester Partikelphase bestehenden Aerosol die wässrige Phase hinzu, wird eine Reihe von Prozessen wie beispielsweise die Oxidation von Schwefeldioxid zu Schwefelsäure beschleunigt, andere Prozesse dagegen unterbleiben aufgrund von Phasentrennung der Reaktanden.

Das höhere Bergland ist durch eine mit der Seehöhe zunehmende Nebelhäufigkeit gekennzeichnet. Ursachen für beobachtete positive Trends der Nebelhäufigkeit in den höheren Regionen der Mittelgebirge sind langfristige Änderungen der atmosphärischen Zirkulation über Europa. Ein Rückgang der Häufigkeit von Hochdrucklagen im Winterhalbjahr geht mit einer Zunahme zyklonaler Wetterlagen einher, insbesondere der Westlagen. Daraus folgt eine abnehmende Neigung zur Bildung von Strahlungsnebel (Niederungen) und eine zunehmende Disposition zur Bergnebelbildung in Lagen oberhalb des Kondensationsniveaus (Wolkeneinhüllung).

In den Höhenlagen der Mittelgebirge trägt die feuchte Deposition durch Auskämmung von Nebel bedeutend zum Niederschlagsinput, zum Wasserhaushalt und somit auch zum Stoffeintrag bei /FLE 93/. Experimentelle Untersuchungen in Höhenlagen der Mittelgebirge haben ergeben, dass bei einer Nebelhäufigkeit von ca. 30 % der Stoffeintrag durch Wolkenwasserinterzeption ungefähr dem Eintrag durch Niederschlag entspricht. Betroffen sind dabei Regionen oberhalb 600 m relativ zum umgebenen Flachland. Mit zunehmender relativer Höhe nimmt dabei die feuchte Deposition zu. Ihr Anteil erreicht oder übersteigt sogar den Anteil der nassen Deposition /WIN 93; PAH 96/. Der Nebeleintrag stellt damit in höheren Mittelgebirgslagen speziell für Fichtenwälder eine nicht zu vernachlässigende Größe dar.
Luftverunreinigungen wie SO_2 und NO_x können im Nebelwasser in 10- bis 100fach höheren Konzentrationen als im Regenwasser gelöst sein. Die Bildung von starken Säuren wie H_2SO_4 und HNO_3 führt zu pH-Werten bis 1,8 /SIG 87/. Nebelinterzeption erhöht somit in den Kammlagen der Mittelgebirge signifikant die eingetragenen Stoffmengen an Stickstoff, Schwefel und Protonen.

Durch den Eintrag gasförmiger, partikulärer Luftschadstoffe und in Niederschlägen gelöster Stoffe können die Ökosystemkompartimente und ihre Stabilität beeinflusst werden. Auslöser für solche Veränderungen sind kumulative Inputraten von Stoffen in Ökosysteme, wenn diese die Critical Loads überschreiten /NAG

99/. Anhand von Fallstudien soll für das Basisjahr 1997 der Schadstoffeintrag durch die feuchte Deposition in den oberen Lagen des Erzgebirges mit in die Critical Loads - Berechnung einbezogen werden.

Durch die besondere orographische Lage des Erzgebirges sind die Waldökosysteme stark durch hochkonzentrierte Nebeleinträge aus dem Böhmischen Becken ("Böhmischer Nebel") betroffen. Das Nordböhmische Becken zeichnet sich klimatologisch durch eine sehr hohe Anzahl von Nebeltagen im Winterhalbjahr aus. Dieser hohe natürliche Anteil an Nebeltagen wird durch anthropogene Einflüsse noch verstärkt /ZIM 98/.

Der Vorgang der feuchten Deposition ist ein außerordentlich komplexer Vorgang. Er wird von der Menge des deponierten Flüssigwassers und von der Konzentration der im Nebelwasser gelösten Spurenstoffe bestimmt. Die Nebelinterzeption wird beeinflusst von der Nebelhäufigkeit, der Windgeschwindigkeit über dem Bestand, dem Turbulenz- und Windprofil im Bestand, dem Flüssigwassergehalt, der Tropfengrößenverteilung und der Geometrie der Vegetation.

Bei der Bestimmung der feuchten Deposition stößt man auf objektive Schwierigkeiten, da künstliche Sammleroberflächen nicht die Struktur und Sammeleffizienz eines Waldbestandes aufweisen. Zur Quantifizierung des Eintragspfades von Schadstoffen durch Nebelinterzeption wurden im Oktober 1997 an den Stationen Zinnwald, Carlsfeld und Radebeul aktive Nebelsammler der Fa. Eigenbrodt vom Typ NES 210 installiert. Ein Passivnebelsammler der Universität Bayreuth wurde in Deutscheinsiedel betrieben.

Seit Beginn der Messungen liegen insgesamt die Untersuchungsergebnisse von 62 Nebelwasserproben vor. Die chemischen Analysen der Proben übernahm ab Oktober 1998 das Institut für Troposphärenforschung Leipzig.

3.2.4 Bestandes-Deposition

Zwischen der Niederschlagsdeposition im Freiland und der Deposition im Bestandesniederschlag bestehen erhebliche Unterschiede. Das Kronendach wirkt wie ein Filter. Trockene gas- und staubförmige Luftschadstoffe sowie im Regen, Nebel oder Tau gelöste Elemente werden an den Blattorganen zeitweilig angelagert, teilweise aufgenommen bzw. chemisch umgewandelt und mit dem Regen wieder abgewaschen. Zudem werden insbesondere Kalium, Kalzium, Stickstoff und Magnesium unterschiedlich stark aus den Nadeln ausgewaschen. Jeder Auswaschverlust bedeutet eine Verarmung an Nährstoffen an der äußersten Blattschicht, die durch Nachtransport aus tiefer liegenden Schichten zunächst einmal wieder kompensiert werden muss. Die Protonenkonzentration in der nassen Deposition ist für die Höhe des Konzentrationsverlustes aus den Blättern von unmittelbarer Bedeutung. Die Ursache dafür sind Austauschvorgänge an der Blattoberfläche, wobei Kationen an den Austauschplätzen der Kutikula gegen H^+-Ionen im Niederschlag ausgetauscht werden.

3.2.5 Relationen zwischen nasser und trockener Deposition

Das Verhältnis von nasser zu trockener Deposition ist von vielen Faktoren abhängig, in erster Linie von der Häufigkeit, der Dauer und von der Intensität der Niederschläge. Allgemein nimmt der Anteil der nassen Deposition mit der Entfernung von den Emissionsquellen und mit zunehmender Höhe in den Mittelgebirgsregionen zu. Die trockene Deposition wird von den Immissionen und den jeweiligen Depositionsgeschwindigkeiten bestimmt, während die nasse Deposition von Höhe und Intensität des Niederschlags und dem Gesamtkonzentrationsfeld, insbesondere im Wolkenbereich, abhängt.

Die nachfolgend dargestellte Abschätzung der nassen und trockenen Depositionsanteile für den FS Sachsen basiert auf Datensätzen des RIVM in Bilthoven/Niederlande (trockene Deposition) /RIV 96/ und von 4 Depositionsmessstellen des Sächsischen Landesamtes für Umwelt und Geologie (nasse Deposition). Dabei werden folgende Definitionen zugrundegelegt:

Potentielle Säure der Trockendeposition:

$$AC_{tr} = SO_x + NO_y + NH_x \; [eq \cdot ha^{-1} \cdot a^{-1}]$$

$$\text{wobei} \quad SO_x \; \rightarrow \; SO_2; SO_4^{2-} \qquad\qquad | \; Gase$$

$$NO_y \; \rightarrow \; NO; NO_2; HNO_3; NO_3^- \quad | \; bzw.$$

$$NH_x \; \rightarrow \; NH_3; NH_4^+ \qquad\qquad\quad | \; Aerosole$$

Potentielle Säure der Nassdeposition:

$$AC_n = SO_4^{2-} + NO_3^- + NH_4^+ \; [eq \cdot ha^{-1} \cdot a^{-1}]$$

$$\text{wobei} \quad SO_4^{2-}, NO_3^-, NH_4^+ \qquad\qquad\quad | \; Ionenkonzentrationen$$

Für die Jahre 1989 und 1993 sind für Sachsen folgende Flächenmittelwerte der trockenen Deposition potentiell saurer Komponenten berechnet worden [eq/ha·a]:

Jahr	SO_x	NO_y	NH_x	AC_{tr}
1989	4980	400	60	5440
1993	2860	310	50	3220

Für die gleichen Zeitscheiben berechnete Mittelwerte der nassen Deposition potentiell saurer Komponenten für die Messstationen Radebeul-Wahnsdorf, Görlitz, Zinnwald und Marienberg sind in der nachfolgenden Übersicht enthalten [eq/ha·a]:

Jahr	SO_4^{2-}	NO_3^-	NH_4^+	AC_n
1989	1250	389	589	2228
1993	788	348	511	1647

Hieraus ergeben sich folgende Anteile der nassen Deposition an der Gesamtdeposition [%]:

Jahr	SO_4^{2-}	NO_3^-	NH_4^+	AC_n
1989	20	49	91	29
1993	22	53	91	34
Rundung	$^1/_5$	$^1/_2$	$^9/_{10}$	$^1/_3$

In grober Abschätzung belaufen sich damit die Anteile der nassen Deposition auf die in der unteren Zeile enthaltenen gerundeten Werte, die die Differenzierung zwischen den betrachteten Komponenten anschaulicher vermittelt.

Die aufgeführten Schätzwerte des Anteils der nassen Schwefeldeposition in Sachsen stimmen gut mit Ergebnissen früherer Untersuchungen (20-28 %) in Deutschland überein.

Ergänzend ist anzumerken, dass einerseits die Simulationsmodelle im Allgemeinen die NH_3-Konzentrationen unterschätzen und andererseits die Simulation der gasförmigen Stickstoff-Deposition überhaupt noch recht problematisch ist.

3.3   Ergebnisse

Nachfolgend werden die Resultate der Untersuchungen der niederschlagschemischen Daten für die 10 Wet-only-Depositionsmessstellen (separate Betrachtung der Konzentration und Deposition) des Sächsischen Landesamtes für Umwelt und Geologie im Zeitraum 1989-1999 skizziert.

3.3.1 Konzentration der Niederschlagsinhaltsstoffe

Untersuchungen der zeitlichen Entwicklung der Stoffkonzentrationen im Niederschlagswasser zwischen 1989 und 1999 lassen generell erkennen, dass relevante Veränderungen der Emissionsverhältnisse in Sachsen und benachbarten Regionen stattgefunden haben. Die Ionenkonzentrationen im Niederschlagswasser haben sich quantitativ und qualitativ drastisch verändert.

➢ Die Gesamtbelastung des Niederschlagswassers ist erheblich zurückgegangen, was sich in einer entsprechenden Abnahme der *Leitfähigkeit* widerspiegelt.

➢ Die *Kalzium- und Magnesiumkonzentrationen* weisen die stärksten Abnahmen auf, deutliche Rückgänge zeigen auch *Sulfat* und *Chlorid*.

➢ Für den Gesamtzeitraum können keine signifikanten Änderungen der *Nitrat- und Ammoniumkonzentrationen* im Niederschlagswasser festgestellt werden. Ein an den Messstellen zu beobachtender Sprung (Rückgang) in den Ammonium-Datenreihen unmittelbar nach der Wende ist mit der erheblichen Reduzierung der Tierbestände in der sächsischen Landwirtschaft in Verbindung zu bringen.

➢ Eine temporäre Zunahme der *Niederschlagsazidität* Anfang der 90er Jahre war vor allem auf überproportionale Rückgänge der basischen Kationen (Kalzium, Magnesium, Kalium) gegenüber den Sulfatkonzentrationen infolge von Entstaubung der Großemittenten zurückzuführen. Etwa ab Mitte der 90er Jahre nahm die Niederschlagsazidität wieder ab.

➢ Der deutlichste Rückgang der *Niederschlagsazidität* im Freistaat Sachsen erfolgte im Erzgebirgsraum. Hier liegen die Protonenkonzentrationswerte inzwischen sogar erheblich unter den Ausgangswerten von 1990.

> Versauerungs- und Eutrophierungsprozesse in Sachsen werden in wachsendem Maße von den *Stickstoffkomponenten Ammonium und Nitrat* bestimmt, da sich deren prozentualen Anteile innerhalb des vergangenen Jahrzehnts von etwa einem Drittel auf die Hälfte erhöhten

> Eine zusammenfassende Betrachtung der erhaltenen Ergebnisse bringt die Notwendigkeit und Priorität zu konzipierender *Stickstoffminderungsmaßnahmen* auf europäischer, deutscher und sächsischer Ebene zum Ausdruck, wobei die Sektoren Verkehr und Landwirtschaft im Vordergrund stehen.

3.3.2 Deposition der Niederschlagsinhaltsstoffe

Die Menge der im betrachteten Zeitraum deponierten Niederschlagsinhaltsstoffe wird vor allem durch meteorologische Parameter und regionale Emissionscharakteristiken bestimmt. Aufgrund der großen Variabilität der Witterung, insbesondere von Niederschlagshäufigkeit und -menge, treten immer wieder interanuelle Schwankungen bzw. Differenzen auf.

- Die SO_4^{2-}-Depositionen haben insgesamt abgenommen (bisher niedrigste Frachten 1999).
- Die Ca^{2+}-Depositionen sind verbreitet weiter zurückgegangen.
- Der Verlauf der NO_3^--Depositionen weist auf keine signifikanten Veränderungen im Gesamtzeitraum hin.
- Auch die NH_4^+-Depositionen haben sich zwischen 1989 und 1999 insgesamt nur wenig verändert.
- Die Depositionen von H^+-Ionen gehen allgemein weiter leicht zurück.
- Die Na^+-Depositionsniveaus weisen, ebenso wie die akkumulierten Frachten von Cl^-, insgesamt keine signifikanten Veränderungen auf.

3.3.3 Entwicklung der prozentualen Ionenanteile im Niederschlagswasser

In Bild 3.2 werden beispielhaft für die Station Radebeul-Wahnsdorf die prozentualen Anteile der Ionenkonzentrationen für die Sommerhalbjahresmittelwerte 1990 und 1999 dargestellt.

Zwischen 1990 und 1999 haben sich die Anteile von SO_4^{2-} von 37 auf 24 % und die Anteile von Ca^{2+} von 14 auf 6 % verringert. Andererseits sind die Anteile der Stickstoffkomponenten von 31 auf 50 % (NH_4^+ bzw. NO_3^- von 19 auf 31 % bzw. 12 auf 19 %) angestiegen.

Die Zunahme der prozentualen Anteile der Stickstoffverbindungen im Niederschlagswasser an sächsischen Messstellen ist aus Tabelle 3.2 zu ersehen.

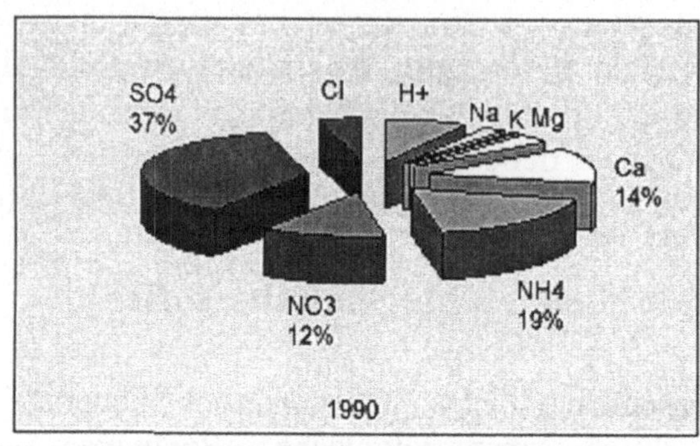

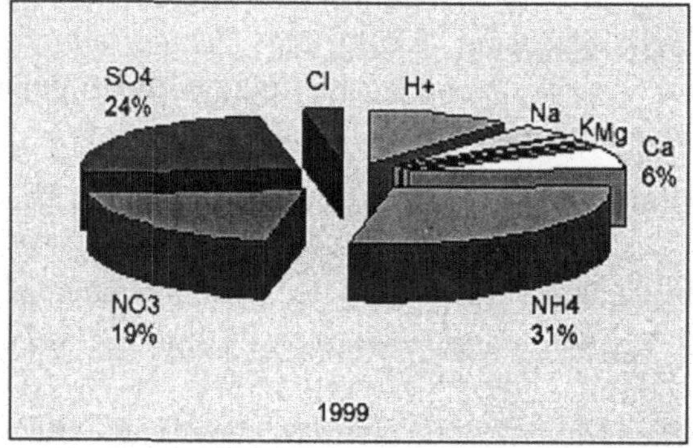

Bild 3.2:   Prozentuale Anteile der Ionenkonzentration im Niederschlagswasser in den
             Sommer-Halbjahren 1990 und 1999 an der Station Radebeul-Wahnsdorf

Tabelle 3.2: Prozentuale Anteile der Stickstoffverbindungen im Niederschlagswasser

	Anteil SHj 1990 [in %]	Anteil SHj 1999 [in %]	Veränderung [in Prozentpunkten]
Chemnitz	32	51	+ 19
Görlitz	32	42	+ 10
Leipzig	28	53	+ 25
Marienberg	32	47	+ 15
Oschatz	32	51	+ 19
Plauen	34	53	+ 19
Radebeul	31	50	+ 19
Zinnwald	31	46	+ 15

Die an allen Stationen zu beobachtende Zunahme der prozentualen Anteile der Stickstoffverbindungen stellen ein großes Gefahrenpotenzial für die Ökosysteme dar.

3.3.4 Quantifizierung der feuchten Deposition in den oberen Lagen des Erzgebirges

Zur Quantifizierung der Nebeldeposition im Erzgebirge wurde ein Vertrag mit der TU Dresden (Institut für Hydrologie und Meteorologie, Institut für Pflanzen- und Holzchemie) initiiert. Grundlage bildeten die Ergebnisse der Nebelprobenahmen des Institutes für Pflanzen- und Holzchemie sowie des Sächsischen Landesamtes für Umwelt und Geologie und die vom Institut für Hydrologie und Meteorologie ermittelten Depositionsmengen. Auf der Grundlage experimenteller Näherungsmethoden und Modellberechnungen

1. Depositionsmodell nach Lovett /modifiziert nach WIN 93/,

2. Wasserhaushaltsbilanzierung eines Einzuggebietes /LOV 88/,

3. Kronenraumbilanz /OLS 81/,

4. Bulk-Methode

wurde der Stoffeintrag durch Nebel abgeschätzt.
Die wichtigsten Ergebnisse aus dem Abschlussbericht /ZIM 98/ werden nachfolgend skizziert.

In Tabelle 3.3 werden die berechneten Stoffeinträge durch die feuchte Deposition für die Jahre 1995 – 1998 (Raum Zinnwald) zusammengefasst.
Zum Vergleich sind in Tabelle 3.4 die Stoffeinträge durch die nasse Deposition am Standort Zinnwald aufgezeichnet.

Für die Summe des Stoffeintrages durch die feuchte und nasse Deposition ergeben sich für Zinnwald die in Tabelle 3.5 aufgeführten Werte.

Tabelle 3.3:   Berechnete Stoffeinträge (kg/ha · a durch feuchte Deposition für die Jahre 1995 –
               1998, Raum Zinnwald

Jahr	Na^+	K^+	Mg^{2+}	Ca^{2+}	NH_4^+-N	NO_3^--N	SO_4^{2-}-S	Cl^-	F^-	H_3O^+
1995	1,8	1,3	0,3	1,8	14,5	8,4	32,6	2,7	2,2	0,41
1996	2,2	1,6	0,3	2,2	16.9	10,4	34,0	3,4	2,3	0,43
1997	1,5	1,0	0,2	1,4	10,0	4,9	15,7	2,2	1,1	0,20
1998	1,3	1,0	0,2	1,3	10,5	3,7	12,0	2,0	0,8	0,15

Tabelle 3.4:   Stoffeinträge (kg/ha · a durch nasse Deposition für die Jahre 1995 – 1998,
               Zinnwald

Jahr	Na^+	K^+	Mg^{2+}	Ca^{2+}	NH_4^+-N	NO_3^--N	SO_4^{2-}-S	Cl^-	H_3O^+
1995	5,2	2,0	0,8	3,2	10,2	6,3	16,4	7,9	0,49
1996	2,0	0,5	0,4	2,2	7,7	4,9	10,0	3,3	0,33
1997	3,3	0,7	0,5	3,1	7,8	5,2	8,5	5,7	0,26
1998	2,8	0,6	0,6	4,2	6,3	4,8	8,0	4,7	0,26

Tabelle 3.5:   Stoffeinträge (kg/ha · a durch nasse und feuchte Deposition (berechnet) für die
               Jahre 1995 – 1998, Zinnwald

Jahr	Na^+	K^+	Mg^{2+}	Ca^{2+}	NH_4^+-N	NO_3^--N	SO_4^{2-}-S	Cl^-	H_3O^+
1995	7,0	3,3	1,1	5,0	24,7	14,7	49	10,6	0,90
1996	4,2	2,1	0,7	4,4	24,6	15.3	44	6,7	0,76
1997	4,8	1,7	0,7	4,5	17,8	10,1	24	7,9	0,46
1998	4,1	1,6	0,8	5,5	16,8	8,5	20	6,7	0,41

Für die feuchte Deposition ergeben sich somit die in Tabelle 3.6 angegebenen Anteile an der Summe der feuchten und nassen Deposition.

Tabelle 3.6: Prozentualer Anteil der feuchten Deposition an der Summe der feuchten und nassen Deposition, Zinnwald

Jahr	Na^+	K^+	Mg^{2+}	Ca^{2+}	NH_4^+-N	NO_3^--N	SO_4^{2-}-S	Cl^-	H_3O^+
1995	26	39	27	36	59	57	67	25	46
1996	52	76	43	50	69	68	77	51	57
1997	25	59	29	31	56	49	65	28	43
1998	32	62	25	24	62	43	60	30	37

Resümee:

Aufgrund der komplexen Wechselwirkung zwischen Wolke, orographischen Strukturen, meteorologischen Faktoren und den transportierten Inhaltsstoffen ist eine Abschätzung der Nebeldeposition schwierig, aber äußerst wichtig für Critical Loads-Konzeptionen in den Hochlagen der Mittelgebirge. Die für Sachsen (Erzgebirge) dargestellten Ergebnisse erfolgter Untersuchungen zeigen, dass die Nebeldeposition einen sehr wesentlichen Beitrag zur Gesamtdeposition liefert. Die Studie stützt auch Ergebnisse, die für den Bayerischen Wald erhalten wurden /WIN 99/.

Als wichtige Erkenntnisse kann man insbesondere festhalten, dass

- in den oberen Lagen des Erzgebirges saure Nebeldepositionen wesentlich zur Schädigung der Böden und Vegetation beitragen,

- die berechneten Anreicherungsfaktoren der feuchten gegenüber der nassen Deposition die besondere Rolle einer Ammoniumsulfat-Akkumulation in den unteren Bereichen der aufliegenden Wolken (= Nebel) erkennen lassen und

- Langstreckentransporte von Ammonium somit offensichtlich bevorzugt im unteren Wolkenniveau stattfinden und letztendlich auch eine Erklärung dafür liefern könnten, dass sich der markante Rückgang der Ammoniak-Emission in Sachsen nach der Wende nicht in einem entsprechend ausgeprägten Rückgang der Ammonium-Konzentration im Niederschlagswasser widergespiegelt hat.

3.4 Ökologische Wirkungsschwellen für Depositionen

3.4.1 Allgemeine Grundlagen

Die Umweltprobleme *Versauerung* und *Eutrophierung* werden hervorgerufen durch die Deposition säurebildender Schadstoffe (SO_2, NO_x, NH_3). Die besondere Rolle von NH_3 beruht dabei darauf, dass es sowohl zur Versauerung als auch zur Eutrophierung erheblich beiträgt. Ein beträchtlicher Teil des emittierten Ammoniaks wird in der Nähe der Emissionsquellen trocken deponiert, ein weiterer signifikanter Anteil wird in Ammoniumsulfat oder -nitrat umgewandelt und aufgrund deren langer Verweilzeit in der Troposphäre über Grenzen hinweg transportiert. Trotz der bis zum Jahr 2010 zu erwartenden Verbesserungen im Bereich von Luftqualität und Umweltschutz durch Umsetzung sämtlicher derzeit verfügbarer technischer Maßnahmen zur Emissionsminderung werden die EU-Staaten auch weiterhin mit den Problemen Versauerung, Eutrophierung und troposphärisches Ozon konfrontiert sein.

Es ist abzusehen, dass die Wälder das derzeitige Maß an Luftschadstoff-Einträgen nicht verkraften. Zwar waren in den letzten Jahren erhebliche Rückgänge bei den SO_2-Emissionen zu verzeichnen, doch die Stickstoffeinträge in Deutschland haben sich auf einem hohen Niveau gehalten, was für die nassen Einträge in Sachsen belegt werden kann. Ein Gegensteuern wurde bislang über die Kalkung bedrohter Waldböden versucht. Nur kurz- und mittelfristig kann der Zustand des Waldbodens damit verbessert werden. Der Schlüssel zu einer nachhaltigen Erholung des Waldes liegt bei der drastischen Minderung der Stickstoff-Emissionen.

Die internationale Zusammenarbeit auf dem Gebiet der Luftreinhaltung führte in Europa zu neuen Strategien. Über ganzheitliche, ökosystemare Ansätze werden Empfindlichkeitsbereiche gegenüber Stoffeinträgen aufgezeigt und die tatsächlichen Belastungsgrenzen fundiert abgeschätzt. Damit wendete sich das Interesse von der reinen Wirkungsforschung hinsichtlich kritischer Stoffkonzentrationen (Critical Levels) vermehrt den ökologisch bedeutsameren Belastungsraten (Critical Loads) aus der Langzeit- und Kombinationswirkung von Stoffkonzentrationen zu. Insbesondere für den Wald – als vordringlich zu schützendem Ökosystem – wurden Methoden für die Herleitung der Critical Loads bezüglich des Eintrages von Säurebildnern und eutrophierendem Stickstoff entwickelt. Die Grundannahme dabei ist, dass die langfristigen Stoffeinträge gerade noch so hoch sein dürfen, wie diesen ökosysteminterne Prozesse gegenüberstehen, die den Eintrag puffern, speichern oder aufnehmen können bzw. in unbedenklicher Größe aus dem System austragen. Critical Loads können somit auch als die maximale Deposition beschrieben werden, bei deren langfristigem Eintrag sich die Verhältnisse in der Bodenlösung nicht dahingehend ändern, dass als kritisch erkannte Bedingungen - z. B. niedrige pH-Werte und die Freisetzung von Aluminium in die Bodenlösung - auftreten.

In Sachsen wurde, wie in Deutschland insgesamt und in vielen anderen europäischen Ländern auch, zunächst für den Wald und andere naturnahe Ökosysteme der Critical Loads-Ansatz benutzt, um für den Eintrag versauernder Luftschadstoffe und für die eutrophierende Wirkung (Überangebot von Nährstoffen) der Stickstoffeinträge aus der Luft die ökologischen Belastungsgrenzen zu bestimmen und flächendeckend darzustellen. Zur Berechnung wird dazu eine Massenbilanzmethode verwendet, die den Gleichgewichtszustand des betrachteten Ökosystems abbildet. Wie auf einer Waage werden den meist anthropogenen Einträgen der betrachteten Stoffe auf der einen Seite die Aufnahme oder Festlegung dieser Stoffe sowie ein unschädlicher oder tolerierbarer Austrag auf der anderen Seite gegenübergestellt. Solange diese Waage ausgeglichen ist, werden die ökologischen Belastungsgrenzen – die Critical Loads – nicht überschritten. Jeder weitere Eintrag führt jedoch zur Schädigung des Rezeptors und zur Gefährdung der Stabilität des Systems. Im Vergleich mit der aktuellen Luftbelastung durch diese Schadstoffe zeigt sich dann, in welcher Größenordnung und in welchen Regionen Maßnahmen notwendig sind, um auf Dauer stabile Ökosysteme zu erhalten. Die Einhaltung ökologischer Belastungsgrenzen wird damit Kriterium und Ziel der Maßnahmen im Umweltschutz /SMU 99; ÖKO 99/.

3.4.2 Überschreitungen der Critical Loads in Sachsen

Die flächendeckende Darstellung der Überschreitungen von Critical Loads für Sachsen ermöglicht es, Prioritäten zu setzen, welche Minderungsmaßnahmen regional am dringlichsten anzusetzen sind. Sie informiert darüber hinaus über die aktuell bestehende Distanz zu dauerhaft umweltgerechten Luftqualitätswerten (distance to target).

Für die Basisjahre 1989, 1993, 1995 und 1997 wurde von der ÖKO-DATA GmbH im Auftrag des Projektes OMKAS eine Massenbilanzberechnung für die Schadstoffe Säure und eutrophierenden Stickstoff, bezogen auf Wald- und waldfreie naturnahe Ökosysteme (natürliches Grünland, Heiden, Sümpfe und Torfmoore), vorgenommen. Die so ermittelten kritischen Belastbarkeitsgrenzen zeigen im Vergleich mit den aktuellen Einträgen die Höhe der Grenzwertüberschreitungen.

3.4.2.1 Entwicklung der Überschreitungen für Säure

Die Verteilung der Rezeptorflächen Sachsens in 7 Klassen der Überschreitungen der Belastungsgrenzwerte hat sich von 1989 bis 1997 wie folgt entwickelt (Bild 3.3 und Tabelle 3.7).

Im Jahr 1989 war auf mehr als 70 % der gesamten Rezeptorfläche Sachsens der Belastungsgrenzwert mit mehr als dem 10fachen der Critical Loads überschritten. Sogar auf den noch am wenigsten belasteten Flächen betrugen die Überschreitungen etwa das 8fache des Grenzwertes. In den unteren Klassen 1 und 2 waren keine Flächenanteile vorhanden. Nur 0,1 % der Rezeptorflächen konnten der Klasse 3 zugeordnet werden.

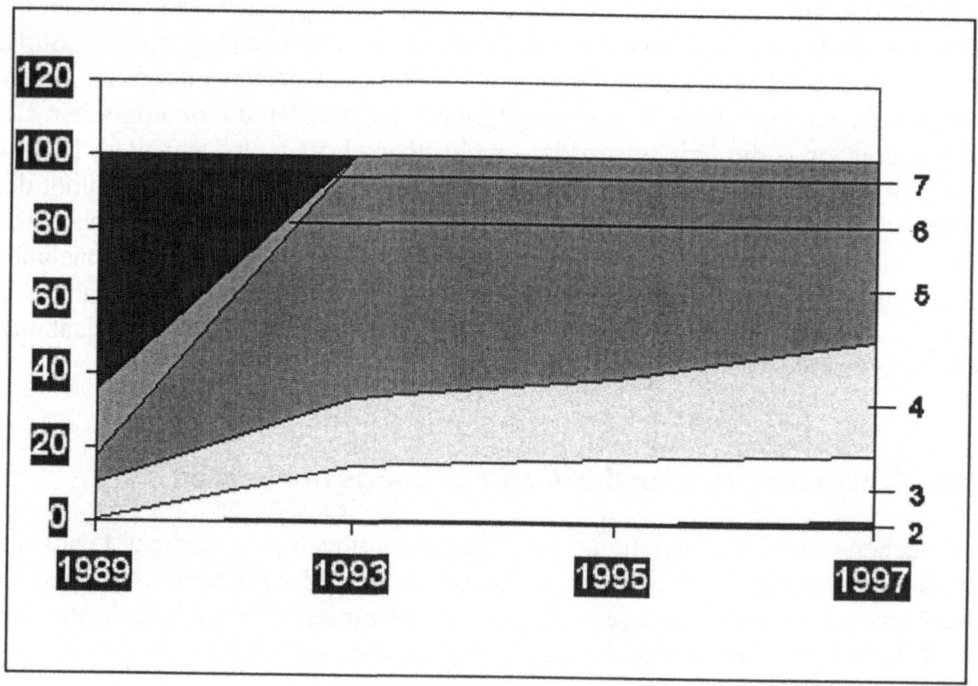

Bild 3.3:   Zeitliche Entwicklung der Flächenanteile in den Überschreitungsklassen
bei Säureeinträgen

Aufgrund des drastischen Rückgangs der atmosphärischen Schadstoffbelastung konnte bis zum Jahr 1993 im Durchschnitt auf allen Flächen die Grenzwertüberschreitung um 2 Belastungsstufen gemindert werden. Die regionale Verteilung blieb im Wesentlichen gleich. Insgesamt waren ab 1993 keine Flächen mehr in der Klasse der höchsten Überschreitungen (Klasse 7). 15,5 % der Flächen verteilen sich nunmehr auf die Klassen 2 und 3.

Bis 1995 gab es nur geringfügige weitere Überschreitungssenkungen gegenüber 1993. Auf weniger als 50 % der Rezeptorflächen Sachsens wurde 1995 der Grenzwert um das 5fache überschritten.
Für 1997 sind gegenüber 1995 weitere Verbesserungen der Belastungssituation nachweisbar. Etwa 10 % der Flächen, die 1995 in die Klassen 5 bzw. 6 eingestuft waren, konnten dabei im Jahr 1997 Klassen mit geringerer Überschreitung zugeordnet werden. Besorgnis erregend bleibt, dass selbst für das Referenzjahr 1997 noch keine Flächen ausgewiesen werden können, die durch die atmosphärischen Säureeinträge nicht überbelastet waren.

Tabelle 3.7:   Zeitliche Entwicklung der Flächenanteile in den Überschreitungsklassen bei Säureeinträgen

Klasse	Klassen der Überschreitung der Critical Loads [eq/ha · a]	Flächenanteile an der Rezeptorfläche in Sachsen			
		1989	1993	1995	1997
1	≤ 0	0	0	0	0
2	> 0 bis ≤ 2000	0	0,2	0,6	1,7
3	> 2000 bis ≤ 4000	0,1	15,3	16,9	17,7
4	> 4000 bis ≤ 6000	10,3	18,3	22,3	30,8
5	> 6000 bis ≤ 8000	7,5	66,0	59,3	49,7
6	> 8000 bis ≤ 10000	17,4	0,2	0,9	0,1
7	> 10000	64,7	0	0	0

3.4.2.2 Entwicklung der Überschreitungen für Stickstoff

Bild 3.4 und Tabelle 3.8 zeigen die zeitliche Entwicklung der Flächenanteile für die 7 Überschreitungsklassen bei eutrophierenden Stickstoffeinträgen für die Jahre 1989, 1993, 1995 und 1997.

Insgesamt kann kein eindeutiger Trend zur Verminderung der atmosphärischen Schadstoffbelastung mit Stickstoffverbindungen nachgewiesen werden.

Etwa 95 % (entspricht den Klassen 5 bis 7) der Wald- und naturnahen Flächen waren 1989 extrem überbelastet. Bereits 1993, nach dem Wegfall einer Vielzahl von bedeutenden Emittenten der Industrie und der Landwirtschaft, wurden die Überbelastungen der Rezeptorflächen um durchschnittlich eine Stufe (entspricht ca. 4 kg N/ha · a gesenkt. Trotzdem kamen punktuell immer noch sehr hohe Überbelastungen in den folgenden Regionen vor: Niederlausitz, Mittel- und Osterzgebirge und Zittauer Gebirge. 1995 ergab sich in der Gesamtheit der Flächen kein Fortschritt bei der Reduzierung der Überbelastungen gegenüber 1993. Einige Regionen – das Mittel- und Osterzgebirge, das Erzgebirgsvorland und teilweise das Westerzgebirge – wiesen wieder stärkere Überschreitungen auf als im Jahr 1993.

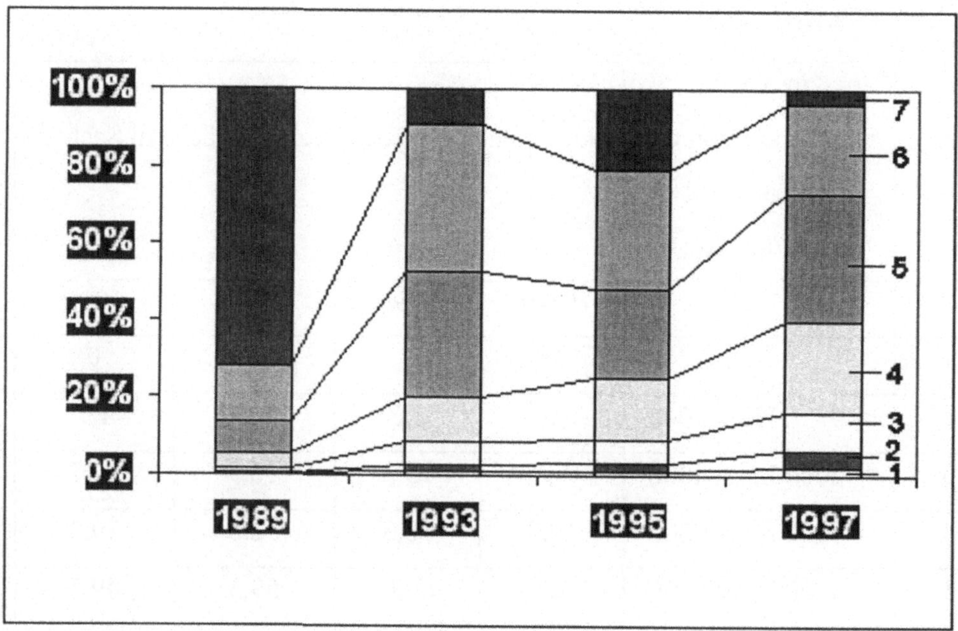

Bild 3.4:   Zeitliche Entwicklung der Flächenanteile in den Überschreitungsklassen bei eutrophierenden Stickstoffeinträgen

Für das Jahr 1997 kann wieder eine leichte Verbesserung der Belastungssituation gegenüber 1995 festgestellt werden. Dabei wurde das Belastungsniveau von 1993 erreicht bzw. geringfügig verbessert. Nur noch 3,5 % der Rezeptorflächen weisen Überschreitungen von größer als 20 kg N/ha · a im Jahr 1997 auf.

Tabelle 3.8: Zeitliche Entwicklung der Flächenanteile in den Überschreitungsklassen bei eutrophierenden Stickstoffeinträgen

Klasse	Überschreitungsklasse	Flächenanteile an der Rezeptorfläche in Sachsen (%)			
		1989	1993	1995	1997
1	≤ 0	0,1	0,9	1,0	2,3
2	> 0 bis ≤ 4	0,4	1,8	2,3	4,2
3	> 4 bis ≤ 8	1,1	6,0	5,6	9,9
4	> 8 bis ≤ 12	4,0	11,4	16,3	23,5
5	> 12 bis ≤ 16	8,1	32,4	23,3	33,1
6	> 16 bis ≤ 20	14,2	38,1	30,9	23,5
7	> 20	72,1	9,4	20,6	3,5

3.4.2.3 Bedeutung der Nebeldeposition im Erzgebirge

In den Höhenlagen der Mittelgebirge trägt die feuchte Deposition durch Auskämmung von Nebel bedeutend zum Stoffeintrag bei. Für die Basisjahre 1989, 1993, 1995 und 1997 wurden Kalkulationen von Massenbilanzen für die Schadstoffe Säure und eutrophierenden Stickstoff, bezogen auf Wald und waldfreie naturnahe Ökosysteme, realisiert (Kapitel 3.2.3). Berücksichtigt wurden dabei, wie international im Rahmen der UN/ECE üblich, Daten der nassen und trockenen Deposition. Da die feuchte Deposition in Europa bislang nicht in Critical Loads-Konzepte integriert werden konnte, sollte eine entsprechende Methode entwickelt werden, um den Beitrag der feuchten Deposition zu den Luftschadstoff-Frachten im oberen Erzgebirge zu berücksichtigen.

Die Ergebnisse der Berechnungen bestätigen, dass die Konzentrationen im Nebelwasser um ein vielfaches höher als im Regenwasser sind. Die größten Anreicherungen im Nebelwasser gegenüber dem Niederschlagswasser konnten bei den Stickstoffkomponenten Ammonium und Nitrat und bei Sulfat (Anreicherungen um das 4- bis 6fache) festgestellt werden. Die Integration der feuchten Deposition in das Critical Loads-Konzept hat gerade in den Höhenlagen des Erzgebirges, insbesondere für die Schadstoffe Säure und eutrophierenden Stickstoff, eine fundamentale Bedeutung. Offensichtlich haben die bisherigen Berechnungen der Critical Loads-Überschreitungen auf der Basis der nassen und trockenen Deposition in diesen Regionen Sachsens die tatsächliche Belastungssituation noch weit unterschätzt.

3.5   Europäische Strategien zur Minderung der Belastung

Das *Multikomponenten-Protokoll* zur Verminderung von Versauerung, Eutrophierung und bodennahem Ozon der UN ECE beruht auf dem Genfer Übereinkommen zu weiträumigen grenzüberschreitenden Luftverunreinigungen. Die Verhandlungen wurden im November 1999 abgeschlossen. Zur Einleitung praktischer Schritte in der EU wurde gleichzeitig der Entwurf einer Richtlinie über nationale Emissionshöchstgrenzen für die Luftschadstoffe SO_2, NO_x, NH_3 und VOC (*NEG-Richtlinie*) vorgelegt /KOM 99/. Die Probleme der Versauerung, der Bodeneutrophierung und des Ozons sind eng miteinander verknüpft. Damit können auf der Grundlage integrierter Lösungsansätze mögliche Synergieeffekte mittels einem koordinierten, ausgewogenen, kosteneffizienten und auf verschiedene Ziele ausgerichteten Vorgehen berücksichtigt werden.

Ziel beider Initiativen ist es, die Flächen, auf denen die Critical Loads überschritten sind, zu halbieren. Hierzu werden maximale nationale Emissionsobergrenzen für die Luftschadstoffe SO_2, NO_x, NH_3 und VOC festgelegt. Zur Erreichung der angestrebten Ziele sehen beide Entwürfe die Notwendigkeit, die deutschen Ammoniakemissionen um etwa die Hälfte zu mindern.

Für die EU sollen nationale Emissionshöchstgrenzen der NEG-Richtlinie gewährleisten, dass sich bis zum Jahr 2010 - im Vergleich zu den Werten von 1990 - die SO_2-Emissionen um 78 %, die NO_x-Emissionen um 55 %, die NH_3-Emissionen um 21 % und die VOC-Emissionen um 60 % verringern. Im Protokoll werden auch Angaben darüber gemacht, welche Umweltverbesserungen durch die Einhaltung der Höchstwerte zu erwarten sind. Die Angaben werden stets mit einem Referenzszenario bis zum Jahre 2010 verglichen, das alle bestehenden und bereits vorgeschlagenen Rechtsvorschriften der Gemeinschaft (per Dezember 1998) sowie nationale Rechtsvorschriften und politische Pläne umfasst. Nach diesem Referenzszenario wird - im Vergleich zu den Werten von 1990 - ein Rückgang der SO_2-Emissionen um 71 %, der NO_x-Emissionen um 48 %, der NH_3-Emissionen um 12 % und der VOC-Emissionen um 49 % erwartet.

In der Richtlinie über nationale Emissionsobergrenzen für bestimmte Luftschadstoffe werden Minderungsziele bezüglich der Überschreitungen der Critical Loads für Säure und eutrophierenden Stickstoff angegeben. Hierbei wird ein Ökosystem, in dem die atmosphärischen Stoffeinträge die Critical Loads überschreiten, als "ungeschützt" bezeichnet.

Für 1990 belief sich der Anteil ungeschützter Ökosysteme in Deutschland hinsichtlich

→ der Versauerung   auf 80 % und
→ der Eutrophierung   auf 99 %.

Nach der Einhaltung der nationalen Emissionshöchstgrenzen (NEG) würden die kritischen Belastungsgrenzen in Deutschland im Jahr 2010 gegenüber 1990 auf 7,1 % der Rezeptorflächen für die Versauerung und auf immer noch 73 % der Rezeptorflächen für Stickstoff-Eutrophierung überschritten werden (Bild 3.5).

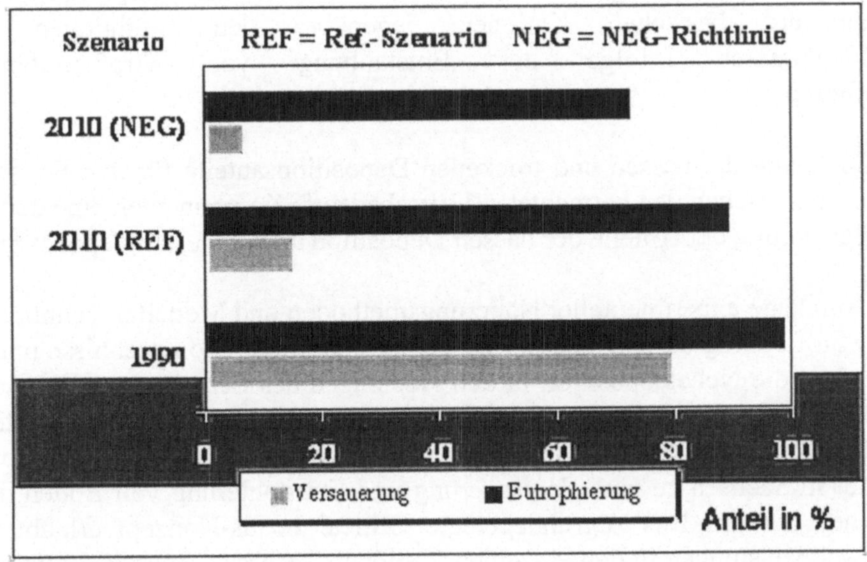

Bild 3.5:   Anteil der Rezeptorflächen mit Überschreitung der kritischen Belastungsgrenzen 1990 und 2010

Es bleibt anzumerken, dass selbst bei Umsetzung der anvisierten Maßnahmen der NEG-Richtlinie zur Emissionsbegrenzung innerhalb des nächsten Jahrzehnts keine Immissionsniveaus erreicht werden können, bei denen keine nachteiligen Wirkungen auf die Umwelt zu erwarten sind. Insbesondere trifft dies auf die Stickstoffproblematik zu.

3.6 Zusammenfassung

Die Ermittlung der Stoffeinträge über die Niederschläge ist ein wichtiger Aspekt im Hinblick auf ein ökosystemar orientiertes Umweltmonitoring.
Die Gesamtbelastung des Niederschlagswassers ist in Sachsen zwischen 1989 und 1999 erheblich zurückgegangen. Bezüglich der Sulfat- und Kalzium-Konzentrationen zeichnen sich die stärksten Veränderungen ab. Keine signifikanten Rückgänge der Konzentrationsniveaus weisen die Stickstoffverbindungen Ammonium und Nitrat auf. Der deutlichste Rückgang der Niederschlagsazidität erfolgte im Erzgebirgsraum. Eine temporäre Zunahme der Niederschlagsazidität Anfang der 90er Jahre war vor allem auf überproportionale Rückgänge der basischen Kationen gegenüber den Sulfationen im Niederschlagswasser infolge der Entstaubung von Großemittenten zurückzuführen.

Eine Abschätzung der nassen und trockenen Depositionsanteile für den Freistaat Sachsen zeigt zwischen den betrachteten Luftschadstoff-Komponenten eine deutliche Differenzierung der Anteile der nassen Deposition an der Gesamtdeposition.

Auf der Grundlage experimenteller Näherungsmethoden und Modellberechnungen wurde der Stoffeintrag durch Nebel im Erzgebirge ermittelt. Die Ergebnisse unterstreichen, dass die Nebeldeposition in den Hochlagen des Erzgebirges einen sehr wesentlichen Beitrag zur Gesamtdeposition liefert. Der kontinuierliche Eintrag atmosphärischer Depositionen, vor allem von Schwefel- und Stickstoffverbindungen, hat in Sachsen zu einer Versauerung und Eutrophierung von Böden und Ökosystemen geführt. Das zugrundegelegte Critical Loads-Konzept erlaubt es, diese Umweltbelastungen in den einzelnen Regionen Sachsens objektiv zu bewerten.

Aufgrund der engen Verknüpfung der regionalen Umweltprobleme Versauerung, Eutrophierung und Anstieg des troposphärischen Ozons wurden jüngst auf europäischer Ebene Emissionshöchstgrenzen für Luftschadstoffe festgelegt, die auf der Grundlage integrierter Lösungsansätze auch mögliche Synergieeffekte berücksichtigen.

Literatur

/FLE 93/   Flemming, G.: Klima und Immissionsgefährdung des Waldes im Osterzgebirge. Arch. f. Nat.-Lands. 32 (1993), 273-284.

/KOM 99/   Kommission der Europäischen Gemeinschaften: Vorschlag für eine Richtlinie des Europäischen Parlaments und des Rates über nationale Emissionshöchstgrenzen für bestimmte Luftschadstoffe. Vorschlag für eine Richtlinie des Europäischen Parlaments und des Rates über den Ozongehalt in der Luft, Brüssel 1999.

/LOV 88/   Lovett: A Comparison of Methods for Estimating Cloud Water Deposition to a New Hampshire (U.S.A.) Subalpine Forest. In: Unsworth, M. H., Fowler, D. (eds.): Acid Deposition at High Elevation Sites 1988, 309-320, Kluwer Academic Publishers.

/NAG 99/   Nagel, H.-D., Gregor, H.-D.: Ökologische Belastungsgrenzen. Critical Loads & Levels. Ein internationales Konzept für die Luftreinhaltepolitik. Springer Verlag 1999.

/ÖKO 99/   ÖKO-DATA GmbH: Erfassung und Kartierung von Ökologischen Belastungsgrenzen – Critical Loads – für den Freistaat Sachsen. Abschlussbericht.

/OLS 81/   Olson et al.: The chemistry and flux of throughfall and stemflow in subalpine balsam fir forests. Holarctic Ecology, 4 (1981), 291-300.

/PAH 96/   Pahl S.: Feuchte Deposition auf Nadelwäldern in den Hochlagen der Mittelgebirge. DWD-Bericht 198, Offenbach 1996.

/RIV 96/   RIVM : Mapping dry deposition of acidifying components and base cations on a small scale in Germany. - Report no. 722108012, 1996.

/SLU 00/   Sächsisches Landesamt für Umwelt und Geologie: Tagungsband zur Abschlussveranstaltung des OMKAS-Projektes am 16. März 2000 in Dresden, 2000.

/SMU 99/   Sächsisches Staatsministerium für Umwelt und Landwirtschaft: Waldzustandsbericht 1999.

/SIG 87/   Sigg L. et al.: The chemistry of fog: factors regulating its composition. Chimia 41 (1987), 159-165.

/WIN 93/   Winkler, P. & Pahl, S.: Spurenstoffeintrag durch Nebelinterzeption in Schwarzwaldhochlagen, KfK-PEF-Bericht 111, (1993).

/WIN 99/   Winkler, P.: Persönliche Mitteilung vom 06.05.1999.

/ZIM 98/   Zimmermann, L. et al.: Zwischenbericht zum Forschungsthema "Quantifizierung der Nebeldeposition im Erzgebirge". Tharandt, (1998).

/ZIM 99/   Zimmermann L. et al.: Abschlussbericht zum Forschungsthema "Quantifizierung der Nebeldeposition im Erzgebirge". Tharandt, März 1999.

4 Depositionsmessungen des Landesamtes für Umweltschutz Sachsen-Anhalt

Wolfgang Rauh

4.1 Vorwort

In zunehmendem Maße wird den Beeinträchtigungen der Ökosysteme durch Depositionen aus der Atmosphäre Beachtung geschenkt, da diese die an der Vegetation, im Boden und in den Gewässern ablaufenden komplexen physikalisch-chemischen und biologischen Prozesse beeinflussen. Bekanntlich ist die Pufferwirkung der Ökosysteme begrenzt. Langzeitige Depositionen, die besonders mit der Industrialisierung einsetzten, haben die Pufferkapazität empfindlicher Systeme bereits vielerorts überschritten. Eine dieser Auswirkungen ist in den verbreiteten Waldschäden zu erkennen.

Die Komplexität der Depositionsvorgänge und der Erfassung der unterschiedlichen Depositionen ist in der Niederschlagsbeschaffenheits-Richtlinie /LAV 98/ beschrieben. Im Folgenden soll über Erfahrungen des Landesamtes für Umweltschutz Sachsen-Anhalt (LAU) bei der Probenahme von Nass- und Gesamtdepositionen einschließlich des Staubniederschlages berichtet werden. Die Analytik der Inhaltsstoffe wird dabei nicht im Detail beschrieben. Die Ergebnisse sollen das gegenwärtige Niveau der Stoffeinträge aus der Luft und gegebenenfalls Tendenzen aufzeigen. Ein Vergleich mit gleichartigen Depositionen in anderen Bundesländern ist somit möglich.

4.2 Entwicklung der Depositionsmessungen

Durch die außerordentlich hohe Belastung mit Staubniederschlag, besonders in den industriellen Ballungsgebieten Mitteldeutschlands der 1950er bis 1980er Jahre, war es nahe liegend, diesen größten und unmittelbar sichtbaren Anteil der atmosphärischen Deposition zu messen. So wurde seit 1961 im damaligen Bezirk Halle die Staubsedimentation an zahlreichen Messstellen bestimmt /HAM 71/. Zunächst wurde ein Staubsammelgefäß aus Hart-PVC mit einer Auffangfläche von 0,25 m², das so genannte Leuna-III-Gerät, verwendet. Es wurde zu Beginn einer 14-tägigen Messung mit 10 Liter destilliertem Wasser gefüllt. Damit wurden Staubauswehungen vermieden. Gleichzeitig konnten der lösliche und der unlösliche Anteil des Staubniederschlages getrennt bestimmt werden. Ab 1964 wurden die Staubniederschlagsmessungen mit 1,5 l-Konservengläsern in Anlehnung an das heute praktizierte Bergerhoff-Verfahren nach VDI 2119 Blatt 2 durchgeführt.

Die Gläser wurden mit destilliertem Wasser, im Winter zusätzlich mit einem Frostschutzmittel (Ethanol mit n-Pentanol) und in der übrigen Zeit (April bis Oktober) mit unterschiedlichen Mengen Formalin als Algenschutzmittel versetzt /ARB 81/.

Ab 1991 wurden in strikter Anwendung der VDI-Vorschrift 2119 Blatt 2 keinerlei Zusätze mehr verwendet. Im Nachhinein musste allerdings festgestellt werden, dass im Durchschnitt die nach der Nassauffangmethode (DDR-Vorschrift) gemessenen Staubniederschläge um mehr als 30 % über den nach der Trockenauffang-Methode (VDI 2119 Blatt 2) gemessenen Werten liegen. Diese Relation wurde erst in den Jahren 1994 bis 1997 bei einem niedrigen Niveau der Staubbelastung ermittelt, so dass eine nachträgliche Korrektur der weitaus höheren Staubnieder-schlagswerte aus der DDR-Zeit problematisch erscheint. Jedenfalls wären die seinerzeit nach der Nassauffangmethode gemessenen Werte niedriger ausgefallen, wenn sie nach der heute gültigen VDI-Richtlinie 2119 Blatt 2 gemessen worden wären /RAU 99/.

Im Jahre 1992 richtete das LAU drei Messstellen zur Erfassung der Nassdeposi-tion in Halle (industriell geprägte Umgebung), Weißenfels (Stadtrand) und Naumburg (Zentrum) ein.
Die Sammler (Hersteller: Institut für Energetik, Leipzig) verfügten über ein Fla-schenkarussell mit acht PE-Flaschen von je 2 l Fassungsvermögen, wodurch bei wöchentlichem Flaschenwechsel bei vorhandenem Niederschlag die Auswertung von Tagesproben möglich ist. Nach jeweils 24 Stunden dreht das Karussell die nächste Flasche automatisch unter die Trichteröffnung. Die Auffangfläche beträgt 0,1 m². Ein Sensor öffnet den Trichter bei Regen. Eine Trichterheizung verhindert das Einfrieren des Niederschlags und die Ablagerung von Schnee.
Zwischenzeitlich wurde von Anfang 1993 bis Mai 1995 eine Messstelle im Zen-trum der Stadt Halle (Moritzburg) betrieben, und die Messungen in Naumburg wurden Ende 1993 beendet. Ab August 1995 wurde eine Messstelle in Halle-Dölau (Dölauer Heide) in Betrieb genommen, so dass gegenwärtig (Jahr 2000) Nassdepositionen an den Messstellen Halle-Ost (LAU), Halle-Dölau (Dölauer Heide) und Weißenfels (Stadtrand) gemessen werden.

Im April 1995 wurde auf Bodendaueruntersuchungsflächen (BDF) mit einjährigen Messungen der Gesamtdeposition begonnen, indem zwei Bergerhoff-Sammler an jeder Messstelle zeitgleich exponiert wurden. Aus einem Sammelgefäß wurden der Staubniederschlag und die Schwermetallanteile sowie aus dem anderen Gefäß die An- und Kationen bestimmt. Bis zum Jahr 2000 wurden auf diese Weise die Gesamtdepositionen auf oder in Nachbarschaft von 27 Bodendaueruntersuchungs-flächen gemessen.
Mit analogen Untersuchungen, die längerfristig angelegt sind, wurde im Februar 1996 begonnen. Dabei dienten die Immissionsmesscontainer des Luftüberwa-

chungssystems Sachsen-Anhalt (LÜSA) als Messstellen, indem die Bergerhoff-Sammler etwa 0,8 m über dem Containerdach montiert wurden. Mit zehn über das Land verteilten Messstellen sollten Höhe, Unterschiede und Tendenzen der Gesamtdeposition als Grobscreening in Sachsen-Anhalt bestimmt werden. Diese Messungen wurden im Wesentlichen fortgesetzt.

Mit dem Niederschlagssammler NSA 181 K/T-N der Firma G. K. Walter Eigenbrodt, 21255 Königsmoor, stand ab 1997 ein Gesamtdepositionssammler zur Verfügung, der für den Winterbetrieb mit einer Heizung (Trichter- und Schrankheizung) und für den Sommerbetrieb mit einer Kühlung ausgestattet ist. Dieser Sammler ist nach dem Trichter-Flasche-Prinzip aufgebaut. Er wird derzeit an sechs Messstellen, vorwiegend in Waldgebieten, zur Dauermessung eingesetzt.

Die Sammelgefäße für die Bestimmung der Gesamtdeposition werden jeweils zum Monatsende oder Monatsanfang gewechselt. Aus Kapazitätsgründen konnten keine kürzeren Sammelintervalle festgelegt werden. Zur Überprüfung des Einflusses unterschiedlicher Sammelintervalle auf die gemessenen Depositionswerte wurden im LAU Untersuchungen mit drei Sammlertypen durchgeführt. Neben Bergerhoff- und Eigenbrodt-Sammlern wurden Flasche-Trichter-Sammler des Typs RS 200 (UMS- bzw. LWF-Sammler) in den Vergleich einbezogen. Die Ergebnisse dieser Vergleichsmessungen wurden in /RAU/ ausgewertet.

Im Anschluss an Bodenuntersuchungen auf polychlorierte Dibenzodioxine und -furane (PCDD/F) an ausgewählten Standorten in Sachsen-Anhalt /LAU 96/ wurden seit 1995 Messstellen zur Bestimmung von PCDD/F als Gesamtdeposition betrieben. Schwerpunkte sind dabei ehemalige und aktuelle Industriestandorte, besonders im Hettstedter Raum. Mit Einzelmessungen in Magdeburg, Dessau und Stendal sollte die Bedeutung des PCDD/F-Anteils der Gesamtdeposition in Städten ermittelt werden. Seit 1999 wird zusätzlich der Anteil an polychlorierten Biphenylen (PCB) mit bestimmt (Immissionsschutzberichte des LAU 1996 bzw. 1999).

Aufgrund seiner physikalischen Eigenschaften kann Quecksilber nicht gemeinsam mit den anderen Elementen in der Gesamtdeposition bestimmt werden. Es war deshalb erforderlich, im Einwirkungsbereich Hg-verseuchter Altanlagen spezielle Messstellen zur Erfassung des Hg-Anteils in der Deposition einzurichten. Dabei muss eingeschränkt werden, dass Quecksilber als Deposition nur unvollständig erfasst werden kann /LAI 96/. Eingedenk dieses Mangels wurden dennoch 12 Hg-Messstellen in Bitterfeld und Schkopau betrieben, da mit geringem Aufwand Orientierungswerte für die Anwesenheit von Quecksilber in der Atmosphäre gewonnen werden können.

4.3   Depositionsmessnetz des LAU im Jahre 2000

Aus wirtschaftlichen und fachlichen Erwägungen wurde das Landesmessnetz für Staubniederschlag und Inhaltsstoffe (Elemente) mit Beginn des Jahres 2000 von ursprünglich 154 auf 78 Messstellen reduziert. Die verbliebenen Messstellen befinden sich vorwiegend in Industrie- und Ballungsgebieten, aber auch im Bereich empfindlicher Ökosysteme (Bild 4.1 und 4.2). Das vom LAU im Jahre 2000 betriebene Depositionsmessnetz besteht aus

- 78 Messstellen   für Staubniederschlag und Elemente (Landesmessnetz),
- 9 Messstellen   für An- und Kationen als Gesamtdeposition mit Bergerhoff-Sammlern sowie für Staubniederschlag und Elemente an den BDF,
- 11 Messstellen   für An- und Kationen als Gesamtdeposition mit Bergerhoff-Sammlern auf LÜSA-Containern,
- 6 Messstellen   für An- und Kationen als Gesamtdeposition mit Eigenbrodt-Sammlern,
- 3 Messstellen   für An- und Kationen als Nassdeposition mit IfE-Sammlern,
- 8 Messstellen   für PCDD/F als Gesamtdeposition mit Bergerhoff-Sammlern,
- 12 Messstellen   für Quecksilber als Gesamtdeposition mit Bergerhoff-Sammlern.

Wie bereits angedeutet, wurden die Messstellen nach verschiedenen Kriterien und unter Einhaltung von Randbedingungen ausgewählt, wie

- Vorsorgeaspekt, z. B. bei Hg-Messungen,
- Immissionswirksamkeit von Emittenten, z. B. bei PCDD/F- und Hg-Messungen,
- Stoffeinträge aus der Luft in den Boden, z. B. bei Messungen von An- und Kationen,
- Fortsetzung langfristiger Messreihen zur Tendenzbeobachtung,
- Stromanschluss bei elektrisch betriebenen Sammlern, z. B. Eigenbrodt- und IfE-Sammler,
- Sicherheit des Sammlers vor Vandalismus,
- Vermeidung von Verfälschungen durch Hindernisse (z. B. Bäume, Gebäude) oder durch artfremde Einträge (z. B. Düngung).

4.4 Probenwechsel

Der Austausch der Sammelgefäße für die verschiedenen Messaufgaben des LAU ist in einem monatlichen Einsatzplan für den Probenehmer geregelt. Für die fast 130 Messstellen wurden acht optimierte Fahrtrouten festgelegt, auf denen im zeitlichen Abstand von etwa 30 Tagen alle Depositionsmessstellen angefahren werden. Zusätzlich werden die Nassdepositionssammler wöchentlich gewechselt. Die Sammelgefäße werden jeweils am Folgetag im Labor mit Protokoll abgeliefert. Insbesondere müssen die Messstelle und die Daten der Exposition mit Faserstift eindeutig auf den Sammelgefäßen notiert sein. Dabei haben sich für die ursprünglich zahlreicheren Staubmessstellen die Kfz-Kreiskennzeichen in Verbindung mit Nummern gut bewährt. Ansonsten werden Abkürzungen mit drei Buchstaben und Nummern verwendet.

Für alle Sammlertypen sind verbindliche Standardarbeitsvorschriften als Teil des Qualitätssicherungshandbuches vorhanden, die vom Probenehmer einzuhalten sind. Wichtig ist die Meldung von Unregelmäßigkeiten unmittelbar nach dem Probenwechsel, um zu entscheiden, ob Sammlerproben verworfen werden müssen. Dennoch können Verfälschungen von Proben nicht immer erkannt werden, besonders wenn sie in heimtückischer Absicht erfolgten.
Unbefriedigend ist bislang der ungekühlte Transport der in den Eigenbrodt-Sammlern gekühlten Sammelbehälter (10 l). Allenfalls können die Behälter vor Sonneneinstrahlung geschützt und über Nacht kühl gelagert werden. Nach den Ergebnissen mehrjähriger Vergleichsmessungen scheint allerdings die Unterbrechung der Kühlung der Depositionsproben keine gravierenden Auswirkungen auf die jahresdurchschnittlichen Ergebnisse im Sinne von Minderfunden zu haben /RAU/.

4.5 Analytische Bestimmungen

Die analytische Bestimmung der Inhaltsstoffe in den Depositionsproben erfolgt in den auf diese Stoffe spezialisierten Laboratorien des LAU. Wegen der Abtrennung vom sensiblen Bereich der Spurenanalytik wird die gravimetrische Staubbestimmung, der offene Salpetersäureaufschluss für die Elementbestimmung nach VDI 2267 Blatt 4 sowie die Reinigung der Sammelgefäße in einem räumlich getrennten Labor vorgenommen. Die acht Schwermetalle und Arsen werden aus Quartalsproben des Staubniederschlages unter Einsatz moderner Analysenverfahren (ICP-OES nach VDI 2267 Blatt 5 und ICP-MS) bestimmt.

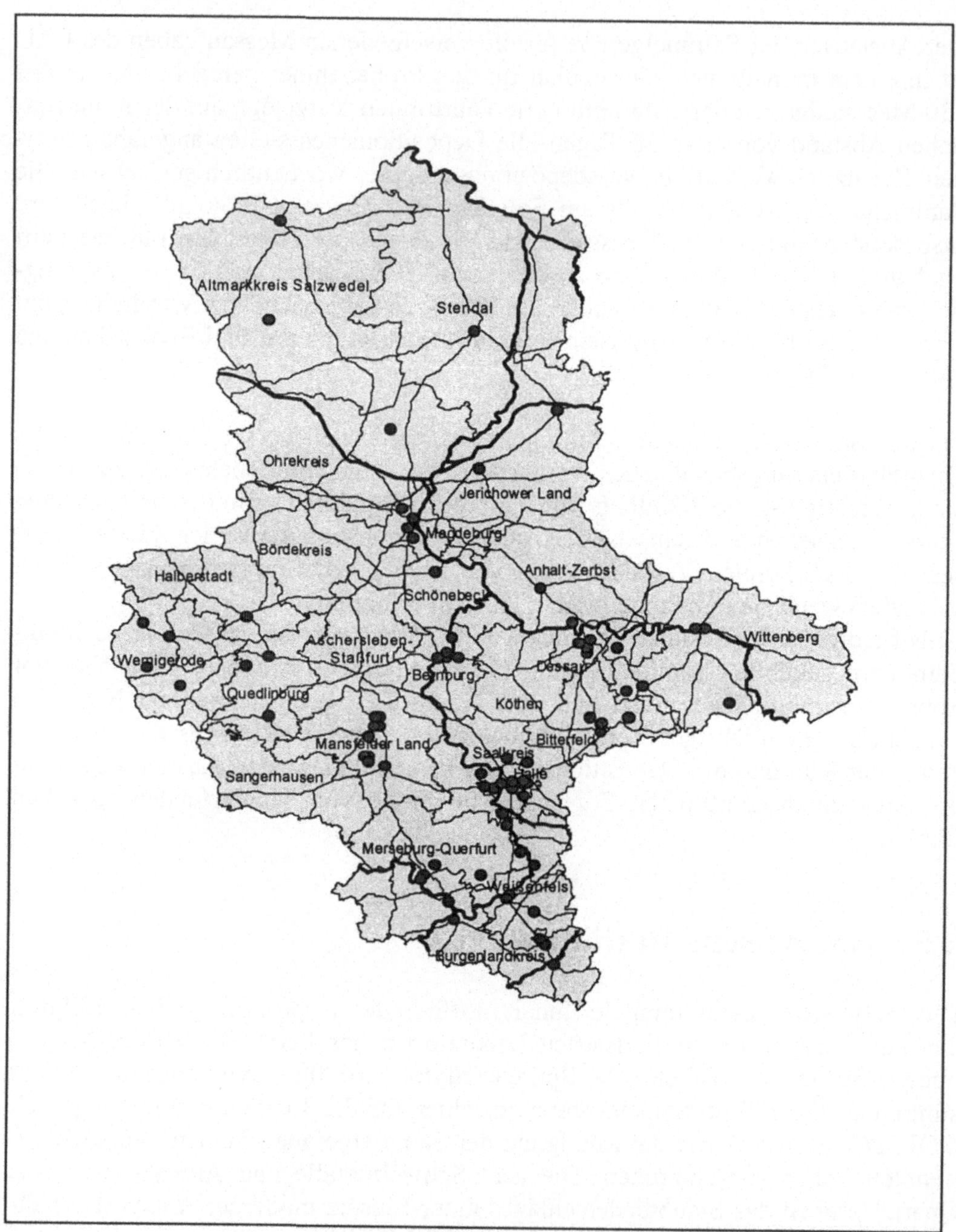

Bild 4.1 : Messstellen für Staubniederschlag und Elemente – Landesmessnetz 2000

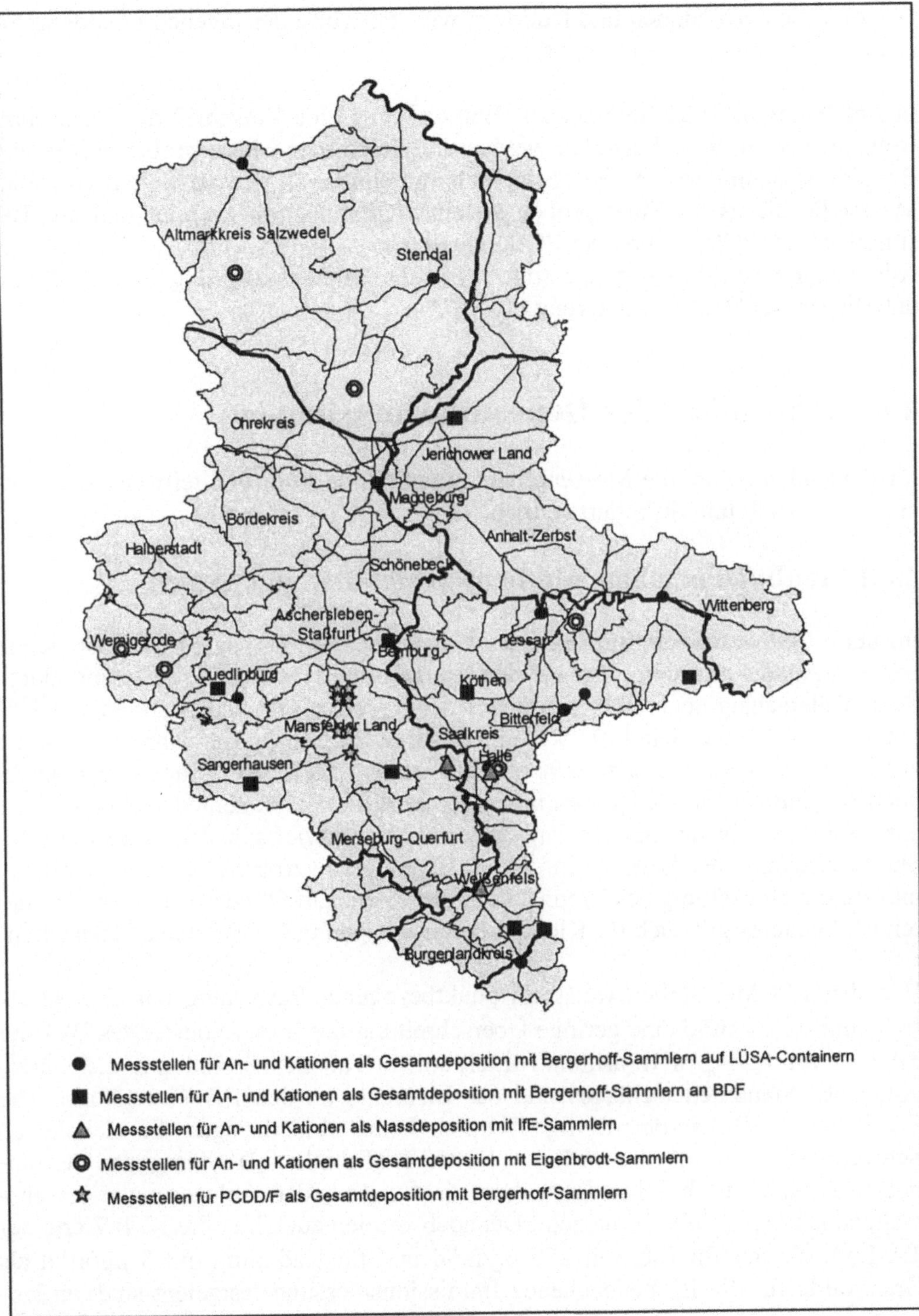

Bild 4.2 : Messstellen für Gesamt- und Nassdepositionen – Messnetz 2000

Die Analyse der Anionen und Kationen wird mit Hilfe der Ionenchromatographie an einer Waters-Anlage durchgeführt.

In Anlehnung an VDI 2090 Blatt 1 (Entwurf) und eine Vorschrift des Landesumweltamtes Nordrhein-Westfalen werden die Gesamtdepositionsproben mit je vier Bergerhoff-Sammlern im vierwöchigen Sammelintervall gewonnen und von jeder Messstelle die zwölf Einzelproben zu einer Quartalsprobe vereint und der Bestimmung der PCCD/F und der PCB unterzogen.
Alle analytischen Arbeitsgänge sind in Standardarbeitsanweisungen geregelt und unterliegen der Qualitätssicherung.

4.6   Ergebnisse der Depositionsmessungen

Im Folgenden sollen die Messergebnisse des Jahres 1999 und teilweise der Vorjahre dargestellt und diskutiert werden.

4.6.1 Staubniederschlag mit Schwermetallen und Arsen

Im Jahre 1999 wurde der Staubniederschlag durch das LAU an 154 Messstellen in Sachsen-Anhalt ermittelt. Wie in den Vorjahren hat sich die Belastung durch Staubniederschlag auch 1999 landesweit weiter verringert und lag 1999 um 7 % unter der von 1998. Seit 1990 war ein ständiger Rückgang der Jahresmittelwerte auf heute meist weniger als 10 % zu verzeichnen. Es ist zu erwarten, dass kaum noch wesentliche Senkungen auftreten werden, da der Staubniederschlag bereits ein niedriges Niveau erreicht hat, was auf die gravierende Verminderung der Staubemissionen der Betriebe infolge Stilllegungen, verbesserter Abgasreinigung und auf die Umstellung des Brennstoffes von Kohle auf Öl oder Gas zurückzuführen ist. Letzteres gilt auch für Kleinfeuerungsanlagen in Gewerbe und Haushalten.

Von den 154 Messstellen weist bei punktbezogener Bewertung nur eine Messstelle mit 0,37 g/m²·d eine geringe Überschreitung des Immissionswertes IW1 der TA Luft von 0,35 g/m²·d (arithm. Mittel) auf. In Tabelle 4.1 sind u. a. die Jahresmittel des Staubniederschlages und der Elemente an den BDF aufgeführt. Die Ergebnisse sind eher unauffällig. Deutlich höher sind dagegen die Gehalte an Schwermetallen und Arsen im Raum Hettstedt (Tabelle 4.2). Sie werden vermutlich wesentlich durch Sekundärstaubentwicklung aus den Ablagerungen der ehemaligen Hüttenbetriebe verursacht. Dennoch werden auch hier die IW1-Werte der TA Luft, die nur für Blei mit 250 µg/m²·d und für Kadmium mit 5 µg/m²·d als Grenzwerte für die flächendeckende Immissionsmessung festgelegt sind, an keiner Messstelle überschritten. Im Mittel aller Messstellen haben sich die Gehalte an Schwermetallen von 1997 bis 1999 verringert (Bild 4.3).

Tabelle 4.1: Gesamtdepositionsmessungen mit Bergerhoff–Sammlern auf Bodendaueruntersuchungsflächen (BDF) 1999

	Jahresmittel der Anionen und Kationen in mg/m² · d								
	Anionen				Kationen				
	Cl^-	F^-	NO_3^-	SO_4^{2-}	NH_4^+	Na^+	K^+	Ca^{2+}	Mg^{2+}
Barby	1,33	0,02	4,53	5,04	2,76	1,24	0,95	1,02	0,17
Drübeck	1,35	0,03	5,69	3,19	1,57	1,14	0,42	1,10	0,17
Leimbach	1,34	0,03	4,05	4,98	1,80	1,04	2,10	1,79	0,35
Mildensee	1,67	0,03	4,54	4,91	2,22	1,18	1,19	1,39	0,26
Querstedt	1,92	0,03	5,20	4,48	2,73	1,42	0,51	1,46	0,26
Seeben	1,62	0,04	2,48	5,51	1,69	1,11	4,48	1,32	0,29
Senst	1,24	0,03	4,39	5,25	2,73	1,06	0,75	0,79	0,19
Siptenfelde	1,30	0,02	5,42	4,39	2,99	1,12	0,44	0,64	0,16
Teutschenthal	0,69	0,04	4,79	6,01	0,85	0,79	0,41	3,31	0,26
Ziegelrodaer Forst	0,95	0,02	6,09	4,80	1,91	1,01	0,39	1,31	0,19

	Jahresmittel des Staubniederschlages STN in g/m² · d und der Elemente in µg/m² · d								
	STN	Pb	Cd	Cr	Ni	As	Cu	Zn	V	Mn
Barby	0,06	4,1	0,1	0,5	2,2	0,3	5,4	52,1	0,3	10,3
Drübeck	0,07	6,4	0,1	0,7	2,0	0,4	10,5	92,4	0,3	11,3
Leimbach	0,11	5,0	0,1	0,7	2,3	0,8	5,4	56,9	0,3	29,4
Mildensee	0,11	6,0	0,1	0,6	4,5	0,8	4,8	59,3	0,5	24,5
Querstedt	0,08	4,3	0,1	0,8	1,6	0,2	3,7	53,2	0,9	21,3
Seeben	0,11	7,4	0,1	0,6	2,6	0,4	6,3	68,4	0,3	14,0
Senst	0,06	3,8	0,1	0,5	1,6	0,4	3,9	71,7	0,6	12,1
Siptenfelde	[0,04]	[5,2]	[0,1]	[0,7]	[2,0]	[0,6]	[9,1]	[78,1]	[0,6]	[10,9]
Teutschenthal	0,09	8,4	0,2	1,8	2,8	1,0	19,6	60,1	0,2	27,4
Ziegelrodaer Forst	0,05	7,4	0,1	0,5	2,6	0,3	4,7	83,5	0,3	11,4

[ ] < 10 Monatsproben
* Arsen nur 2. Halbjahr

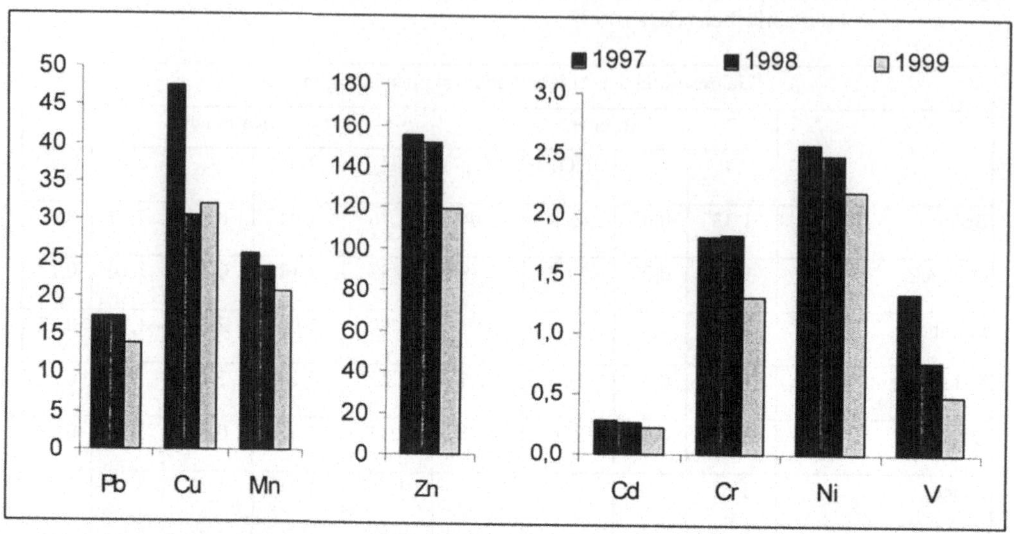

Bild 4.3:   Elemente im Staubniederschlag in µg/m²·d
              Vergleich der Jahresmittel 1997 bis 1999 im Landesdurchschnitt

4.6.2 Anionen/Kationen als Gesamtdeposition

Die in Tabelle 4.1 aufgeführten Depositionen von Anionen und Kationen, die als Gesamtdeposition an zehn Bodendaueruntersuchungsflächen (BDF) mit Bergerhoff-Sammlern gemessen wurden, weisen überwiegend relativ geringe territoriale Unterschiede auf. Eine Ausnahme stellt der Kalziumwert der BDF-Messstelle Teutschenthal dar, der mit 3,31 mg/m²·d deutlich über den entsprechenden Werten der anderen BDF-Messstellen liegt. Ebenso heben sich die Kaliumwerte der BDF-Messstellen Seeben und Leimbach mit 4,48 mg/m²·d bzw. 2,10 mg/m²·d hervor.

Die Ergebnisse der Gesamtdepositionsmessungen mit Bergerhoff-Sammlern auf zehn LÜSA-Containern sind in Tabelle 4.3 enthalten. Sie sind als Dauermessstellen angelegt und sollen mit den bekannten Einschränkungen als Grobscreening für Sachsen-Anhalt dienen. Es ist festzustellen, dass die langfristige und verbreitete Tendenz der Abnahme der Sulfatdeposition auch durch diese Messungen bestätigt werden kann. Im Mittel liegt die Verringerung 1999 zu 1998 bei 23 %. Um 12 % hat sich die Chloriddeposition im Mittel aller Messstellen vermindert. Auch ist der mittlere Nitratwert 1999 wieder gesunken. Die deutlich niedrigeren Fluoridwerte müssen mit Vorbehalt bewertet werden, da sie sich in der Nähe der Bestimmungsgrenze des Messverfahrens bewegen. Bei den Kationen haben sich 1999 alle mittleren Depositionswerte gegenüber dem Vorjahr verringert.

Tabelle 4.2 : Staubniederschlag, Jahresmittelwerte 1999 in g/m²·d
und Elemente im Staubniederschlag, Jahresmittelwerte 1999 µg/m²·d

Messstellen	STN	Pb	Cd	Cr	Ni	As *	Cu	Zn	V	Mn
Bitterfeld, Lindenstr.	0,06	8,2	0,1	1,5	1,3	0,5	7,8	116,2	0,7	16,0
Dessau, Lessingstr.	0,06	10,6	0,1	1,1	2,3	0,2	6,3	82,2	0,6	14,8
Genthin, Lindenstr.	0,06	7,5	0,1	0,8	1,3	0,2	6,9	79,7	0,8	16,2
Halle, Reideburger Str.	0,07	10,0	0,1	1,2	3,0	0,3	9,9	97,2	0,4	13,4
Harzgerode, Freie-Feld-Lage	0,03	8,5	0,1	0,5	1,0	0,2	15,9	62,8	0,5	10,4
Magdeburg, Universitätsplatz	0,06	6,7	0,1	1,5	1,7	0,3	8,2	103,8	0,3	19,0
Merseburg, Lauchstädter Str.	0,06	14,8	0,1	1,6	2,0	0,4	5,9	80,8	0,3	14,9
Salzwedel, Tuchmacherstr.	0,04	4,5	0,1	0,6	0,8	0,1	4,0	110,5	0,5	13,5
Wittenberg, Zimmermannstr.	0,07	7,3	0,1	0,9	1,3	0,1	9,6	92,1	0,7	14,1
Zeitz, Freiligrathstr.	0,07	7,3	0,1	1,0	1,8	0,1	5,8	70,1	0,5	14,9
Eisleben, Mittelreihe	0,07	35,9	0,3	1,2	2,0	1,2	46,4	158,0	1,5	29,9
Helbra, Am Pfarrholz	0,05	10,8	0,1	0,8	4,6	0,3	23,4	118,5	0,4	14,1
Hettstedt, An der Brache	0,06	103,6	1,8	2,6	7,8	1,0	750,3	678,0	0,6	25,9
Hettstedt, Am Mühlgraben, Container	0,06	29,7	0,6	1,1	3,5	0,5	135,9	203,8	0,4	21,0
Hettstedt, Berggrenze	0,06	126,2	2,3	3,5	9,6	1,3	956,7	885,1	0,6	32,0
Hettstedt, Berggrenze, An der Bleihütte	0,13	171,8	3,0	3,1	7,0	8,2	520,9	605,4	0,6	39,5
Hettstedt, Lichtlöcherberg	0,08	59,0	0,7	1,6	3,8	1,4	234,6	342,0	0,5	29,3
Hettstedt, Stockhausstr.	0,15	142,1	2,8	1,7	6,6	12,7	348,2	688,7	0,4	40,8
Hettstedt, Über d. Heckerlingsbreite	0,12	20,8	0,3	1,6	2,8	0,4	48,7	140,6	0,4	62,1
Großörner, Hüttenstraße	0,09	99,3	2,0	3,2	8,0	1,2	507,1	511,8	1,3	41,6

STN Staubniederschlag

* Arsen nur 2.Halbjahr

Tabelle 4.3 : Gesamtdepositionsmessungen mit Bergerhoff – Sammlern auf LÜSA – Containern

Jahresmittel der Anionen in mg/(m²·d)

	Chlorid			Fluorid			Nitrat			Sulfat		
	1997	1998	1999	1997	1998	1999	1997	1998	1999	1997	1998	1999
Bitterfeld, Lindenstr.	2,31	2,07	1,45	0,07	0,05	0,04	5,19	6,38	5,69	9,10	8,87	7,66
Dessau, Lessingstr.	1,73	1,53	1,15	0,06	0,03	0,04	4,65	5,37	5,23	9,45	7,96	6,54
Genthin, Lindenstr.	1,82	1,90	1,46	0,04	0,03	0,03	4,11	5,24	4,47	6,91	7,18	5,05
Halle, Reideburger Str.	1,59	1,39	1,24	0,06	0,01	0,03	4,63	4,96	4,17	7,98	6,49	5,37
Harzgerode, Freie-Feld-Lage	1,72	1,56	1,01	0,05	0,02	0,03	5,46	5,43	5,66	5,61	5,88	4,24
Magdeburg, Universitätsplatz	1,65	1,32	1,39	0,05	0,02	0,03	4,06	5,20	4,34	7,12	5,80	4,74
Merseburg, Lauchstädter Str.	1,48	1,52	1,51	0,06	0,04	0,04	3,90	4,65	4,30	11,89	9,62	5,47
Salzwedel, Tuchmacherstr.	2,13	1,63	2,20	0,04	0,03	0,03	5,13	5,83	6,04	5,74	6,01	4,56
Wittenberg, Zimmermannstr.	1,86	1,62	1,73	0,08	0,03	0,03	4,59	6,79	4,81	8,46	7,82	6,20
Zeitz, Freiligrathstr.	1,74	1,65	1,07	0,06	0,03	0,02	4,17	4,39	4,21	10,24	8,43	6,90
Arithm. Mittel	1,80	1,62	1,42	0,06	0,03	0,03	4,59	5,42	4,89	8,25	7,41	5,67
Maximum	2,31	2,07	2,20	0,08	0,05	0,04	5,46	6,79	6,04	11,89	9,62	7,66
Minimum	1,48	1,32	1,01	0,04	0,01	0,02	3,90	4,39	4,17	5,61	5,80	4,24

Fortsetzung Tabelle 4.3

Jahresmittel der Kationen in mg/m²·d

	Ammonium			Natrium			Kalium			Kalzium			Magnesium		
	1997	1998	1999	1997	1998	1999	1997	1998	1999	1997	1998	1999	1997	1998	1999
Bitterfeld, Lindenstr.	2,56	2,65	2,18	1,66	1,69	1,31	0,37	0,42	0,35	2,25	2,25	1,84	0,26	0,25	0,34
Dessau, Lessingstr.	2,59	1,96	1,89	1,39	1,27	0,96	0,43	0,34	0,27	2,37	2,69	2,07	0,27	0,26	0,19
Genthin, Lindenstr.	2,32	2,62	2,10	1,56	1,54	1,26	0,40	0,45	0,36	1,70	1,78	1,49	0,21	0,22	0,19
Halle, Reideburger Str.	2,32	1,59	1,85	1,17	1,28	1,02	0,60	0,54	0,91	3,03	2,33	1,97	0,26	0,28	0,23
Harzgerode, Freie-Feld-Lage	1,99	2,39	1,90	1,37	1,42	1,10	0,42	0,54	0,28	1,19	0,97	0,80	0,22	0,22	0,18
Magdeburg, Universitätsplatz	2,27	1,95	1,09	1,24	1,14	1,04	0,41	0,36	0,44	2,43	2,05	2,04	0,22	0,20	0,18
Merseburg, Lauchstädter Str.	1,83	3,48	1,41	1,17	1,51	1,21	0,63	0,74	0,33	3,46	2,66	2,34	0,48	0,29	0,24
Salzwedel, Tuchmacherstr.	1,98	2,53	1,62	1,59	1,45	1,64	0,29	0,37	0,24	1,77	1,76	1,71	0,24	0,24	0,25
Wittenberg, Zimmermannstr.	2,47	3,57	2,46	1,44	1,23	1,42	0,49	0,55	0,41	2,47	1,94	1,69	0,24	0,22	0,21
Zeitz, Freiligrathstr.	1,96	2,03	2,21	1,13	1,60	1,06	1,56	1,65	0,77	4,51	2,47	1,60	0,63	0,44	0,29
Arithm. Mittel	2,23	2,48	1,87	1,37	1,41	1,20	0,56	0,60	0,44	2,52	2,09	1,76	0,30	0,26	0,23
Maximum	2,59	3,57	2,46	1,66	1,69	1,64	1,56	1,65	0,91	4,51	2,69	2,34	0,63	0,44	0,34
Minimum	1,83	1,59	1,09	1,13	1,14	0,96	0,29	0,34	0,24	1,19	0,97	0,80	0,21	0,20	0,18

Die Jahresmittel der Gesamtdepositionsmessungen mit <u>Eigenbrodt-Sammlern</u> sind in Tabelle 4.4 aufgeführt. Mit Ausnahme der Messstelle Halle-Ost liegen alle Messstellen in niedrigbelasteten Regionen, meist von Wald umgeben. Hier soll langfristig der Eintrag von relevanten An- und Kationen über den Luftpfad in Ökosysteme gemessen werden. In der Auffangtechnik unterscheiden sich die Eigenbrodt-Sammler wesentlich von den Bergerhoff-Sammlern. Wenngleich die mit beiden Sammlertypen gewonnenen Depositionswerte durchaus vergleichbar sind, ist zu berücksichtigen, dass insbesondere bei den Bergerhoff-Sammlern in Abhängigkeit von den Witterungsbedingungen mit Stoffumwandlungen bei Nitrit und Ammonium zu rechnen ist. Sie sind außerdem gegen den Eintrag von Blättern und Insekten ungeschützt, was zu Verfälschungen führen kann. Schließlich ist zu erwarten, dass die Wasseroberfläche in stärkerem Maße gasförmige Luftbestandteile, wie SO_2, NO_2 und NH_3, absorbiert als das bei den Eigenbrodt-Sammlern infolge der Engstelle des Flaschenhalses möglich ist.

Beim Vergleich der für die fünf Messstellen berechneten Jahresmittelwerte der An- und Kationen als Gesamtdeposition ist auffallend, dass die Einträge von Chlorid-, Kalium- und Natriumionen an den Messstellen Colbitz und Zartau die entsprechenden Depositionswerte der anderen Messstellen übersteigen. Dieses Ergebnis ist offenbar auf den stärkeren maritimen Einfluss an den beiden im Norden Sachsen-Anhalts gelegenen Messstellen zurückzuführen. Dagegen sind die am städtischen Standort Halle-Ost (Gewerbegebiet) gemessenen Sulfat-, Nitrit-, Nitrat-, Ammonium- und Kalziumeinträge höher als an den anderen, siedlungsfernen Standorten. In den meisten Fällen haben sich die Depositionen 1999 gegenüber dem Vorjahr verringert.

Tabelle 4.4: Gesamtdepositionsmessungen mit Eigenbrodt - Sammlern 1998 und 1999
Jahresmittel der Anionen und Kationen in mg/m²·d

	Halle (Ost)		Kapenmühle		Colbitz		Zartau		Rappbode-talsperre	
	1998	1999	1998	1999	1998	1999	1998	1999	1998	1999
Chlorid	1,36	1,03	1,39	0,95	1,57	1,65	1,96	2,04	1,89	1,03
Fluorid	0,02	0,02	0,02	0,02	0,02	0,02	0,01	0,02	0,01	0,02
Nitrat	4,51	4,19	4,37	3,42	4,71	3,39	5,31	3,79	5,14	3,55
Nitrit	0,09	0,08	0,07	0,04	0,05	0,03	0,05	0,04	0,06	0,04
Sek. Phosphat	0,05	0,07	0,08	0,10	0,06	0,05	0,66	0,27	0,33	0,21
Sulfat	4,69	4,06	3,88	2,83	3,82	2,84	4,56	2,78	4,61	2,55
Ammonium	1,74	1,89	1,84	1,49	1,73	1,16	2,80	1,61	2,44	1,16
Natrium	0,82	0,58	0,84	0,57	0,99	1,08	1,30	1,26	1,24	0,66
Kalium	0,29	0,20	0,56	0,30	0,41	0,24	0,56	0,36	0,51	0,21
Kalzium	1,97	1,88	0,95	0,66	0,67	0,75	0,65	0,55	1,08	1,09
Magnesium	0,17	0,16	0,20	0,13	0,15	0,19	0,20	0,18	0,20	0,13

4.6.3 Anionen/Kationen als Nassdeposition

In Tabelle 4.5 sind die Jahreseinträge 1999 von An- und Kationen an den drei Messstellen der Nassdeposition aufgelistet. Neben der Angabe in kg/(ha·a) wird der hypothetische tägliche Eintrag in mg/(m²·d) aufgeführt. Damit ist ein Vergleich mit den als Gesamtdeposition (Nass- und Trockendeposition) gemessenen Einträgen möglich. Es ist zu erkennen, dass die elektrischen Leitfähigkeiten dicht beieinander und etwa gleich hoch liegen wie im Vorjahr (1998: 20,4 - 22,1 - 22,5 µS/cm). Die pH-Werte sind an den drei Messstellen leicht gestiegen und liegen dicht beieinander (1998: 4,9 - 4,8 - 4,9). Im Bild 4.4 sind die Jahreseinträge 1999 der drei Messstellen grafisch dargestellt. Man erkennt, dass die Einträge der meisten An- und Kationen in Halle-Dölau gegenüber den anderen Messstellen am höchsten sind. Das trifft auch auf die Einträge von Stickstoff (berechnet aus den Nitrit-, Nitrat- und Ammonium-einträgen) zu (Tabelle 4.5).

Tabelle 4.5:   pH-Werte, Leitfähigkeiten und Stoffeinträge durch Nassdeposition 1999

Messstelle	Halle (Ost)*		Halle-Dölau		Weißenfels	
	kg/ha·a	mg/m²·d	kg/ha·a	mg/m²·d	kg/ha·a	mg/m²·d
Chlorid	5,2	1,42	5,5	1,52	3,4	0,92
Sulfat	10,9	2,99	10,1	2,77	10,7	2,92
Nitrit	0,3	0,07	0,2	0,06	0,2	0,06
Nitrat	12,4	3,39	12,9	3,53	12,4	3,39
Sek. Phosphat	0,4	0,10	0,6	0,18	0,3	0,09
Hydrogencarbonat	3,4	0,93	3,8	1,03	3,0	0,82
Ammonium	6,3	1,72	6,5	1,78	5,9	1,62
Natrium	1,9	0,51	1,9	0,52	1,6	0,43
Kalium	0,7	0,21	0,9	0,25	0,5	0,14
Kalzium	3,6	0,98	3,4	0,94	2,7	0,73
Magnesium	0,4	0,11	0,5	0,13	0,3	0,10
Stickstoff	7,8	2,13	8,0	2,20	7,5	2,04
Schwefel	3,6	1,00	3,4	0,92	3,6	0,97
Leitfähigkeit in µS/cm	22,6		20,4		22,6	
pH-Wert	5,2		5,1		5,0	
* ohne Dezember 1999						

Die Niederschlagshöhen, die mittleren pH-Werte und die gewichteten Ionenkonzentrationen der Nassdeposition an den drei Messstellen sind in den Bildern 4.5-4.7 für die vergangenen sieben Jahre (für Halle-Dölau ab 1996) dargestellt. Man kann feststellen, dass die pH-Werte in Halle-Ost und in Weißenfels von 4,6 im Jahre 1993 auf 5,2 bzw. 5,0 im Jahre 1999 angestiegen sind, was auch auf den drastischen Rückgang besonders der SO_2-Konzentrationen in der Luft in diesem

Zeitraum zurückgeführt werden kann. Allerdings sind die Einträge einzelner An-
und Kationen, z. B. von Chlorid, Nitrat, Ammonium und Kalzium, besonders an
der Messstelle Halle-Ost 1999 wieder leicht angestiegen. Diese Tendenz ist auch
an den beiden anderen Stationen festzustellen.

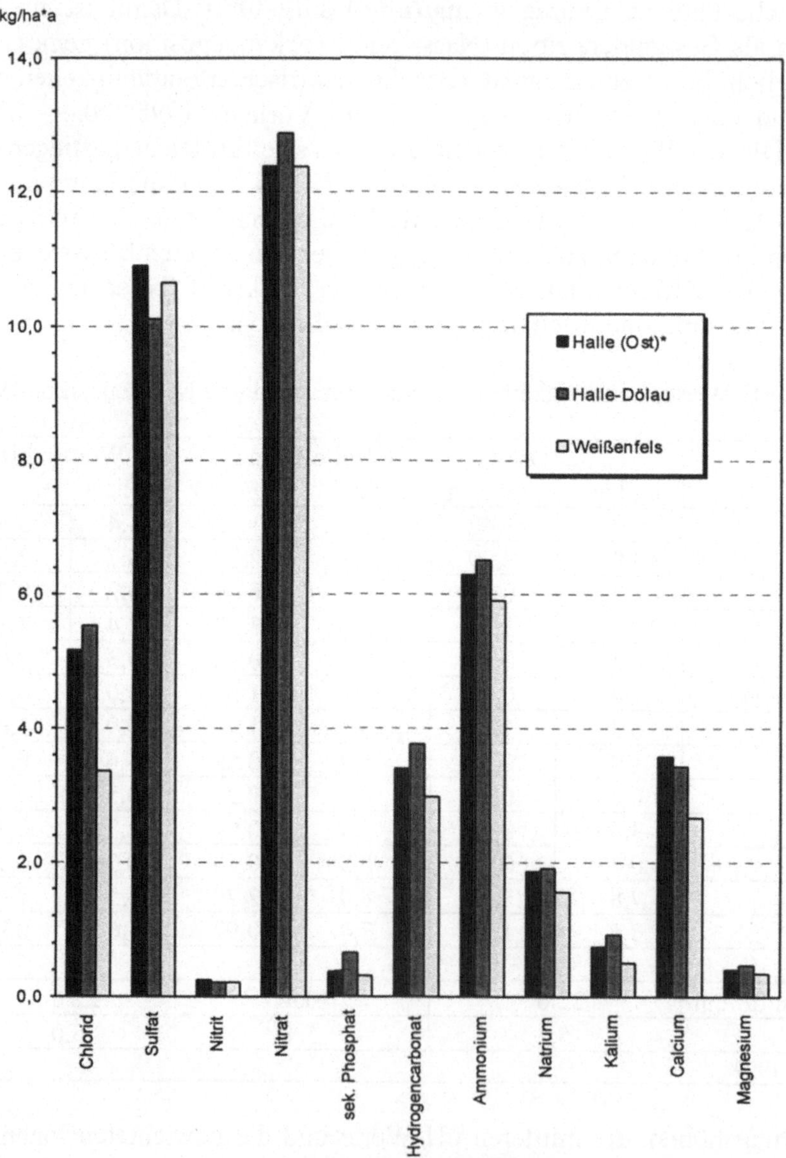

Bild 4.4 : Stoffeintrag durch Nassdeposition im Jahr 1999

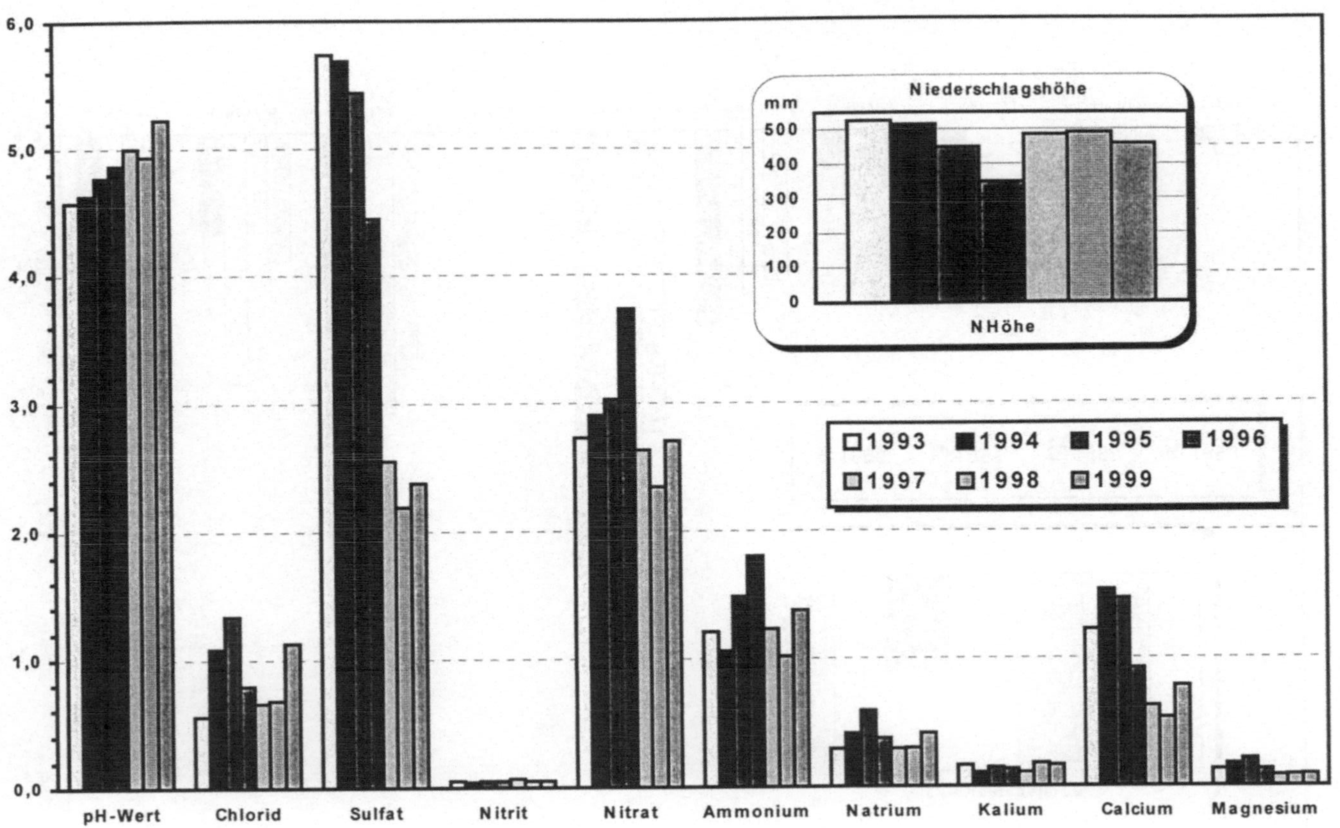

Bild 4.5: Ionenkonzentration in der Nassdeposition an der Station Halle (Ost)
ohne Dezember 1999

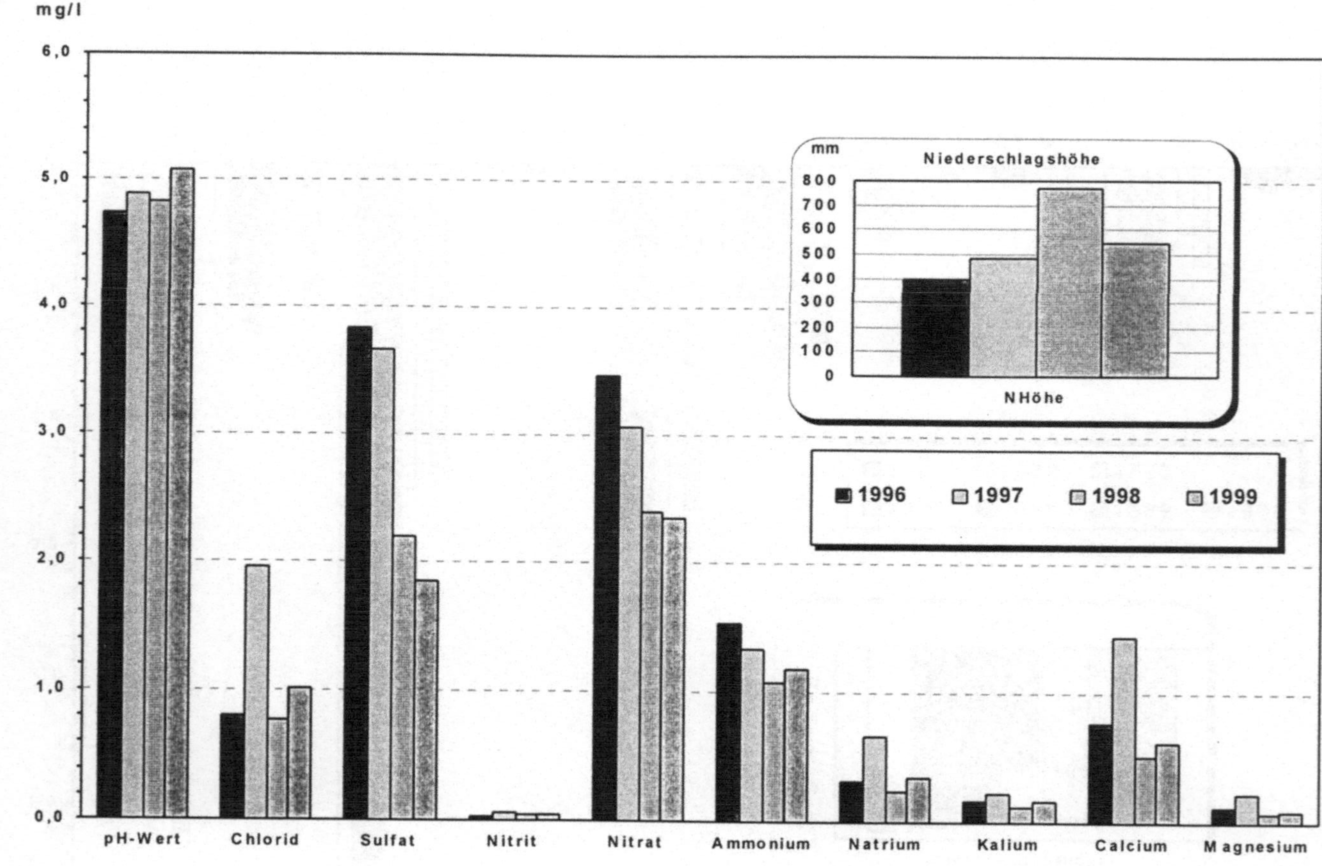

Bild 4.6: Ionenkonzentration in der Nassdeposition an der Station Halle – Dölau

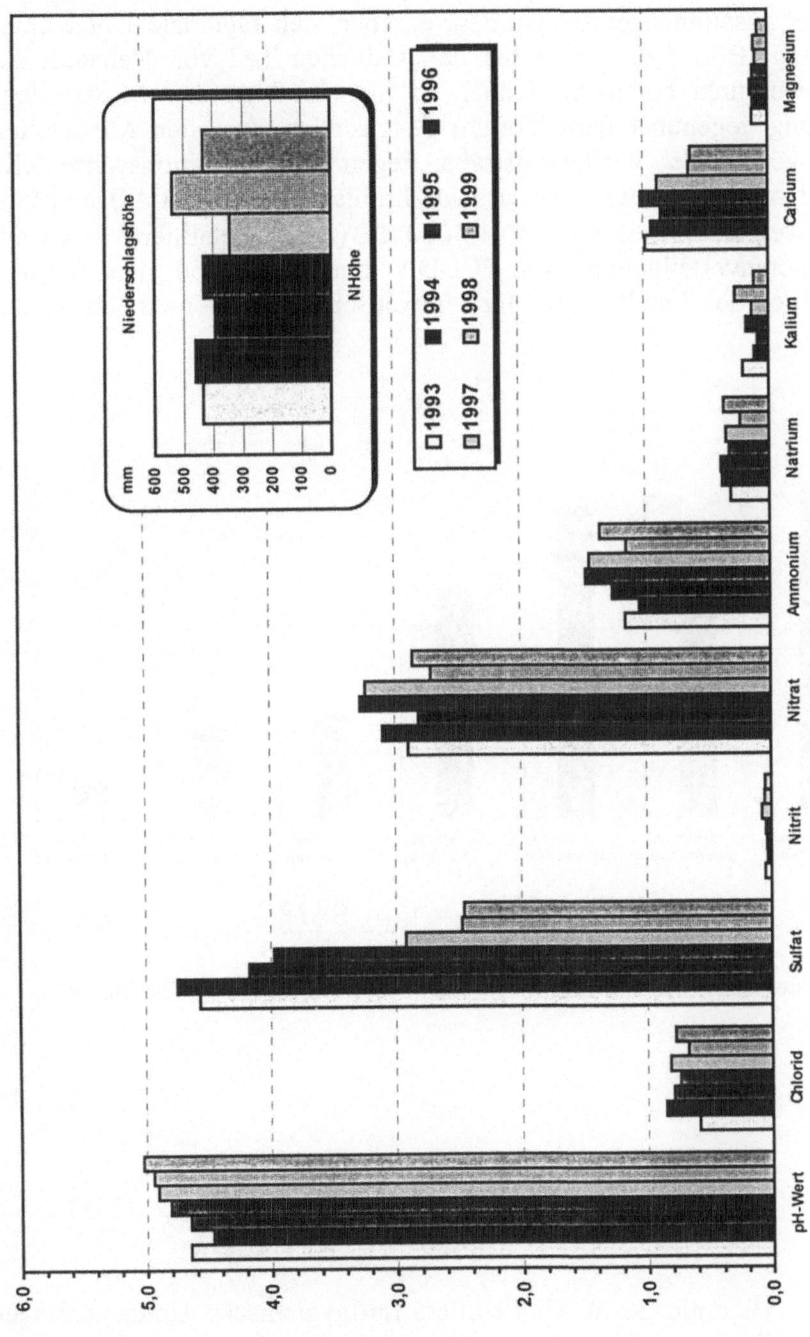

Bild 4.7: Ionenkonzentration in der Nassdeposition an der Station Weißenfels

4.6.4 Dioxine/Furane als Gesamtdeposition

Beim Vergleich der PCDD/F-Depositionen, die als internationale Toxizitätsäqui-valente I-TE zusammengefasst wurden, ergeben sich regionale Unterschiede in der Belastung (Bild 4.8) und lassen den südlichen Teil von Hettstedt als Be-lastungsschwerpunkt erkennen. Jedoch ist hier 1999 an drei Messstellen eine Verminderung gegenüber dem Vorjahr festzustellen. An allen Messstellen mit Ausnahme von Thale, Wolfsburgstraße, liegen die Depositionswerte teilweise weit über dem vom Länderausschuss für Immissionsschutz (LAI) empfohlenen Immissionswert als Jahresmittel von 15 pg I-TE/(m²·d). Detaillierte Angaben über die Kongenerenverteilungen von PCDD/F und PCB sind den Immissions-schutzberichten des Landesamtes für Umweltschutz Sachsen-Anhalt zu entneh-men.

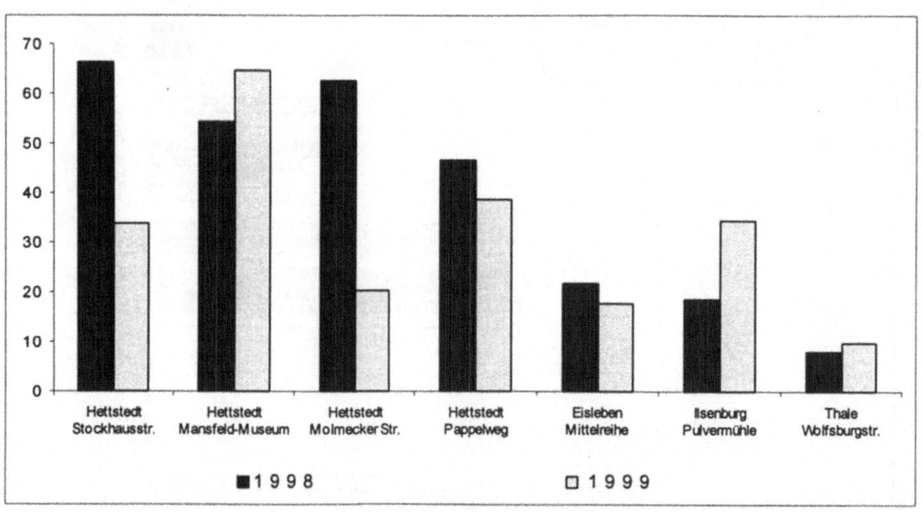

Bild 4.8: Jahresmittel 1998 und 1999 der PCDD/F – Depositionen in pg I-TE /m² · d

Literatur

/ARB 81/   Arbeitsmappe Teil Lufthygiene, Kap. 9, Nr. 2 (1981). Berlin: Staatsverlag der DDR, 1984.

/HAM 71/   Hammje, K. u. C. Schiller: Lufthygienische Untersuchungen im Bezirk Halle - Staubsedimentationsmessungen. Z. ges. Hyg. 17 (1971) 248 - 254.

/LAI 96/   Immissionswerte für Quecksilber/Quecksilberverbindungen. Bericht des Unterausschusses „Wirkungsfragen" des LAI. Erich Schmidt Verlag, 1996.

/LAU 96/   Landesamt für Umweltschutz Sachsen-Anhalt: Dioxinbericht des Landes Sachsen-Anhalt, Mai 1996.

/LAV 98/   Ländergemeinschaft Waser: Richtlinie für Beobachtung und Auswertung der Niederschlagsbeschaffenheit.

/RAU 99/   Rauh, W.: Untersuchungen zur unterschiedlichen Anwendung des Bergerhoff-Verfahrens - Vergleich der Nass- und der Trockenauffangmethode - Immissionsschutz 4 (1999) 11-13.

/RAU/   Rauh, W. et al.: Untersuchungen zur Vergleichbarkeit von Depositionsmessungen von Anionen und Kationen mit unterschiedlichen Sammlern und Expositionszeiten. In Vorbereitung.

5 Untersuchungsergebnisse zur atmosphärischen Deposition und ihrer Auswirkungen im Freistaat Thüringen

Ines Chmara, Steffi Knoblauch, Günter Ziegler

5.1 Einführung

Seit nunmehr 15 Jahren werden in Thüringen atmosphärische Stoffeinträge gemessen, analysiert und in Bezug auf ihre ökosystemare Wirkung hin untersucht. Die über trockene und nasse Deposition eingetragenen Stoffe beeinflussen eine Vielzahl physikochemischer und biologischer Prozesse und können zu Veränderungen oder Schädigungen natürlicher Strukturen in Waldökosystemen sowie zu Stoffbelastungen von landwirtschaftlichen Nutzflächen und Gewässerbiozönosen führen.

Um die ablaufenden Prozesse in ihrer Gesamtheit beurteilen zu können, ist ein intensives Monitoring und die enge Zusammenarbeit der verschiedensten Fachbereiche auf Landes- und Bundesebene notwendig.

Die Errichtung von Depositionsmessstationen richtet sich vorrangig nach geographischen, meteorologischen, vegetationskundlichen und Flächennutzungskriterien. Die allgemeinen Aufgaben und Zielvorstellungen des Untersuchungsprogrammes „Atmosphärische Deposition" lassen sich dabei wie folgt formulieren:

- Qualitative und quantitative Erfassung von Belastungskomponenten

- Beobachtung und Früherkennung von Belastungsspitzen und -situationen

- Erstellung von Belastungstrends

- Beurteilung der Stoffeinträge bezüglich ihrer Wirkung auf Pflanzen, Böden und Gewässer (z. B. Bodenversauerung, Ertragsausfälle, Waldschäden, Gewässerbelastung)

Darüber hinaus ist im Rahmen einer Sondervereinbarung zukünftig auch die Mitbenutzung des Depositionsmessnetzes zur Erfassung und Bewertung radiologischer Ereignisse und deren Auswirkung auf den Freistaat Thüringen vorgesehen.

5.2   Depositionsmessnetz

Die routinemäßigen Untersuchungen zur Niederschlagsbeschaffenheit reichen in Thüringen bis in das Jahr 1985 zurück. Anfänglich erfolgten die Depositionsmessungen an den Messstationen Gera, Artern, Leinefelde, Schmücke, Neuhaus und Meiningen durch den Meteorologischen Dienst der DDR mittels automatischer Nass-Trocken-Eintragssammler (ANTAS). Ende 1992 wurde das bestehende gewässerkundlich orientierte Messnetz zum weiteren Betrieb an die Thüringer Landesanstalt für Umwelt (TLU) in Jena übergeben und kontinuierlich ausgebaut. Annähernd zeitgleich errichteten die Landesanstalt für Wald und Forstwirtschaft (LaWuF) und die Thüringer Landesanstalt für Landwirtschaft (TLL) fachbezogene Messstationen mit dem Ziel:

- den Waldzustand unter dem Einfluss natürlicher (Standort, Witterung, Biologie) und anthropogener (Stoffeinträge, Holznutzung) Faktoren zu beobachten und zu dokumentieren sowie
- die Stoffbefrachtung landwirtschaftlicher Nutzflächen und deren Auswirkungen auf die Nahrungsmittelproduktion (Stoffgehalte der Pflanze), die Bodenfunktionen (Pflanzenstandort, Lebensraum für Organismen, Filter-, Puffer- und Sorptionsvermögen) und den Stoffhaushalt landwirtschaftlich genutzter Böden zu ermitteln.

Derzeit werden von der Thüringer Landesanstalt für Umwelt 16, von der Landesanstalt für Wald und Forstwirtschaft ebenfalls 16 und von der Thüringer Landesanstalt für Landwirtschaft 5 Messstationen betrieben. Die Messdaten für die beiden vom Umweltbundesamt auf Thüringer Territorium betriebenen Messstationen Leinefelde und Schmücke werden in der TLU Jena mit verwaltet. Insgesamt besteht somit das Thüringer Depositionsmessnetz aus 39 Stationen (vgl. Tabellen 5.1 bis 5.3). Die flächenmäßige Verteilung der Messstationen ist in Bild 5.1 ersichtlich.

Die forstlichen Wald- und Hauptmessstationen sind räumlich gegliedert in eine Freifläche und eine Messfläche im Waldbestand, welche in der Regel unmittelbar aneinander grenzen. Die nasse, akzeptorunabhängige Deposition wird über Freilandniederschlag (FN) mittels Bulk-Sammlern direkt gemessen. Da die im Waldbestand deponierte Stoffmenge von der Beschaffenheit und Wirkung des jeweiligen Akzeptors abhängig und eine Simulation der chemischen und physikalischen Eigenschaften des Akzeptors Wald zur unmittelbaren Erfassung der Deposition technisch nicht möglich ist, wird die akzeptorabhängige Deposition über (indirekte) Niederschlagsmessungen unter dem Kronendach ermittelt /DVW 94/. Hierbei wird bei der Erfassung nach Kronendurchlass (KD) und Stammabfluss (StA) in Buchenbeständen getrennt. Beide zusammen ergeben in der Summe den Bestandesniederschlag (BN). Im Waldbestand sind unter dem Kronendach 20 Niederschlagssammler vom Typ „Münden 100" (100 cm^2 Auffangfläche) installiert, auf der Freifläche befinden sich 5 derartige Sammler.

Fünf der insgesamt 16 zurzeit betriebenen Messstationen sind in ein spezielles Programm der EU zur Waldzustandsüberwachung auf Dauerbeobachtungsflächen (Level II) eingegliedert /BME 97/. An den drei Hauptmessstationen (HMS) erfolgt der Betrieb in enger Zusammenarbeit mit der TLU. Diese Stationen sind an das Thüringer Immissionsmessnetz sowie an das bundesweite Netz zur Ozonüberwachung angeschlossen.

Bild 5.1: Verteilung der Depositionsmessstationen in Thüringen

Die TLL betreibt seit November 1995 auf fünf landwirtschaftlich genutzten Flächen Depositionsmessungen mittels Bulk-Sammlern /KNO 94/. Mit diesen Sammlern werden die nasse Deposition und sedimentierende Partikel der trockenen Deposition erfasst. Die Sammler setzen sich aus fünf Trichter-Flasche-Sammlern zusammen, die in einem edelstahlumfassten Behälter angeordnet sind. Die Oberkante der Bulk-Sammler befindet sich in 2 m Höhe. Die Auffangfläche der Sammler beträgt 143 cm^2. An zwei Standorten werden vergleichende Messungen mit einem Thies-Sammler (wet/dry) durchgeführt. In unmittelbarer Nähe der Depositionsmessstellen befinden sich Bodenmonitoringflächen und Bodenwassermessstellen /TLL 97/.

Tabelle 5.1: Beschreibung der gewässerkundlichen Messstationen (TLU)

Name der Messstation	Landschaft	Höhe (m ü. NN)	Nieder- schlag (mm)	Aus- stattung	Mess- zeitraum	Bemerkungen
Artern	Goldene Aue	122	458	wet only/ bulk	seit 1985	DWD-Station
Dornburg	Saaletal	300	578	bulk	seit 1993	Agrarmeteorol. Station
Erfurt/ Bindersleben	Thür. Mulde	305	528	wet only	seit 1994	Flughafen
Erfurt/Süd	Thür. Mulde	217	520	wet only	1994-2000	Messbetrieb eingestellt
Erfurt/Nord	Thür. Mulde	200	520	wet only	seit 1994	Ortslage
Weimar	Thür. Mulde	235	557	wet only	seit 1996	Ortslage
Jena	Saaletal	155	603	bulk	seit 1993	Sternwarte
Heyda	Thür. Mulde	455	850	bulk	seit 1996	Messgarten
Gehlberg	Thür. Wald	715	1284	bulk	seit 1995	Messgarten
Gerstungen	Gerstunger Mulde	203	629	wet only	seit 1997	Kaligebiet
Zeulenroda	Ostthür. Schiefergebirge	435	640	wet only	seit 1995	Talsperre
Meiningen	Südthür. Mulde	335	624	wet only	seit 1985	DWD-Station
Neuhaus	Thür. Schiefergebirge	820	1124	wet only/ bulk	seit 1985	DWD-Station
Deesbach	Thür. Schiefergebirge	550	840	wet only/ bulk	seit 1996	Talsperre
Steinach	Thür. Schiefergebirge	570	1266	wet only/ bulk	seit 1987	Messgebiet
Nohra	Erfurter Mulde	303	614	bulk	seit 1999	Sondermessnetz
Gera	Weißelster-Becken	181	615	wet only	seit 2000	-
Leinefelde	Eichsfeld	356	663	wet only	seit 1985	DWD-Station
Schmücke	Thür. Wald	937	1290	wet only	seit 1985	DWD-Station

Tabelle 5.2: Beschreibung der landwirtschaftlichen Messstationen (TLL)

Name der Messstation	Landschaft	Höhe (m ü. NN)	Niederschlag (mm)	Ausstattung	Mess- zeitraum	Bemerkungen
Großobringen	Thür. Becken	237	551	wet only bulk	seit 1993 seit 1996	Lysimeter
Mellingen	Ilm-Saale-Muschelkalkplatte	325	624	bulk	seit 1996	Saugkerzenanlage
Wöhlsdorf	Ostthür. Schiefergebirge	400	623	wet only bulk	seit 1994 seit 1996	Drainabfluss
Niederpöllnitz	Ostthür. Buntsandstein	345	640	bulk	seit 1996	Drainabfluss
Altengottern	Unstrutniederung	174	500	bulk	seit 1998	Lysimeter

Tabelle 5.3 Beschreibung der forstlichen Messstationen (LaWuF)

Name der Mess-station*	Forstliches Wuchsgebiet	Höhe (m ü. NN)	Niederschlag (mm)	Baumart	Mess-zeitraum	Ausstattung	Bemerkungen
WMS Harz	Harz	580	750-1000	Buche	seit 1997	NS, SK, StA	
WMS Pfanntalskopf	Thüringer Wald	820	600-1300	Fichte	seit 1991	NS, SK	*EU - Level II - Fläche*
WMS Vessertal	"	800	"	Buche	seit 1992	NS, SK, StA	*EU - Level II - Fläche*
HMS Großer Eisenberg	"	920	"	Fichte	seit 1995	NS, SK, TM, TDR, M, LS	*EU - Level II - Fläche*
WMS Hohe Sonne	"	440	"	Buche	seit 1995	NS, SK, StA	
WMS Schwarzburg	"	660	"	Weißtanne/Fichte	seit 1998	NS, SK	
WMS Fichtenkopf	"	*920*	"	*Fichte*	*1991 - 1998*	*NS*	*Messbetrieb eingestellt*
WMS Zella - Mehlis	"	*720*	"	*Buche/Fichte*	*1992 - 1999*	*NS, SK*	*Messbetrieb eingestellt*
WMS Suhler Ausspanne	"	*900*	"	*nur Freifläche*	*1991 - 1998*	*NS*	*Messbetrieb eingestellt*
WMS Ellenbogen	"	730	"	Buche	seit 1995	NS, SK, StA	
WMS Lehesten	Frankenw., Fichtelgeb., Steinw.	550	700-1200	Weißtanne/Fichte	seit 1995	NS, SK	
WMS Suhl - Neundorf	Südthür. Trias-Hügelland	620	600-800	Fichte	seit 1990	NS, SK	*EU - Level II - Fläche*
WMS Dillstädt	"	480	"	Fichte	seit 1990	NS	
WMS Benshausen	"	*520*	"	*Fichte*	*1990 - 1998*	*NS*	*Messbetrieb eingestellt*
WMS Hainich	Mitteldt. Trias-Berg-/Hügelland	350	"	Buche	seit 1995	NS, SK, StA	
HMS Possen	Nordthür. Trias-Hügelland	420	440-700	Buche	seit 1996	NS, SK, StA, TM, TDR, M, LS	*EU - Level II - Fläche*
WMS Kyffhäuser	"	300	"	Buche	seit 1996	NS, SK, StA	
WMS Paulinzella	Ostthür. Trias-Hügelland	440	550-800	Kiefer	seit 1995	NS, SK	
HMS Holzland	"	350	"	Kiefer/Fichte	seit 1999	NS, SK, TM, TDR, M, LS	
WMS Steiger	Thüringer Becken	330	450-650	Eiche	seit 1999	NS, SK	

* WMS - Waldmessstation, HMS - Hauptmessstation; **NS - Niederschlagssammler (bulk), **SK** - Saugkerzenanlagen zur Gewinnung von Bodenwasser, **StA** - Stammabflussanlage, **TM** - Tensiometer zur Messung der Bodensaugspannung, **TDR** - Sonden zur Messung des volumetrischen Bodenwassergehaltes, **Meteorologie** - Sensoren z. Messung v. Luftfeuchte, Lufttemp., Wind, Strahlung, Niederschlag, **Luftschadstoffe** - Sensoren z. Messung v. O_3, SO_2, NO_x, M = Meteorologie, LS = Luftschadstoffe

Die von der TLU betreuten gewässerkundlichen Messstationen bestehen aus Freilandmessstellen und beinhalten unterschiedliche Sammlertypen, die an einigen Stationen vergleichsweise betrieben werden. Dabei handelt es sich um Bulk-Sammler, um verschiedene Typen von Wet-only-Eintragssammlern der Firma Eigenbrodt sowie um ANTAS-Geräte aus DDR-Zeiten. Die beiden UBA-Messstellen sind mit Wet-only-Eintragssammlern der Firma Eigenbrodt ausgerüstet. Parallel zu den Eintragssammlern werden an jeder Messstation Hellmann-Regenmesser bzw. SEBA-Regendatensammler vom Typ RDS I betrieben.

Neben den in der Einführung genannten Kriterien berücksichtigt die Belegung der Fläche des Freistaates Thüringen mit Messstationen auch die Bedingungen der geodätischen Höhe, der Exposition zur Hauptwindrichtung sowie die Lage zu Emissionsschwerpunkten /LAW 93/.

5.3 Untersuchungsprogramm Niederschlagsbeschaffenheit

Die Untersuchungsprogramme der drei Landesanstalten wurden im Rahmen der Thüringer Messnetzkonzeption aufeinander abgestimmt und vergleichbar gestaltet.

5.3.1 Probenahme

Die Beprobung der Niederschlagssammler und Stammabflussmesseinrichtungen an den forstlichen Messstationen erfolgt im 14-tägigen Rhythmus immer am selben Wochentag und durch geschultes Personal der Thüringer Forstämter sowie der Landesanstalt für Wald und Forstwirtschaft. Dabei werden folgende Arbeitsschritte ausgeführt:

- Auslitern der einzelnen Niederschlagssammler und Vereinigung zu je einer Mischprobe, getrennt nach Freifläche und Bestand
- Entnahme des aufgefangenen Stammabflusswassers (nur bei Buche).

Sämtliche Proben werden unmittelbar nach Abschluss der Beprobung kühl und dunkel gelagert (Kühlschrank). In regelmäßigen Abständen sammeln Mitarbeiter der Landesanstalt für Wald und Forstwirtschaft die entnommenen Proben ein und übergeben sie dem Zentrallabor für Landwirtschaft, Forst und Gartenbau des Thüringer Ministeriums für Landwirtschaft, Naturschutz und Umwelt (TMLNU) an der Thüringer Landesanstalt für Landwirtschaft (TLL) in Jena zur chemischen Analyse. Die Beprobung der gewässerkundlichen Messstationen erfolgt in der Regel wöchentlich, nur in Ausnahmefällen (z. B. bei geringem Niederschlag) wird

14-tägig beprobt. Die Probenahme erfolgt sowohl durch Beobachter im gewässerkundlichen Messdienst als auch durch Mitarbeiter der DWD-Stationen. Zur Analytik werden die Proben an das IfE-Labor Leipzig übergeben.

An den Messstationen der TLL erfolgt ebenfalls eine wöchentliche Probenahme. Je zwei Wochenproben werden zu einer vierzehntägigen Sammelprobe vereinigt und im Labor der TLL analysiert.

5.3.2 Analytik

Die analytische Untersuchung des Niederschlagswassers erfolgt für alle Landesmessstellen in Anlehnung an die LAWA-Richtlinie Niederschlagsbeschaffenheit 1998 /LAW 98/. Die verschiedenen Inhaltstoffe werden in einzelnen Messprogrammen ermittelt. Mit dem Messprogramm Hauptinhaltsstoffe und Säureüberschuss wird der hydrochemische Grundcharakter des Niederschlages erfasst. In einem weiteren Messprogramm werden Spurenmetalle und Arsen bestimmt.
Ingesamt umfasst das Analysespektrum in der Regel folgende Parameter: NO_3^-, NH_4^+, NO_2^-, SO_4^{2-}, Cl^-, $o\text{-}PO_4^{3-}$, P_{ges}, Na^+, Ca^{2+}, Mg^{2+}, K^+, Basenkapazität bei pH 8,2, pH, elektrische Leitfähigkeit, TOC, Cd, Pb, Cu, Zn, Al, Cr, Ni und As. Optional werden an den verschiedenen Standorten noch folgende Parameter gemessen: F, Fe_{ges}, Mn, UV_{254}, N_{ges}, Hg.
Plausibilitätsprüfung und Qualitätssicherung erfolgen ebenfalls in Anlehnung an die LAWA-Richtlinie Niederschlagsbeschaffenheit 1998. Die Analysendaten und Niederschlagsmengen sind in den Datenbanken der drei Landesanstalten zusammengestellt und über gegenseitigen Zugriff nutzbar.

5.3.3 Berechnung der Frachten

Die Jahresvergleiche der Frachten haben z. T. nur relativen Charakter, da sie maßgeblich durch die Niederschlagsmenge bestimmt werden (Tabelle 5.4 und 5.6). Sowohl Einzelanalysen als auch berechnete Frachten für Stoffeinträge werden als Datengrundlage für verschiedene naturräumliche Untersuchungen (z. B. Landschaftspläne, Umweltverträglichkeitsprüfungen im Straßen- und Talsperrenbau, Umweltmonitoring im Wald in Bezug auf Waldschäden) genutzt. Auf landwirtschaftlichen Nutzflächen stellt die Depositionsfracht einen Teil der Stoffbilanz von Agroökosystemen dar. Im Bereich des Immissionsschutzes interessieren die Untersuchungen vor allem bezüglich der Einflüsse auf Baumaterialien und als Kontrolle der Auswirkungen von Luftreinhaltemaßnahmen.
Die Mengenerfassung des Niederschlages erfolgt sowohl über Hellmann-Regenmesser als auch über eine automatische Erfassung (Kippwaage bzw. Datenlogger) in 1m Aufstellungshöhe. Bei der Frachtberechnung auf Freilandflächen geht eine Windfehlerkorrektur nach abgestimmtem Vorgehen in die Untersuchungen ein /LAW 98/.

5.4   Ergebnisse

5.4.1 Stoffdeposition auf Freilandflächen

a) pH-Werte

Die pH-Werte des Bulk-Wassers bewegten sich im Mittel der Jahre 1995 bis 1999 auf den Untersuchungsstandorten Mellingen, Altengottern und Großobringen zwischen 6,8 und 7,6 (Bild 5.2). Im Verlauf der vier Jahre deutete sich eine Erhöhung an. Mit hoher Wahrscheinlichkeit ist dies im Zusammenhang mit der Abnahme der SO_4-S-Deposition (Bild 5.3) zu sehen.

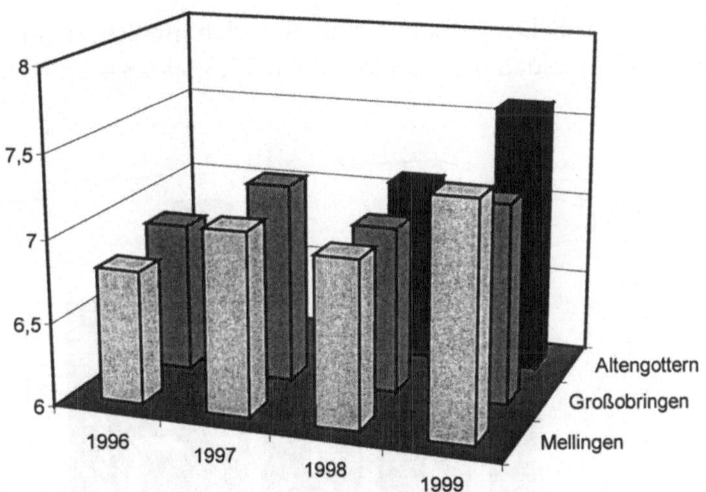

Bild 5.2: pH-Wert des bulk-Wassers

In Kulturböden stellt der pH-Wert die zentrale bodenökologische Größe dar. Die Versauerung landwirtschaftlich genutzter Böden führt zu:

→   Zerstörung der Krümelstruktur infolge herabgesetzter biotischer Aktivität und Verminderung der koagulierenden Wirkung des Ca, wodurch Bodenverdichtung und Bodenverschlämmung begünstigt werden

→   Zerstörung von organo-mineralischen Verbindungen durch Auflösen von Ca-Brücken und Zerstörung von Tonmineralen

→   Einschränkung der P-Nachlieferung durch Bildung von Fe- und Al-Phosphaten

→   Erhöhung der Verlagerungstendenzen von anorganischen/organischen
      Kolloiden in den Untergrund und erhöhte Auswaschung von Pflanzen-
      nährstoffen

→   Hemmung bakterieller Aktivität.

Auf landwirtschaftlich genutzten Böden sind Bodenveränderungen durch anthropogene Säureeinträge i. d. R. nicht nachweisbar, da regelmäßig Kalkungsmaß-
nahmen durchgeführt werden. Die Zufuhr puffernder Substanzen ist auch deshalb
notwendig, um das Absinken des pH-Wertes durch die in humiden Regionen na-
türlicherweise ablaufende Sickerwasserbildung aufzuhalten.

b) Schwefeldepositionen

Die jährlichen Sulfat-S-Depositionen beliefen sich im Zeitraum von 1995 bis
1999 auf den drei Untersuchungsstandorten auf 10,5 bis 23,4 kg/ha·a (Bild 5.3).

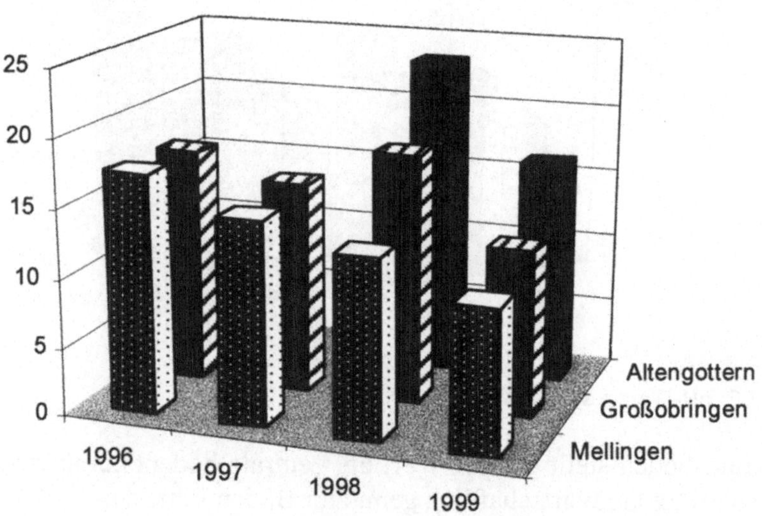

Bild 5.3: SO$_4$-S-Deposition auf verschiedenen Untersuchungsstandorten (in kg/ha·a)

Im Durchschnitt der Jahre 1995 bis 1999 waren es in Mellingen und Großobringen 15,9 kg/ha·a. Im Verlauf des vierjährigen Zeitraumes zeigte sich eine
abnehmende Tendenz. Der festgestellte Rückgang ist nach /FEG 96/ in den neuen
Bundesländern auf einen deutlich verringerten Einsatz einheimischer, meist stark
S-haltiger Rohbraunkohle, aber auch auf das Wirksamwerden von Rauchgasent-
schwefelungen zurückzuführen.

Atmogene S-Einträge sind wesentlich an der Schädigung des Waldes und der Versauerung von Böden und Gewässern beteiligt. Deshalb wurde in der BRD in den 80er Jahren der Einbau von Rauchgasentschwefelungsanlagen gesetzlich vorgeschrieben.
In der landwirtschaftlichen Pflanzenproduktion stellt Schwefel andererseits einen wichtigen Nährstoff dar. Sandig bis sandig-lehmige Böden haben häufig nur ein geringes S-Nachlieferungsvermögen. Winterraps gehört mit einem S-Bedarf von 40...60 kg/ha·a zu den besonders bedürftigen Fruchtarten. Aufgrund der abnehmenden S-Einträge aus der Luft konnte der S-Bedarf von Winterraps, teilweise auch von Getreide nicht mehr überall gedeckt werden, und es kam örtlich zu Ertragsrückgängen. Um dieser Mangelsituation zu begegnen, war es deshalb in bestimmten Regionen notwendig, den fehlenden S in Form mineralischer Dünger zu verabreichen.

c) Stickstoffdepositionen

Die jährlichen N-Depositionen von Nitrat-N und Ammonium-N schwankten im Zeitraum von 1995 bis 1999 auf den Standorten Großobringen, Altengottern und Mellingen zwischen 10,4 und 18,4 kg/ha (Tabelle 5.4). Im Mittel der Jahre und Standorte betrug die N-Deposition 14,1 kg/ha·a. Eine ab- oder zunehmende Tendenz war nicht zu erkennen. Der Nitrat-N-Anteil belief sich auf durchschnittlich 6,8 kg/ha·a und der von Ammonium-N auf 7,3 kg/ha·a.

Tabelle 5.4: N-Depositionen auf verschiedenen Untersuchungsstandorten

Untersuchungs-standorte	1996			1997			1998			1999		
	NO_3-N	NH_4-N	N_{ges}	NO_3-N	NH_4-N	N_{ges}	NO_3-N	NH_4-N	N_{ges}	NO_3-N	NH_4-N	N_{ges}
Großobringen	6,4	9,5	15,9	5,9	5,4	11,3	6,7	8,4	15,2	6,4	5,9	12,3
Mellingen	6,5	8,8	15,3	7,2	6,5	13,6	7,6	8,1	15,8	8,8	9,6	18,4
Altengottern	-	-		-	-		6,9	6,5	13,4	6,1	4,3	10,4
Mittel			**15,6**			**12,5**			**14,8**			**13,7**
1) $N_{ges} = NO_3$-N + NH_4-N												

Ein Vergleich der NO_3-N- und NH_4-N-Konzentrationen der Station Großobringen mit mittleren Angaben nach /MÖL 99/ für die ehemalige DDR im Zeitraum bis 1990 deutet darauf hin, dass der NH_4-N-Anteil an der Gesamt-Deposition zurückgegangen ist (Tabelle 5.5). Dieser Trend ist einerseits auf den drastischen Abbau der Tierbestände in Thüringen nach 1990, andererseits aber auch auf neue technologische Lösungen im Bereich der Tierhaltung und der Gülleausbringung zurückzuführen. Ein verringerter NH_3-Ausstoß in die Atmosphäre kann durch nährstoffangepasste Fütterung (optimale Aufnahme von N und P), schnelle Ableitung der Gülle aus dem Stall, möglichst geringe Temperaturen im Kotbereich, Abluftreinigungsverfahren, Applikation des Flüssigmistes in Bodennähe oder Einbringung in den Boden erreicht werden /DÖH 97/.

Tabelle 5.5: Vergleich der N-Konzentration des Niederschlagswassers der Station Großobringen
1996 bis 1999 mit mittleren Angaben für die DDR im Zeitraum 1988 bis 1989

	DDR nach MÖLLER (1990)	Station Großobringen 1997 ... 99
NO_3-N (mg/l)	0,99	1,48
NH_4-N (mg/l)	1,78	1,34

Die wichtigsten Emittenten für NO_x sind der Verkehr und der Energiebereich.
Nach /FEG 96/ hat sich der NO_x-Ausstoß bundesweit in den letzten Jahren kaum
verändert, obwohl er sektoral durch Abgasreinigungen in Industriefeuerungen und
geregelte Katalysatoren bei Kraftfahrzeugen gesenkt werden konnte. Ursachen für
den gleich bleibend hohen NO_x-Ausstoß sind steigende Fahrleistung und ein ver-
schlechtertes Emissionsverhalten von Otto-Motoren im Zuge der Maßnahmen der
Senkung des Kraftstoffverbrauches und CO-Ausstoßes /FEG 96/. In den neuen
Bundesländern wird der Anstieg der NO_x-Emissionen nach der Grenzöffnung
1990 auf zunehmenden Energieverbrauch und erhöhte Verkehrs- und Transport-
leistungen zurückgeführt.

Die Tabelle 5.6 verdeutlicht anhand ausgewählter Messstationen und Messjahre
die Entwicklung der Stoffeintragsraten der vergangenen 12 Jahre. Für den Zeitraum vor und nach der politischen Wende sind mit Ausnahme der $N_{ges.}$-Frachten
sowohl für die basischen Inhaltsstoffe (Kalzium, Magnesium) als auch für die
sauren SO_4-S-Einträge deutliche Rückgänge zu erkennen.

5.4.2 Stoffdeposition in Wäldern

Die ersten umfassenden Datenauswertungen zur Entwicklung der Stoffdeposition
in Thüringens Wäldern erfolgten in den Jahren 1998/99 für die Messstationen in
den Kammlagen des Mittleren Thüringer Waldes sowie in dessen südwestlichem
Vorland /CHM 99/. Die nachfolgenden Ausführungen beziehen sich dabei auf die
erstgenannten Stationen.

a) Protonendeposition und pH-Werte

An den untersuchten Stationen variierten die Protonendepositionsraten im Freiland von 0,09 bis 0,87 kmol(eq)/ha·a. In die Fichtenbestände wurden mit 0,24 bis
3,26 kmol(eq)/ha·a im Durchschnitt rund 3,5 mal mehr Protonen eingetragen als
im Freiland, in Zella-Mehlis (Buche-Fichte) und im Vessertal (Buche) waren es
hingegen rund 1/3 weniger. Hier konnten Depositionsraten zwischen 0,08 und
0,43 kmol(eq)/ha·a verzeichnet werden. Es bestand eine enge Korrelation der
Protonendeposition zum Sulfat-Schwefel-Eintrag. Die in Freilandniederschlag
und Kronendurchlass gemessenen pH-Werte stiegen im Untersuchungszeitraum

deutlich an, lediglich im Kronendurchlass des Buchenbestandes an der Waldmessstation Vessertal war in den letzten drei Untersuchungsjahren ein leichter
pH-Wert-Rückgang zu verzeichnen.

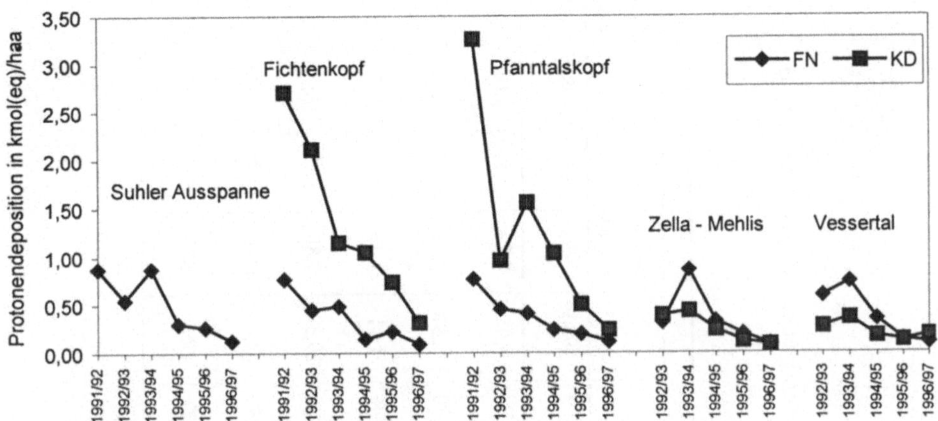

Bild 5.4: Protonendeposition (kmol(eq)/ha·a) mit Freilandniederschlag (FN) und Kronendurchlass
(KD) an den Waldmessstationen Suhler Ausspanne (nur Freifläche), Fichtenkopf
(Fichte), Pfanntalskopf (Fichte), Zella-Mehlis (Buche-Fichte), Vessertal (Buche)

Der pH-Wert des Freilandniederschlages wurde im Kronenraum der Fichtenbestände durch Stoffumsetzungsprozesse (Ausfilterung von Säureaerosolen aus der
Luft, Adsorption von SO_2 und NO_x, Auswaschung von Säuren aus Sprossorganen)
um durchschnittlich 0,6 Einheiten abgesenkt, während er im Kronendurchlass des
Buchen- bzw. Buchen-Fichtenbestandes z. T. über dem des Freilandniederschlages lag. Dieser Unterschied liegt im winterkahlen Zustand bzw. einem geringeren
Blattflächenindex der Buche begründet.

b) Sulfat-Schwefel-Deposition

Mit dem Rückbau von Feuerungsanlagen bzw. dem Einsatz effizienter Filter verringerte sich die Sulfat-Schwefeldeposition seit Beginn der Untersuchungen um
fast die Hälfte. Die höchste Depositionsrate wurde 1992/93 im Fichtenbestand der
WMS Pfanntalskopf mit 63,9 kg/ha·a gemessen. Im Freiland lagen die Werte zwischen 5,9 und 18,2 kg/ha·a, im Buchen- bzw. Buchen-Fichtenbestand wurde mit
11,5 bis 19,1 kg/ha·a rund 70 % weniger Sulfat-Schwefel deponiert als in den
Fichtenbeständen. Trotz des deutlichen Rückgangs sind insbesondere in den
Fichtenbeständen des Thüringer Waldes nach wie vor hohe Sulfat-Schwefel-Ein-
träge zu verzeichnen und kritische Belastungsraten zu erwarten.

Tabelle 5.6: Vergleich jährlicher Niederschlagsdepositionen vor und nach der politischen Wende (Angaben in kg/ha · a)

| | Messstationen | | | | | | | | | | | | | | |
| | Schmücke wet-only | | | Meiningen wet-only | | | Steinach/Göritz bulk | | | | Leinefelde wet-only | | | Artern wet-only | | |
Komponente	1987	1992	1997	1986	1993	1999	1987	1992	1993	1999	1986	1992	1997	1986	1993	1999
H^+	0,23	0,41	0,29	0,03	0,013	0,07	0,49	0,45	0,12	0,16	0,03	0,22	0,17	0,03	0,02	0,07
Kalzium	18,48	3,92	3,22	11,57	14,47	5,89	22,40	21,20	6,7	15,60	22,98	3,32	3,32	31,46	3,74	8,68
Magnesium	3,80	1,08	0,67	1,77	1,47	0,49	0,6	2,03	0,89	2,98	3,34	1,41	0,90	3,72	0,70	0,90
SO_4-S	38,30	12,70	9,23	22,53	6,86	4,42	19,7	23,60	9,92	12,06	29,33	7,80	6,45	38,41	5,96	5,32
ges. N	23,55	23,20	18,95	15,11	9,26	11,14	14,5	16,70	6,32	24,59	15,43	15,33	11,90	11,00	7,04	13,20
NS [mm]	1369	1351	1128	570	744	727	1409	1325	1489	1427	668	675	647	428	468	540

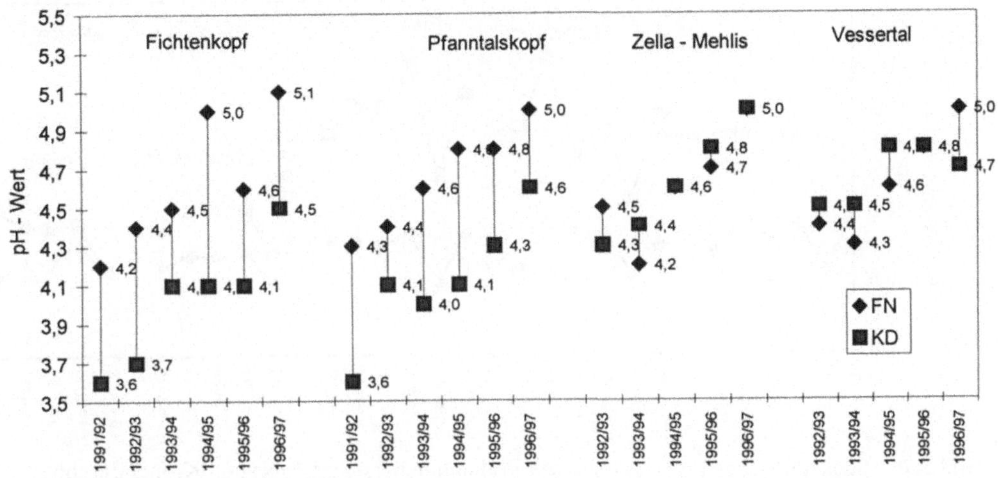

Bild 5.5: Vergleich der pH-Werte von Freilandniederschlag (FN) und Kronendurchlass (KD) an den Waldmessstationen Fichtenkopf (Fichte), Pfanntalskopf (Fichte), Zella-Mehlis (Buche-Fichte), Vessertal (Buche)

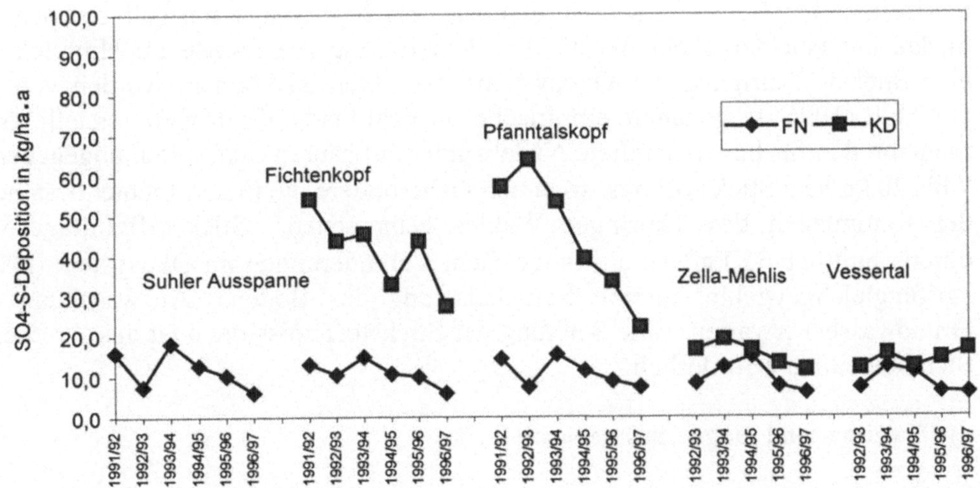

Bild 5.6: Sulfat-Schwefel-Deposition (kg/ha·a) mit Freilandniederschlag (FN) und Kronendurchlass (KD) an den Waldmessstationen Suhler Ausspanne (nur Freifläche), Fichtenkopf (Fichte), Pfanntalskopf (Fichte), Zella-Mehlis (Buche-Fichte), Vessertal (Buche)

c) Stickstoff-Deposition

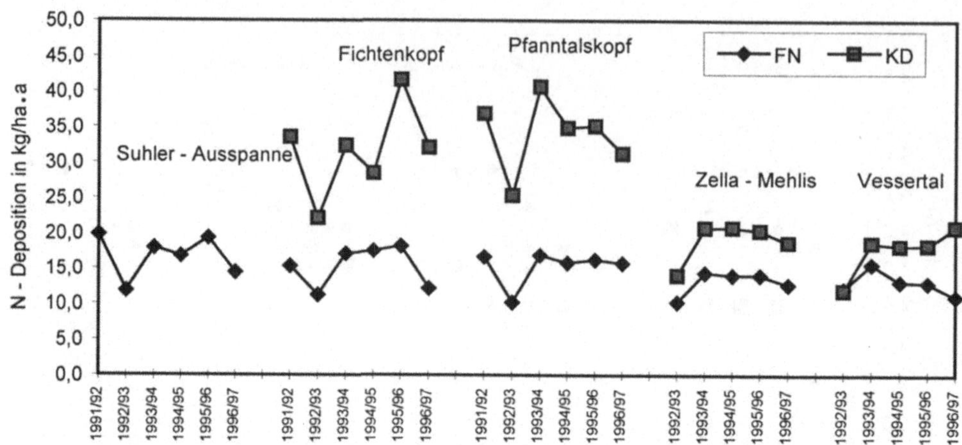

Bild 5.7:   Stickstoffdeposition (kg/ha·a) mit Freilandniederschlag (FN) und Kronendurchlass
(KD) an den Waldmessstationen Suhler Ausspanne (nur Freifläche), Fichtenkopf
(Fichte), Pfanntalskopf (Fichte), Zella-Mehlis (Buche-Fichte), Vessertal (Buche)

Die Stickstoffdeposition (NO_3+NH_4) war im gesamten Untersuchungszeitraum
unverändert hoch. Die Depositionsraten variierten im Freiland von 10,2 bis 19,8
kg/ha·a, mit dem Kronendurchlass wurden in den Fichtenbeständen zwischen
11,9 und 41,7 kg/ha·a reiner Stickstoff deponiert. Im Buchen- bzw. Buchen-Fichten-Bestand lag der Stickstoffeintrag mit 1,9 bis 20,9 kg/ha·a nur halb so hoch wie
in den untersuchten Fichtenbeständen. Um Eintragsgrenzwerte im Hinblick auf
eine Stickstoffsättigung des Ökosystems definieren zu können, wurden von der
UN/ECE (1996) so genannte empirische „critical loads of nitrogen" erstellt. Geht
man von den für bewirtschaftete Nadelwälder auf sauren Standorten angegebenen
7 bis 20 kg/ha·a Stickstoff aus, so lassen insbesondere die in den Fichtenbeständen
der Kammlagen des Thüringer Waldes gemessenen   Stickstoffeinträge von
durchschnittlich 33 kg/ha·a auf lange Sicht Veränderungen im Ökosystem (Nähr-
stoffungleichgewichte, interne Säurebelastung des Bodens, Auswaschung ins
Grundwasser) erwarten. Eine Senkung der Stickstoffemissionen ist aus forstlicher
Sicht unbedingt erforderlich!

d) Kalzium- und Magnesiumdeposition

Die Kalzium- und Magnesiumdeposition korrelierte im Freiland und in den Fichtenbeständen eng mit der Sulfat-Schwefel-Deposition und zeigte in den letzten
Jahren eine rückläufige Tendenz. Die Kalzium-Depositionsraten lagen im Freiland zwischen 2,7 und 12,7 kg/ha·a, die des Magnesiums zwischen 0,4 und 3,6
kg/ha·a. In den untersuchten Fichtenbeständen wurde doppelt soviel Kalzium und
Magnesium deponiert wie im Buchen- bzw. Buchen-Fichten-Bestand.

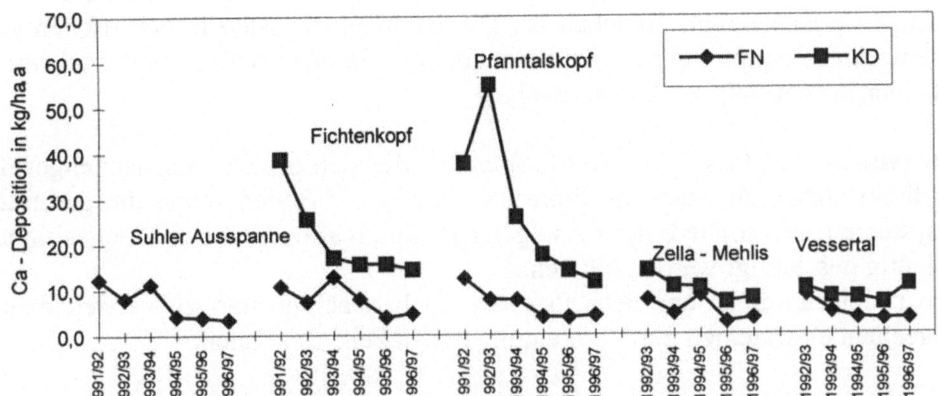

Bild 5.8: Kalziumdeposition (kg/ha·a) mit Freilandniederschlag (FN) und Kronendurchlass (KD) an den Waldmessstationen Suhler Ausspanne (nur Freifläche), Fichtenkopf (Fichte), Pfanntalskopf (Fichte), Zella-Mehlis (Buche-Fichte), Vessertal (Buche)

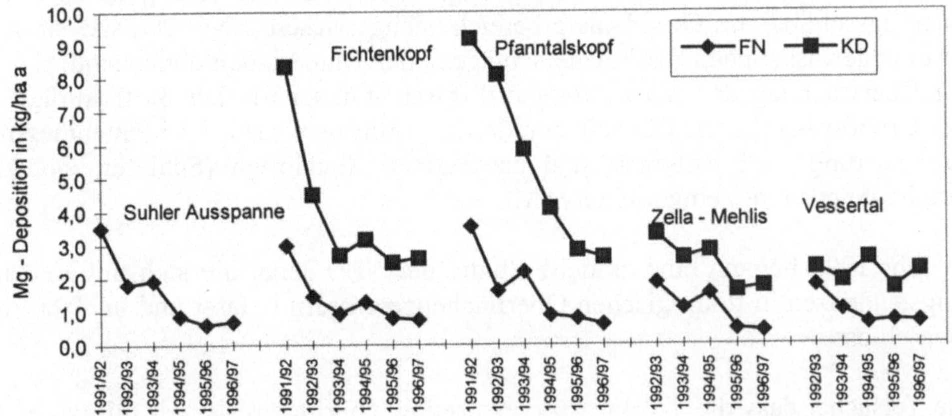

Bild 5.9: Magnesiumdeposition (kg/ha·a) mit Freilandniederschlag (FN) und Kronendurchlass (KD) an den Waldmessstationen Suhler Ausspanne (nur Freifläche), Fichtenkopf (Fichte), Pfanntalskopf (Fichte), Zella-Mehlis (Buche-Fichte), Vessertal (Buche)

5.4.3 Auswirkungen von niederschlagsbedingten Schadstoff- und Säureeinträgen auf Gewässer

Das Thema Versauerung der Gewässer rückte Anfang der 80er Jahre mehr und mehr in das öffentliche Interesse. Es wurde immer deutlicher, dass diese Problematik in sehr engem Zusammenhang mit der atmosphärischen Deposition von Schadstoffen, die über den Weg Niederschlag-Boden-Grundwasser in die Oberflächengewässer gelangt, zu sehen ist. Die Biologen mussten in betroffenen Gewässern eine Verarmung der Makrozoobenthos-Gemeinschaften und auch ingesamt einen Artenrückgang konstatieren.

Heute wissen wir, dass neben den Problemen, die sich in den Oberflächengewässern direkt einstellen, auch die Flora und Fauna der Böden sowie die gesamten Ökosysteme (insbesondere der Mittelgebirge) durch atmosphärische Depositionen nachhaltig geschädigt werden können.
Umso bedeutsamer ist es, diese Prozesse zu beobachten und zu verstehen, um entsprechende Strategien zur Vermeidung entwickeln zu können.

Erste Grundwasseruntersuchungen in Thüringer Mittelgebirgen zu Veränderungen der Beschaffenheit als Folge anthropogener Beeinflussungen begannen 1987 und wurden 1992 abgeschlossen /TLU 93/. Die Untersuchungen belegen, dass in Thüringen neben der Versauerung der Stand- und Fließgewässer bereits 1992 die Versauerung des oberflächennahen Grundwassers eindeutig nachweisbar war /ZIE 99/. Neben den Versauerungsfronten im Sickerwasser von Böden und Auflockerungszonen wurden auch für stark klüftige Grundwasserleiter sogenannte „Versauerungsschübe" im Grundwasserbereich nachgewiesen /ENG 00/, wie sie z. B. für Fließgewässer nach Starkniederschlägen oder Tauperioden üblich sind.
Zur Überwachung der Auswirkungen diffuser atmosphärischer Stoffeinträge auf die Grundwasserbeschaffenheit wurde in Thüringen das Emittentenmessnetz „Versauerung" auf carbonat- und basenarmen Standorten (Schiefer, Quarzite, Granite, Sandsteine) eingerichtet /TML 96/.

Im Jahr 1996 begann eine aktuelle Studie der TLU Jena, die sich mit Versauerungstendenzen in thüringischen Oberflächengewässern befasst und im Jahr 2002 abgeschlossen wird.

Die Tatsache, dass die Trinkwasserversorgung Thüringens derzeit mit ca. einem Drittel aus Trinkwassertalsperren gesichert wird und es gerade in den Räumen Süd- und Ostthüringen mit wichtigen Talsperrenstandorten ausgeprägte versauerungsgefährdete Naturräume gibt, unterstreicht die Bedeutung der Fortführung der Untersuchungen zur Deposition und Versauerung.

5.4.4 Methodenvergleich der Sammlersysteme bulk und wet-only

In Tabelle 5.7 wird aus jeweils zweijährigen Messreihen eine Gegenüberstellung der mit den Sammlersystemen „bulk" und „wet-only" gewonnenen Ergebnisse anhand der Depositionen (kg/ha·a) vorgenommen.

Grundsätzlich lassen die Ergebnisse erkennen, dass bis auf wenige Ausnahmen die ständig geöffneten Bulk-Sammler höhere Werte für die Deposition liefern. Die Differenz ist für die einzelnen Stoffe z. T. unterschiedlich. Ein fester Faktor für den Unterschied lässt sich nicht angeben. Das Ergebnis ist aber logisch, da die bulk-Technik einen Teil der trockenen Deposition sowie die gesamte nasse Deposition auffängt. Es ist deshalb wichtig, für Bewertung und Bilanzen immer die im Hintergrund stehende Sammeltechnik zu berücksichtigen und anzugeben.

Des Weiteren wird aus dieser Gegenüberstellung deutlich, dass einerseits von der alleinigen Richtigkeit einer Sammeltechnik nicht gesprochen werden kann, sich aber andererseits beträchtliche Nachteile für ein aus unterschiedlichen Sammelgeräten bestehendes Messnetz ergeben. Um dem gestellten Anspruch an die Datengüte und vor allem an die Vergleichbarkeit der Daten auf Bundesebene gerecht zu werden, muss in Thüringen in den folgenden Jahren bezüglich der Probennahmetechnik auf eine Vereinheitlichung der Sammelgeräte hingewirkt werden.

5.5 Zusammenfassung und Schlussfolgerungen

Die Depositionsmessungen aller drei Landesanstalten bestätigen in Thüringen für Freiland und Wald folgende Entwicklung:

→ Anstieg der pH-Werte und damit Rückgang der Protonendeposition

→ Rückgang der SO_4-S-Konzentration im Niederschlag und der SO_4-S-Deposition

→ Rückgang der basischen Komponenten Kalzium und Magnesium

→ Annähernd gleich bleibend hohes Niveau der Einträge an Gesamt-Stickstoff.

Im Wald wird die mit dem Niederschlag eingetragene Säuremenge in den Buchenbeständen vollständig abgepuffert. In den Fichtenbeständen stieg sie aufgrund des hohen Anteils an gasförmiger Interzeptionsdeposition und durch die größere Filterwirkung der Fichtenkronen um das Zwei- bis Dreifache an. Insgesamt korrespondieren diese Reaktionen mit der zu beobachtenden Gewässerversauerung auf annähernd gleich bleibend hohem Niveau.
Die Stickstoffeinträge (NH_4-N, NO_3-N) überschritten vor allem in den Fichtenbeständen der Kammlagen des Thüringer Gebirges mit rund 33 kg/ha·a die von der UN/ECE angegebenen empirischen „critical-loads of nitrogen". Hier muss aus forstlicher Sicht bei anhaltend hohen Einträgen langfristig mit Veränderungen hinsichtlich Nährstoffversorgung, Bodenzustand (Versauerung), Artenzusammensetzung und Baumwachstum gerechnet werden.

Tabelle 5.7:   Gegenüberstellung von Messergebnissen (Deposition in kg/ha · a) für die Sammelmethoden „bulk" und „wet-only"

Station Artern   **Vergleichsgeräte**
Untersuchungszeitraum: 1996 – 1997   bulk: ANTAS (ständig offen)
Stationshöhe: 122 m ü. NN   wet-only: SANA

	H^+	Ca	Mg	K	Cl	Ges. N	NO_3-N	NH_4-N	PO_4-P	SO_4-S	Cu	Mn
bulk	0,332	21,44	4,36	1,92	52,71	16,60	5,33	11,27	0,18	5,24	0,029	0,142
wet-only	0,100	11,91	4,14	1,38	14,06	12,62	5,56	7,06	0,11	7,14	0,019	0,075

Station Deesbach   **Vergleichsgeräte**
Untersuchungszeitraum: 1996 – 1997   bulk: Trichtersammler
Stationshöhe: 550 m ü. NN   wet-only: Eigenbrodt NSA/KG

	H^+	Ca	Mg	K	Cl	Ges. N	NO_3-N	NH_4-N	PO_4-P	SO_4-S	Cu	Mn
bulk	0,194	12,07	1,07	4,06	13,51	17,18	9,62	7,56	0,029	8,06	0,112	0,110
wet-only	0,347	11,25	3,29	1,02	11,23	14,37	7,68	6,69	0,027	4,88	0,019	0,036

Station Steinach   **Vergleichsgeräte**
Untersuchungszeitraum: 1994 - 1995   bulk: Trichtersammler
Stationshöhe: 570 m ü. NN   wet-only: Thies

	H^+	Ca	Mg	K	Cl	Ges. N	NO_3-N	NH_4-N	PO_4-P	SO_4-S
bulk	0,220	20,73	11,39	0,318	21,95	17,13	8,85	8,23	0,345	6,94
wet-only	0,230	14,67	10,49	0,222	19,50	16,39	8,29	8,10	0,104	9,11

Die zu Beginn der Messungen relativ hohen Kalzium- und Magnesiumeinträge gingen proportional zu den Sulfat-Schwefeleinträgen zurück, so dass hier auf ursprünglich gleiche Quellen geschlossen werden kann (Feuerungsanlagen).

Der positive Effekt des Rückgangs der SO_4-S-Deposition führte in landwirtschaftlich genutzten Regionen mit geringer Schwefelnachlieferung aus dem Boden zu einem Mangelsymptom bei den Pflanzen, woraus sich ein erhöhter Schwefeldüngebedarf ergibt.

Literatur

/BME 97/   BMELF: Dauerbeobachtungsflächen zur Umweltkontrolle im Wald, Level II, Erste Ergebnisse. Bonn, 1997.

/CHM 99/   Chmara, I.: Immissionsökologische Untersuchungen an den Wald- und Hauptmessstationen in Thüringen – 1. Statusbericht. Mitteilungen der Landesanstalt für Wald und Forstwirtschaft Gotha, Heft 15/1999

/DÖH 97/   Döhler, H., Schwab, M., Kuhn, E.: Umweltverträgliche Gülleaufbereitung und –verwertung. In: KTBL-Arbeitspapier 242, 1997.

/DVW 94/   DVWK-Merkblätter 229: Grundsätze zur Ermittlung der Stoffdeposition. Bonn: Wirtschafts- und Verlagsgesellschaft Gas und Wasser mbH, 1994.

/ENG 00/   Engler, Th.: Bewertung mehrjähriger Untersuchungen zur Versauerungsgefährdung des Grundwassers in den Messgebieten Heyda und Steinach/Göritz. Diplomarbeit unveröff., Fachhochschule Jena, 2000.

/FEG 96/   Feger, K.H.: Schutz vor Säuren. In: Handbuch der Bodenkunde, 1. Erg.Lieferg. 12/96, 1996.

/KNO 94/   Knoblauch, S. und Roth, D.: Konzeption zum Aufbau und Betrieb des Depositionsmessnetzes an der TLL internes Arbeitspapier, 1994.

/LAW 93/   LAWA-Grundsatzpapier: Atmosphärische Deposition, Messung der Niederschlagsbeschaffenheit. Stuttgart, 1993.

/LAW 98/   LAWA: Atmosphärische Deposition, Richtlinie für Beobachtung und Auswertung der Niederschlagsbeschaffenheit. Berlin: Kulturbuch-Verlag, 1998.

/MÖL 99/   Möller, D. und Lux, H.: Deposition atmosphärischer Spurenstoffe in der ehemaligen DDR bis 1990, Methoden und Ergebnisse. In: Kommission Reinhaltung der Luft im VDI und DIN, Band 18, 1999.

/TLL 97/   Thüringer Landesanstalt für Landwirtschaft: Nitratgehalte im Sickerwasser und N-Austrag aus unterschiedlichen Agrarstandorten Thüringens. Forschungsbericht (unveröff.) Themenblatt-Nr. 15.02.630, Jena, 1997.

/TLU 93/   Thüringer Landesanstalt für Umwelt: Grundwasserversauerung in Thüringen. Untersuchungsergebnisse 1989/92, Jena, 1993.

/TML 96/   Thüringer Ministerium für Landwirtschaft, Naturschutz und Umwelt: Grundwasser in Thüringen. Bericht zu Menge und Beschaffenheit. Gotha: Justus Perthes Verlag, 1996.

/ZIE 99/   Ziegler, G., Gabriel, B., Jacobs, H., Vorbach, S. und Schultze, M.: Langfristige Auswirkungen des Stoffeintrages durch atmosphärische Depositionen auf die Grundwasserbeschaffenheit im Festgesteinsbereich der neuen Bundesländer. Forschungsvorhaben 30F10170/ 0339443A (unveröff.), TLU Jena im Auftrag des BMFT, 1999.

6 Depositionsmessungen in Baden-Württemberg

Andreas Prüeß, Werner Borho, Raimund Kohl, Jost Grimm-Strele,
Klaus von Wilpert und Ralph Hug

6.1 Einleitung

Depositionsmessungen der Säurebildner Sulfat und Nitrat und der Schwermetalle
Kadmium und Blei wurden zur Überwachung des Waldzustands und der Luftqualität bereits vor 20 Jahren begonnen.

Heute ist die Überwachung der aus der Luft deponierten Schadstoffe zunehmend
auch eine der wichtigsten Grundlagen eines nachhaltigen, vorsorgenden Boden-
und Gewässerschutzes geworden.

Künftig sollen daher auch weitere Schwermetalle und bodenrelevante organische
Schadstoffe in die Überwachung einbezogen werden (z. B. polyzyklische aromatische Kohlenwasserstoffe (PAK), polychlorierte Dibenzo-p-dioxine und -furane
(PCDD/F), polychlorierte Biphenyle (PCB), Organochlorpestizide, Phthalate,
Chloressigsäuren), da auch diese Stoffe fortwährend über den Luftpfad auf Böden
und teilweise auch in das Grundwasser gelangen.

Das Land Baden-Württemberg hat hierzu gemeinsam mit dem Umweltbundesamt
eine Initiative bei der Normung entsprechender Verfahren zur Bulk-Depositionsmessung auf organische Spurenstoffe ergriffen /LFU 97; LFU99/.

Die in kürze erscheinende DIN 19739 Teil 1 (Sammelgerät) und Teil 2 (PAK) ist
ein erstes Ergebnis dieses Projektes.

6.2 Messprogramme

Bild 6.1 gibt einen Überblick über die geographische Lage der Standorte mit
langjährigen Depositionsmessungen in Baden-Württemberg.

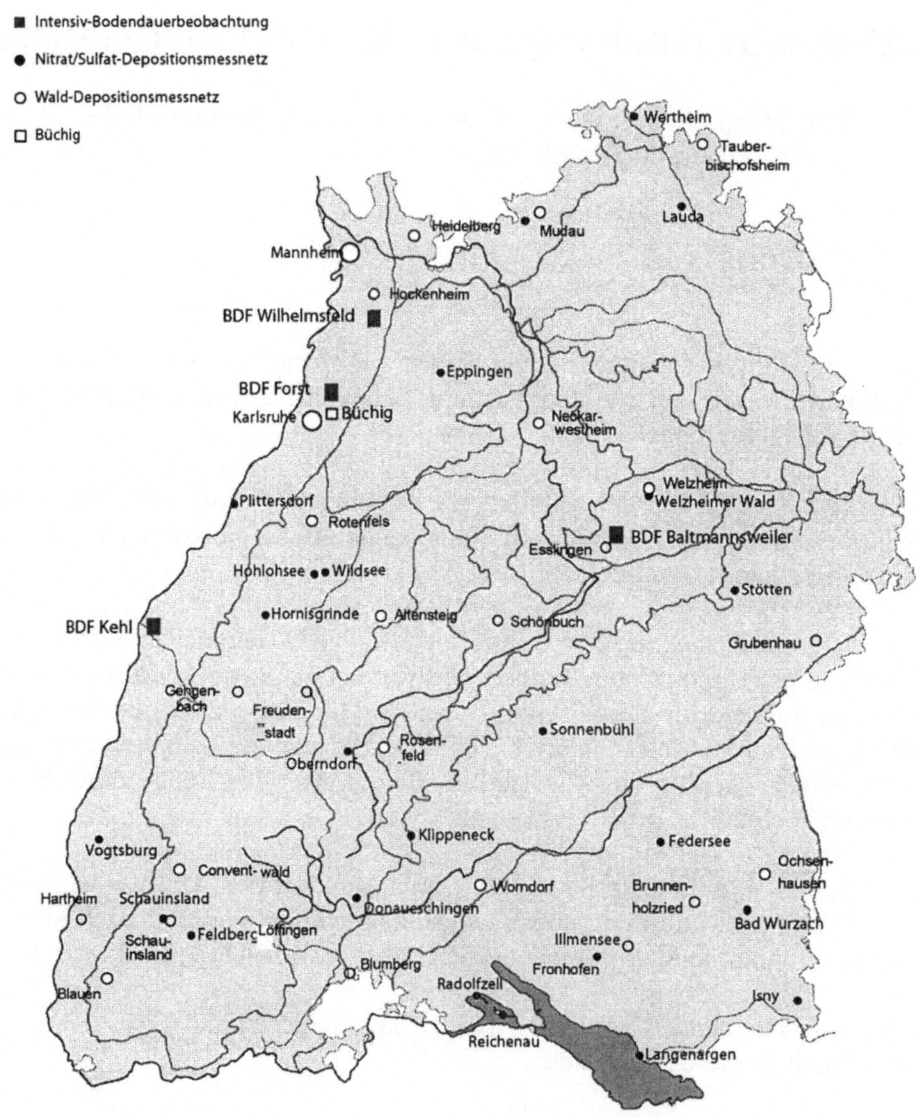

Bild 6.1: Standorte mit langjährigen Depositionsmessungen in Baden-Württemberg

6.2.1 Intensiv-Bodendauerbeobachtung

Im Rahmen der allgemeinen Umweltüberwachung wurden in den meisten Ländern Programme zur Bodendauerbeobachtung eingerichtet, mit denen langfristige Veränderungen der Bodenbeschaffenheit erfasst werden sollen. Das Untersuchungsprogramm wird vielfach unterschieden in die so genannte Basis-Dauerbeobachtung, bei der mittels Wiederholungsbeprobungen die Änderungen der Stoffgehalte repräsentativer Böden dokumentiert werden (BDF I), sowie in die Intensiv-Bodendauerbeobachtung (BDF II), bei der zusätzlich noch die Prozesse, die zu diesen Änderungen führen, untersucht werden (Prozessdokumentation) /LAB 98/.

In Baden-Württemberg ist die Bodendauerbeobachtung eine gesetzlich geregelte Aufgabe der Landesanstalt für Umweltschutz (LfU). Bisher wurden vier Intensiv-Bodendauerbeobachtungsmessstellen eingerichtet, die im Auftrag der LfU von der GESELLSCHAFT FÜR UMWELTMESSUNGEN UND UMWELTERHEBUNGEN MBH (UMEG) betrieben werden. Die BDF-II-Messstelle Forst dient dabei der Ermittlung von Einflüssen Kfz-bedingter Immissionen im Nahbereich der Autobahn A5. Mit Hilfe der BDF-II-Messstellen Wilhelmsfeld, Baltmannsweiler und Kehl werden die langfristigen Auswirkungen luftgetragener Schadstoffe auf den Boden und das Grundwasser im Einwirkungsbereich der Ballungsräume Mannheim/ Heidelberg, Stuttgart und Kehl/Straßburg untersucht. Tabelle 6.1 gibt einen Überblick über die genannten BDF-II-Messstellen Baden-Württembergs.

Tabelle 6.1: BDF-II-Messstellen Baden-Württembergs im Überblick

BDF-II-Messstelle	Betriebsbeginn	Lage über N. N.	Bodentyp/Nutzung	untersuchte Einwirkung
Forst	1993	107 m	Braunerde aus pleistozänem Sand unter Wald	Verkehr A5 (Frankfurt-Basel)
Wilhelmsfeld	1996	350 m	Podsol-Braunerde unter Wald (Buntsandstein)	luftgetragene Schadstoffe Raum Mannheim/Heidelberg
Baltmannsweiler	1996	510 m	schw. Podsolige Braunerde unter Wald (Stubensandstein)	luftgetragene Schadstoffe Raum Stuttgart
Kehl	1998	135 m	Auenbraunerde unter Grünland	luftgetragene Schadstoffe Raum Kehl/Straßburg

Der Hauptaugenmerk liegt bei allen vier Messstellen auf der Gesamt-Bilanzierung der Stoffflüsse von Schwermetallen (As, Cd, Co, Cr, Cu, Hg, Mn, Ni, Pb, Zn) und organischen Schadstoffen (PAK 16, PCB 8). So werden neben den hier interessierenden Depositionsmessungen auch Sickerwasseruntersuchungen auf diese Komponenten durchgeführt.

Bei den Standorten unter Wald (Forst, Wilhelmsfeld, Baltmannsweiler) befinden sich in unmittelbarer Nähe Freiflächen, an denen, zusätzlich zu den Depositionen im Bestand, die Freiland-Deposition erfasst wird. Zur Messung der Deposition an den Freiflächen sind je vier Trichter-Flasche-Sammler mit Auffangflächen von 438 cm^2 im Abstand von rund 2 m aufgestellt (am Standort Forst 8 Sammler in zwei definierten Abständen zur Autobahn). An den Flächen unter Wald sind zusätzlich je 12 derartige Sammler aufgestellt. Sie dienen der Bestimmung der Stoffdepositionen, die mit den Bestandesniederschlägen in die Böden eingetragen werden. Zur Bestimmung der Stoffmengen, die über den Streufall den Boden erreichen, sind im Bestand zusätzlich 8 Streusammler mit je 1 m^2 Auffangfläche aufgestellt.

Zur weiteren Kennzeichnung der Depositionsverhältnisse an den BDF-II-Messstellen Baden-Württembergs seien beispielhaft die Depositionsraten des Jahres 1997 dargestellt (Tabelle 6.2).

Bei den Werten der Tabelle 6.2 fällt zunächst auf, dass die Bestandeseinträge nicht bei allen Komponenten die Freilandeinträge übertreffen. Am Beispiel des Arsen gilt dies noch nicht einmal für die Summe aus Bestandesniederschlag und Streufall. Ursache hierfür ist die Zwischenspeicherung teilweise bedeutsamer Schwermetallmengen im Kronenraum. Fungiert der Kronenraum primär als depositionssteigernde Akzeptoroberfläche, so kann er auch andererseits als Zwischenspeicher wirksam werden und gegebenenfalls die auf Jahresbasis ermittelten Depositionsraten verfälschen. Stichhaltige Bewertungen sind deshalb nur aufgrund langjähriger Beobachtungen herleitbar, da sich auf lange Sicht die jährlichen Fluktuationen im Kronenraumspeicher gegenseitig aufheben.

Der zweite wichtige Befund aus Tabelle 6.2 stützt sich auf die Beobachtung, dass einzig bei Kupfer, Mangan und Zink durchgängig über alle Messstellen die Bestandeseinträge deutlich über den Freilandeinträgen liegen. Hierin äußert sich ein zweites Moment, dem zusätzlich zur Kronenraumzwischenspeicherung bei Stoffflussbilanzierungen in Waldökosystemen Rechnung zu tragen ist, dem systeminternen Stoffkreislauf bedingt durch den Metabolismus der Pflanzen. Kupfer, Mangan und Zink werden über die Wurzeln aufgenommen und über das so genannte Leaching aus den Blättern ausgeschieden und auch über die Streu abgegeben. Dieser Effekt ist auch für die nicht essentiellen Schwermetalle nicht auszuschließen.

Tabelle 6.2: Jahresfrachten an Schwermetallen und Arsen über die Freilandniederschläge, die Bestandesniederschläge und über die Streu an den BDF-II-Messstellen Forst, Wilhelmsfeld und Baltmannsweiler in g/ha a für das Jahr 1997

		Forst	Wilhelmsfeld	Baltmannsweiler
			g/ha a	
Arsen	Freiland	7	9	8
	Bestand	5	7	5
	Streu	0,4	0,3	1
Blei	Freiland	9	91	53
	Bestand	17	39	10
	Streu	19	22	36
Kadmium	Freiland	4	5	4
	Bestand	3	4	3
	Streu	19	13	59
Chrom	Freiland	5	8	5
	Bestand	7	8	5
	Streu	8	5	6
Kobalt	Freiland	2	3	2
	Bestand	2	2	2
	Streu	2	1	3
Kupfer	Freiland	33	11	6
	Bestand	64	19	16
	Streu	39	9	22
Mangan	Freiland	90.5	257	157
	Bestand	2170	847	773
	Streu	n. b.	n. b.	n. b.
Nickel	Freiland	14	10	8
	Bestand	19	11	6
	Streu	4	4	4
Zink	Freiland	320	211	162
	Bestand	477	328	170
	Streu	200	72	284

Zur Berechnung der Gesamtdeposition auf Jahresbasis in den Waldbeständen soll künftig eine Quantifizierung der Kronenraumzwischenspeicherung zusätzlich durchgeführt werden. Ansonsten sind Angaben über Depositionsraten nur langfristig, in Zeiträumen von über 10 Jahren, sinnvoll.

## 6.2.2	Blei-, Kadmium- und Thalliumdepositionen in Ballungsräumen (diskontinuierliche Messungen)

In Baden-Württemberg werden im Rahmen der landesweiten Luftüberwachungsprogramme in ausgewählten Regionen über einen Zeitraum von jeweils einem Jahr Kadmium-, Blei- und Thalliumdepositionen mittels Bergerhoffsammler (Monatsprobe) gemessen. Die letzten zwei abgeschlossenen Messprogramme wurden im Jahr 1995/96 an 874 Rastermesspunkten im Großraum Stuttgart und in 1997/98 an 195 Rastermesspunkten im Raum Friedrichshafen/Ravensburg durchgeführt /UVM 96, UVM 98/. Im Großraum Stuttgart lagen die Bleidepositionen bei 6 $\mu g/m^2 \cdot d$ im Außenbereich und bis 43 $\mu g/m^2 \cdot d$ im Stadtzentrum von Stuttgart. Die Kadmiumdepositionen lagen im Bereich 0,2 bis 1,4 $\mu g/m^2 \cdot d$. Im Raum Friedrichshafen/Ravensburg lagen die Bleidepositionen im Bereich 4 bis 13 $\mu g/m^2 \cdot d$. Die Kadmiumdepositionen betrugen bis 0,4 $\mu g/m^2 \cdot d$ und die Thalliumdepositionen betrugen maximal 0,05 $\mu g/m^2 \cdot d$.

## 6.2.3	Nitrat- und Sulfatdeposition in ländlichen Räumen und Ballungsgebieten

Seit 1992 führt die UMEG Nitrat- und Sulfatdepositionsmessungen in emittentenfernen, ländlichen Räumen des Landes durch. Die folgende Darstellung dieses Messprogrammes wurde aus dem Jahresbericht der UMEG übernommen /UME 00/. Unter Berücksichtigung der Naturräume des Landes sind insgesamt 24 Depositionsmesspunkte eingerichtet. Sie finden sich in dünn besiedelten, ländlich strukturierten Gebieten des Landes. Darüber hinaus werden Depositionsmessungen in Ballungsgebieten mit hoher Industriedichte durchgeführt. Insgesamt werden acht Messpunkte in Karlsruhe sowie sechs Messpunkte in Mannheim beprobt. Einen Überblick über die geographische Lage der Depositionsmesspunkte gibt Bild 6.1. An jedem Messpunkt sind jeweils zwei Bergerhoffsammler aufgestellt, so dass Doppelbestimmungen der Staubdeposition durchgeführt werden können. Die Probenahme erfolgt über die Dauer eines Monats.

Aus Bild 6.2 ist ersichtlich, dass zwischen dem Staubniederschlag und der Deposition von Sulfat- und Nitrationen kein Zusammenhang besteht. Die Ursache hierfür ist, dass Sulfat- und Nitrateinträge vorwiegend als nasse Deposition abgeschieden werden, der Staub hingegen bei trockener Witterung deponiert wird. Ferner ist erkennbar, dass in den industriell geprägten Ballungsräumen Karlsruhe und Mannheim der Staubniederschlag nicht generell höher ist, als an den Hintergrundstationen in ländlichen Gebieten und in den Höhenlagen des Landes.

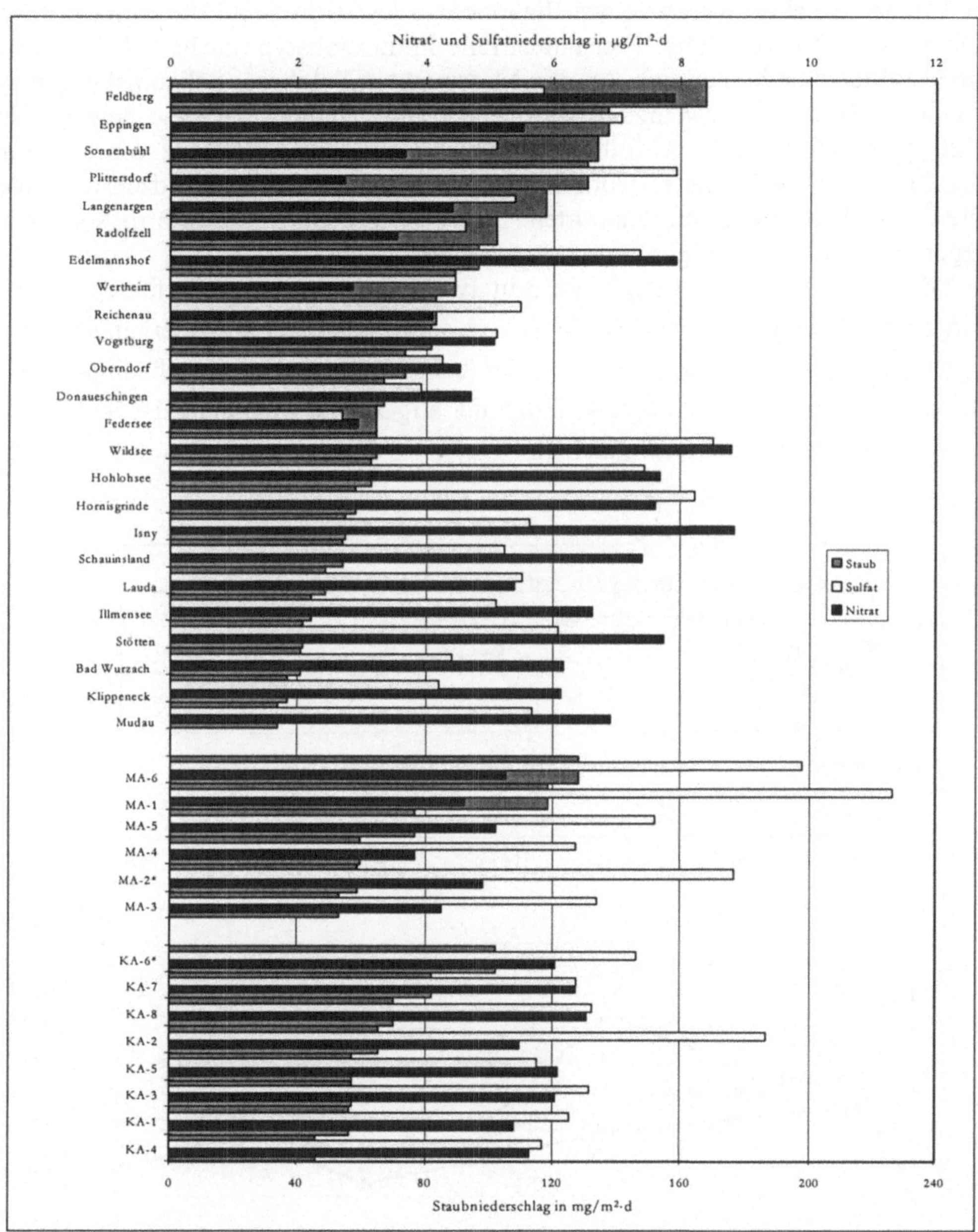

Bild 6.2: Jahresmittelwerte des Staubniederschlages und der Sulfat- und Nitratdeposition an den Depositionsmessstationen (geordnet nach Jahresmittelwert des Staubniederschlages; an den mit * gekennzeichneten Messpunkten fielen je 6 Monatswerte aus)

Unterschiede zeigen sich jedoch im Verhältnis der Sulfat- zu den Nitrateinträgen: In Mannheim, aber auch an zwei Stationen in Karlsruhe sind die Sulfateinträge höher als die Nitrateinträge. Der industrielle Immissionstyp macht sich am Messpunkt Plittersdorf bemerkbar. An den Messpunkten Feldberg, Schauinsland, Isny, Ilmensee, Stötten, Bad Wurzach, Klippeneck und Mudau überwiegt dagegen der Eintrag von Nitrationen. Auffallend sind die relativ hohen Einträge von Nitrat an den Messpunkten Wildsee, Hohlohsee und Hornisgrinde im Nordschwarzwald. Die Ökosysteme an diesen Standorten sind von Natur aus stickstoffarm, sodass sie gegenüber stickstoffhaltigen Immissionen empfindlich sind.

In Bild 6.3 sind Zeitreihen der Jahresmittelwerte der Nitrat- und Sulfatdeposition dargestellt. Bei der Nitratdeposition ist kein signifikanter Trend zu erkennen, die Unterschiede zwischen den Jahren dürften hauptsächlich witterungsbedingt sein.

Bei der Sulfatdeposition könnte sich hier der allgemeine Rückgang der Schwefeldioxidemissionen bemerkbar machen.

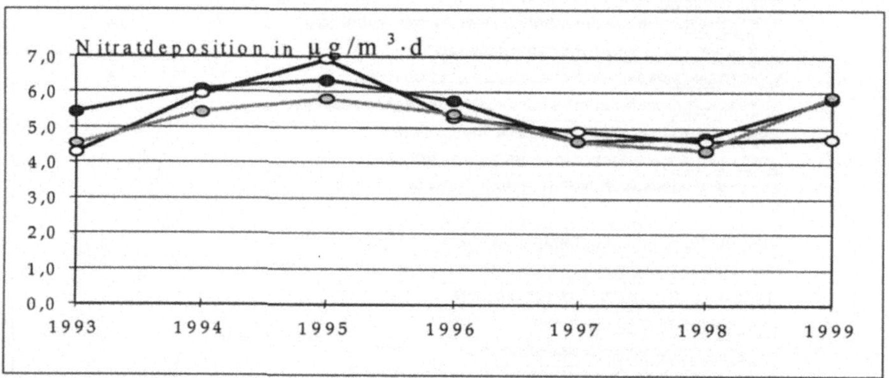

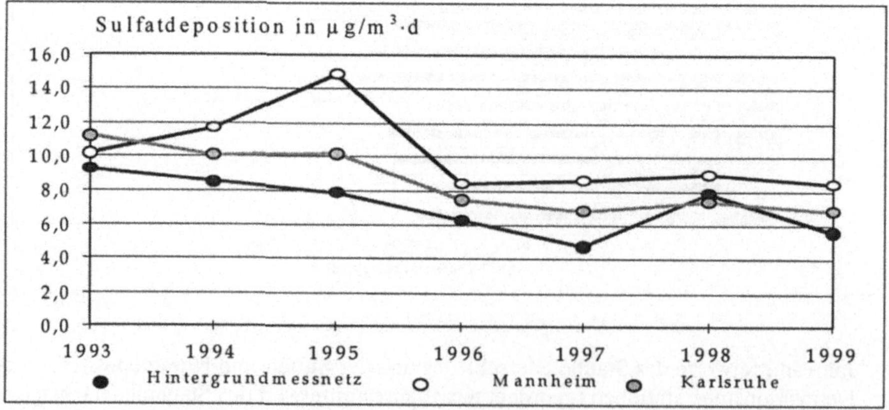

Bild 6.3:   Zeitreihen der Jahresmittelwerte der Nitrat- und Sulfatdeposition im Hintergrundmessnetz und in den Ballungsräumen Karlsruhe und Mannheim

6.2.4 Messstelle Büchig

Seit 1978 betreibt die Landesanstalt für Umweltschutz Baden-Württemberg, Abteilung Wasser, eine Messstation, an der neben der kontinuierlichen Erfassung des Sickerwassers auch die Niederschlagsbeschaffenheit überwacht wird. Gemessen wird der Freilandniederschlag. Die Probengewinnung erfolgt mit 5 Sammlern von Typ „Münden". Der Sammelzeitraum beträgt 14 Tage. Wenn eine genügend große Wassermenge (ca. 300 ml) vorhanden ist, werden Einzelproben der Niederschlagssammler untersucht, sonst wird eine Mischprobe erstellt. Systematische Abweichungen zwischen den Sammlern wurden nicht beobachtet. In den Tabellen 6.3 und 6.4 sind die analysierten Parameter und Jahresfrachten dargestellt.

Tabelle 6.3: Analysierte Parameter an der Messstelle Büchig

Parameter	Verbindungen/Elemente
Metalle/ Schwermetalle	Cd, Zn, Cu, Cr, Ni, Pb, Mn,
Halbmetalle	Na, K, Ca, Mg, Fe, Si
Leitparameter	pH, Leitfähigkeit
Nährstoffe, Säurebildner	NH_4, NO_2, NO_3 , SO_4 , PO_4
Sonstige	TOC, DOC, B, Cl

Tabelle 6.4: Jahresfrachten in kg/ha a an der Messstelle Büchig /KOC 97/

Parameter	Ammonium-N	Nitrit-N	Nitrat-N	Phosphat-P	Sulfat
Fracht	5,5 - 9,7	0,16 - 0,62	4,7 - 6,2	0,93 - 0,33	20,4 - 30,6

Parameter	Chlorid	Kalzium	Magnesium	Natrium	Kalium
Fracht	6,6 -9,2	6,93 - 13,43	1,0 - 1,6	3,6 - 5,1	3,3 - 4,3

Parameter	TOC	DOC	Silizium	Bor	Kadmium
Fracht	22,8 - 23,6	15,1 - 16,9	1,8 - 3,8	0,019 - 0,048	0,001

Parameter	Chrom	Kupfer	Eisen	Mangan	Nickel
Fracht	0,004 - 0,006	0,067 - 0,124	0,586 - 1,027	0,068 - 0,085	0,042 - 0,122

Parameter	Blei	Zink
Fracht	0,014 - 0,033	0,219 - 0,334

Für die Jahre 1993 bis 1996 ist eine Trendentwicklung mittels einer Regressions-analyse nicht zu erkennen. Keine Steigung der Regressionsgeraden erreicht auch nur annähernd 5 % des Mittelwerts.

Es ist ebenfalls keine Korrelation zwischen Parameterwert und Niederschlags-menge zu erkennen. Ein jahreszeitlicher Gang lässt sich bei den Stickstoffpara-metern Sulfat und Phosphat ermitteln, eben den Parametern, die als Gase einge-tragen werden. Dort ist eine leichte Erhöhung der Werte im Sommer zu erkennen.

6.2.5 Depositionsmessungen zum Waldzustand - Depositionsmessnetz der Forstlichen Versuchs- und Forschungsanstalt Baden-Württemberg (FVA), Abt. Bodenkunde und Waldernährung

An landesweit 25 Waldstandorten werden derzeit die Stoffeinträge vergleichend in je einem Fichtenbaumholz und einer Freilandmessstelle überwacht. Seit der Messperiode 1996 ist ein flächenrepräsentativer Ausbaustand des Depositions-messnetzes erreicht. Die Messpunkte des Depositionsmessnetzes sind auf Regio-nen mit vorwiegend nichtkarbonatischen Standorten konzentriert, da dort die standortsspezifische Pufferrate durch die aktuellen Säureeinträge großflächig überschritten wird. Die Stationen sind in drei O-W verlaufenden Transekten über das Land verteilt. Die älteste der bestehenden Flächen wird seit 1983 betrieben, während die ersten Depositionsmessungen der FVA auf das Jahr 1981 zurückge-hen.

In der Regel sind in den Beständen je 12 Totalistoren im 10 x 10 m Verband und im Freiland 3 Totalisatoren im 1 x 1 m Dreiecksverband aufgestellt. Verwendet werden Bulk-Sammler des Typs Münden (2 l PE-Flaschen mit einem Sammel-trichter von 100 cm^2 Auffangfläche).

Die Proben werden im zweiwöchigen Turnus eingesammelt und im Wasserlabor der FVA analysiert. Gemessen werden die Einträge von Säurebildnern (Sulfat, Nitrat und Ammonium) und die Gesamtstickstoffeinträge. Die Parameter sind im Einzelnen: Leitfähigkeit, pH, Na, K, Ca, Mg, Cl, NO_3, SO_4, NH_4, N-gesamt, DOC, Mn, Zn, P, Al.

Ein nicht unerheblicher Teil der mit dem Niederschlag eingetragenen Azidität wird im Kronenraum aufgenommen oder abgepuffert. So kann im Bestandesnie-derschlag nur ein Teil der tatsächlich eingetragenen Säuremenge direkt gemessen werden. Die im Kronenraum gepufferten oder aufgenommenen Säureäquivalente sind besonders versauerungswirksam, da Bäume zur Aufrechterhaltung der Elek-troneutralität die bei der Pufferung im Kronenraum abgegebenen Kationen gegen

Freisetzung von Protonen im Wurzelraum wieder aufnehmen müssen und damit quasi im „Kurzschluss" an den Boden weitergeben.

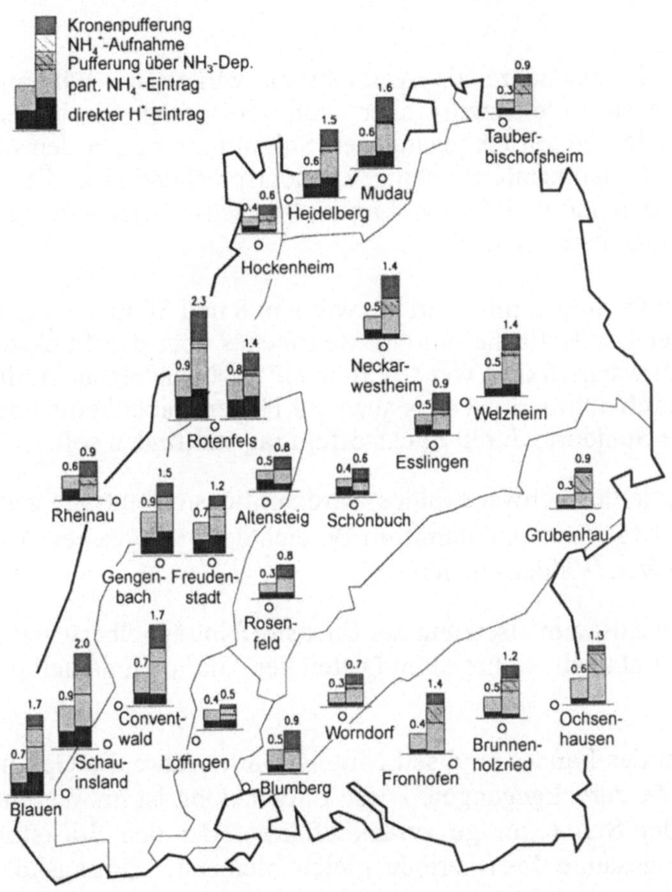

Anmerkung:
Kronenpufferung, NH$_4^+$-Aufnahme und Aufteilung des gemessenen NH$_4^+$-Eintrags auf partikulär bzw. gasförmige Anteile nach Ulrich (1991) berechnet

o:\wasser\karten\karte_pr\pr_99c cdr

Bild 6.4: Gesamtsäureeinträge im hydrologischen Jahr 1999

Trotz der in den letzten Jahren deutlich rückläufigen Sulfateinträge sind die Gesamtsäureeinträge aufgrund gleich bleibender Stickstoffeinträge mit 0,5 - 2,3 kmol$_C$/ha·a (Bild 6.4) nach wie vor so hoch, dass sie das natürliche Puffervermögen nichtkarbonatischer Standorte in der Regel um ein Mehrfaches übersteigen. In Baden-Württemberg sind drei Bereiche unterschiedlicher Depositionsintensität unterscheidbar. Im Windschatten des Schwarzwaldes werden die niedrigsten Gesamtsäureeinträge (<1 kmol$_C$/ha·a gemessen, entlang des Schwarzwald-Westkamms mit Werten zwischen 1,5 und 2,5 kmol$_C$/ha·a die höchsten. Die übrige Landesfläche ist mit Säureeinträgen zwischen 1,0 und 1,5 kmol$_C$/ha·a bezüglich der Depositionsrate wenig differenziert.

Stickstoffeinträge insbesondere als Ammonium, wirken in Wäldern einerseits wachstumsstimulierend, gleichzeitig aber auch versauernd. Sie bilden aufgrund der in den letzten Jahren zurückgegangenen Sulfatimmissionen den überwiegenden Anteil an der Gesamtsäurebelastung. Dementsprechend sind die Gesamtsäurebelastungen in den industriefernen Lagen Oberschwabens und des Mittleren Neckarlandes vergleichsweise hoch.

Die Stickstoffeinträge liegen mit Werten zwischen 8 und 36 kg/ha·a (Bild 6.5) auf einem Großteil der Landesfläche um ein Mehrfaches über den Stickstoffmengen, die im Biomassezuwachs fixiert werden können. Sie übersteigen damit die "critical load" die dadurch definiert ist, dass auch auf längere Sicht keine unerwünschte Eutrophierung der Standorte durch Stickstoffeintrag stattfinden soll.

Nur in den Leelagen des Schwarzwaldes wurden Stickstoffeinträge gemessen, die zwi- schen 8 und 18 kg/ha·a und damit im Bereich der biologischen Aufnahmekapazität von wüchsigen Wäldern liegen.

Bei der stofflichen Zusammensetzung der Stickstoffeinträge überwiegt im Westen des Landes der Nitratanteil, während im Ostteil der Ammoniumanteil dominiert.

In allen Bereichen des Landes sind seit Mitte der 80er Jahre die Gesamtsäureeinträge um 15 – 40 % zurückgegangen. Diese Entwicklung ist im Wesentlichen auf eine Reduktion der Sulfateinträge zurückzuführen. Bei den Stickstoffeinträgen wurden über die gesamte Messperiode gleich bleibende Eintragshöhen festgestellt.

6.2.6 Depositionsmessungen auf organische Spurenstoffe in Kehl im Jahr 1998

Im Auftrag des Umweltbundesamtes und der Landesanstalt für Umweltschutz Baden-Württemberg wurden von Juni bis November 1998 an der Referenzmessstelle Kehl Depositionsmessungen auf organische Spurenstoffe durchgeführt.

Gemessene Stickstoffeinträge im hydrologischen Jahr 1999 in kg/ha·a

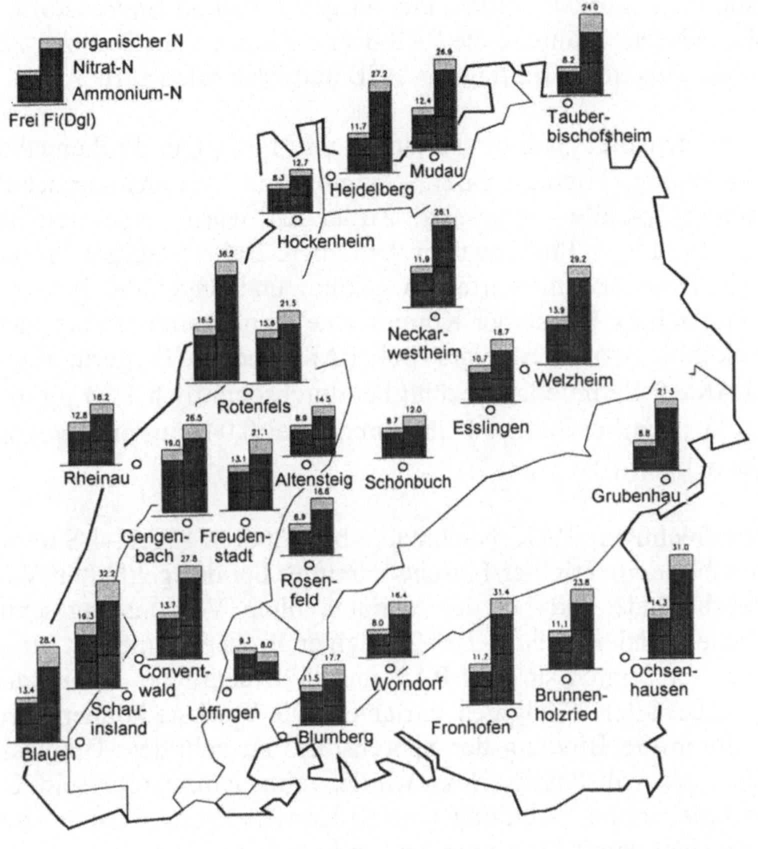

Bild 6.5: Stickstoffeinträge im hydologischen Jahr 1999
Frei = Freiland, Fi(Dgl) = Fichte (Douglasie)

Der Standort Kehl spiegelt die häufig am Rande von Siedlungsgebieten anzutreffenden Immissionsverhältnisse wider. In /LFU 97/ wurde eine vorläufige Prioritätenliste für bodenschutzrelevante atmosphärische Spurenstoffe vorgelegt. Ziel der Untersuchungen in 1998 war es, 38 ausgewählte Spurenstoffe in der Deposition nachzuweisen. Damit sollte die Eignung des Standortes Kehl als Referenzstandort für neue Nachweis- und Sammelverfahren überpüft werden. Darüber hinaus sollten Hinweise für die Eignung unterschiedlicher Sammelverfahren gewonnen werden.

Am Standort Kehl waren im Sommer 1998 15 PAK und γ-HCH (Lindan) in 75 % bis 100 % der Depositionsproben und α-, β-, und γ-HCH, pp-DDT, Heptachlor und 6 PCB in 30 % bis 50 % der Proben nachweisbar (Tabelle 6.5). Mit Ausnahme von trans- und cis-Chlordan wurden alle ausgewählten 38 Spurenstoffe in der Deposition nachgewiesen. Während die PAK-Depositionen vom Sommer zum Spätjahr hin zunahmen, gingen die Einträge an PCB und Pestiziden zurück.

An der Messstelle wurden drei Sammlervarianten mit 14-tägiger Probennahme (Sammler mit 4 °C-Kühlung, Trichter-Flasche-Sammler mit Verdunstungsschutz, und Bergerhoffsammler) parallel eingesetzt. Zusätzlich wurde eine Trichter-Flasche-Variante mit 28-tägiger Probennahme betrieben. Bei 14-tägiger Probennahme waren zwischen den Sammelverfahren gekühlt und ungekühlt bzw. mit und ohne Verdunstungsschutz bei keiner Komponente signifikante Unterschiede feststellbar. Die gekühlte Variante zeigte bei PAK und PCB geringfügige Mehrbefunde. Die PAK-12-Summe lag gekühlt bei durchschnittlich 1,33 $\mu g/m^2 \cdot d$ und ungekühlt bei 1,11 $\mu g/m^2 \cdot d$, bei der PCB-Summe bei 0,047 $\mu g/m^2 \cdot d$ gekühlt und 0,042 $\mu g/m^2 \cdot d$ ungekühlt.

Die leicht- bis mittelflüchtigen PAK Naphthalin bis Fluoren (PAK-4-Summe) zeigten jedoch gegenüber dem Trichter-Flasche-Sammler bei der gekühlten Variante erhebliche Mehrbefunde und bei der Variante ohne Verdunstungsschutz (Bergerhoff) erhebliche Minderbefunde. Bei 28-tägiger Probennahme mit einem Trichter-Flasche-Sammler zeigten sich bei PAK und PCB deutliche, signifikante Minderbefunde gegenüber allen 14-tägigen Varianten. Die Verluste können durch Bioabbau und/oder durch die Bindung der Spurenstoffe an gebildete Biomasse, die bei der Extraktion nicht vollständig erfasst wurde, verursacht worden sein. Die 28-tägige Probennahme ohne Kühlung oder Konservierung durch eine Adsorberkartusche scheidet damit für Routineanwendungen aus.

Nahezu alle Spurenstoffe wurden zu über 80 % an Feststoffpartikel > 20 μm gebunden eingetragen. Ausnahmen sind Lindan mit 21 % und die 4 flüchtigen PAK Naphthalin bis Fluoren mit 50-60 % in der Feststoffphase. Sowohl die Einträge an Lindan als auch die Einträge an den 4 flüchtigen PAK Naphthalin bis Fluoren waren im Bergerhoffsammler geringer als im Trichter-Flasche-Sammler. Dies deutet darauf hin, dass für einzelne Komponenten ein Verdunstungsschutz bei der Probennahme sinnvoll ist.

Tabelle 6.5: Anzahl der Messwerte oberhalb der Nachweisgrenzen (NG; Anzahl der Proben = 35) und durchschnittliche Schadstoffdepositionen in den Monaten Juni bis November 1998 in Kehl bei Straßburg /PRÜ 99/

PAK	NG	n	Anteil	$\mu g/m^2 \cdot d$
Naphthalin	5 ng/Probe	34	97 %	0,27
Acenaphtylen	5 ng/Probe	27	77 %	0,02
Acenaphthen	5 ng/Probe	28	80 %	0,05
Fluoren	5 ng/Probe	34	97 %	0,11
Phenanthren	5 ng/Probe	35	100 %	0,39
Anthracen	5 ng/Probe	29	83 %	0,02
Fluoranthen	5 ng/Probe	35	100 %	0,18
Pyren	5 ng/Probe	35	100 %	0,08
Benzo(a)anthracen	5 ng/Probe	34	97 %	0,04
Chrysen	5 ng/Probe	35	100 %	0,09
Benzo(b)fluoranthen	5 ng/Probe	35	100 %	0,06
Benzo(k)fluoranthen	5 ng/Probe	35	100 %	0,04
Benzo(a)pyren	5 ng/Probe	32	91 %	0,04
Dibenz(ah)anthracen	5 ng/Probe	14	40 %	0,01
Indeno(123cd)pyren	5 ng/Probe	32	91 %	0,04
Benzo(ghi)perylen	5 ng/Probe	31	89 %	0,04
SUMME 16				1,49
SUMME 12 (>Fluoren)				1,03
PCB				
PCB 31	5 ng/Probe	16	46 %	0,005
PCB 28	5 ng/Probe	16	46 %	0,005
PCB 52	5 ng/Probe	15	43 %	0,006
PCB 101	5 ng/Probe	17	49 %	0,007
PCB 153	5 ng/Probe	14	40 %	0,006
PCB 138	5 ng/Probe	5	14 %	0,003
PCB 180	5 ng/Probe	13	37 %	0,006
SUMME				0,038
Pestizide				
Dieldrin	5 ng/Probe	14	40 %	0,010
Endrin	30 ng/Probe	1	3 %	0,010
alpha-HCH	5 ng/Probe	13	37 %	0,008
beta-HCH	5 ng/Probe	14	40 %	0,007
gamma-HCH	5 ng/Probe	31	89 %	0,226
delta-HCH	5 ng/Probe	13	37 %	0,046
Hexachlorbenzol	5 ng/Probe	4	11 %	0,003
op-DDE	5 ng/Probe	1	3 %	0,002
pp-DDE	5 ng/Probe	4	11 %	0,005
op-DDD	5 ng/Probe	2	6 %	0,002
pp-DDD+opDDT	5 ng/Probe	4	11 %	0,007

Fortsetzung Tabelle 6.5:

PAK	NG	n	Anteil	$\mu g/m^2 \cdot d$
pp-DDT	5 ng/Probe	12	34 %	0,008
Heptachlor	5 ng/Probe	20	57 %	0,008
trans-Chlordan	5 ng/Probe	0	0 %	0,002
cis-Chlordan	5 ng/Probe	1	3 %	0,002
SUMME				0,350

Probenverunreinigungen mit Vogelkot beeinflussten die Depositionsdaten bei 41 der 43 untersuchten Komponenten nicht, bei Anthracen und p,p-DDE konnte dies nicht ausgeschlossen werden. Die Streuung der Messdaten über alle 14-tägigen Sammelverfahren lag im Versuchszeitraum bei 63 % für die Summenparameter PAK, PCB und Pestizide. Die Streuung der Messdaten nahm zum kühleren Spätjahr hin ab. Im Hinblick auf die Fragestellung „Anreicherung im Boden" scheint nach den vorliegenden Ergebnissen eine technische Kühlvorrichtung bei 14-tägiger Probennahme für ausgewählte Komponenten wie PAK-12, PCB-7 und Chlorpestizide nicht notwendig.

Für einen Routinemessnetzbetrieb weist eine Trichter-Kartusche-Variante die meisten Vorteile auf und wurde in den Jahren 1999/2000 im Hinblick auf die Normierung favorisiert.

6.3   Ausblick

(1) Für die Belange des Boden- und Grundwasserschutzes ist es langfristig erforderlich für verschiedene Vegetationstypen (Nadelwald, Laubwald, Ackerbaukulturen und Grünland) und relevanter Komponenten (Schwermetalle, persistente organische Schadstoffe verschiedener Flüchtigkeitsklassen) Interzeptionsfaktoren (Quotient aus Freiland- und Gesamteintrag unter Vegetation) zu entwickeln, um eine bessere Annäherung an die realen Gesamtstoffeinträge in den Boden zu erreichen.

(2) Folgende Stoffgruppen sind nach /LFU 99/ von prioritärer Bedeutung bezüglich der boden- und grundwasserschutzrelevanten, atmosphärischen Stoffeinträge (prioritäre Vertreter in Klammern):

     - Chloressigsäuren (TCA)
     - Nitrophenole (DNOC)
     - Organochlorpestizide (Lindan)
     - PAK (Benzo[a]pyren)

- PCB
- PCDD/F (2,3,7,8-TCDD)
- Phthalate (DEHP)

Nach /DVW 00/ sind ausschließlich für das Grundwasser nur (Alkyl)nitrophenole und MTBE als überwachungsbedürftig eingestuft. Phthalate, TFA, TCA und von den FCKW die Komponente R134 a sollten vorsorglich eventuell beobachtet werden.

(3) Die Streuung von Depositionsmessdaten im Ultraspurenbereich (ng/Probe) erfordert einerseits eine bestmögliche Standardisierung der Sammel- und Nachweisverfahren. Andererseits können Depositionsmessdaten für organische Spurenstoffe erst im Kontext längerer Zeitreihen und/oder über die Mittelung von Feldparallelen interpretiert werden.

Bild 6.6: Trichter-Absorber-Sammler für organische Spurenstoffe nach DIN

(4) Technische Kühlvorrichtungen sind für die bodenrelevante Gesamtdeposition organischer Spurenstoffe verzichtbar. Aus praktischen Erwägungen heraus ist für den Routinemessbetrieb ein Trichter-Adsorber-Sammler (Bild 6.6) die beste Methode zur Ermittlung der Deposition (vgl. /LFU 99/ und DIN 19739). Das derzeit für den Trichter-Adsorber-Sammler als Adsorbermaterial ausgewählte IRA-743 bewies im Freien seine Feldtauglichkeit. Es weist bei PAK eine sehr gute Reproduzierbarkeit auf.

(5) Für den Routinemesseinsatz fehlt es unter anderem bei PCB, Organochlorpestiziden und PCDD/F noch an der Normung eines Trichter-Adsorber-Verfahrens, bei Phthalaten, Chloressigsäuren und Nitrophenolen liegen bislang erst sehr wenig Einzelmessungen vor.

Literatur

/DVW 00/   DVWK-Materialien1/2000: Grundwassergefährdung durch organische Luftschadstoffe. ATV-DVWK. Hennef, 2000.

/KOC 97/   Koch, S.: Messstation Büchig: Niederschlagsbeschaffenheitsmessung. Praktikumsbericht, Universität Stuttgart und Landesanstalt für Umweltschutz Baden-Württemberg, Karlsruhe, 1997.

/LAB 98/   LABO [Bund-Länderarbeitsgemeinschaft Boden Hrsg.]: Bodendauerbeobachtung. unveröffentlicht, 1998.

/LFU 97/   LfU/UBA [Landesanstalt für Umweltschutz Baden-Württemberg/- Umweltbundesamt Hrsg.]: Ermittlung atmosphärischer Stoffeinträge in den Boden - Fachgespräch. LfU, Bodenschutz, 122 S., Karlsruhe, 1997.

/LFU 99/   LfU/UBA [Landesanstalt für Umweltschutz Baden-Württemberg/Umweltbundesamt Hrsg.]: Ermittlung atmosphärischer Stoffeinträge in den Boden.- LfU, Bodenschutz 2 124 S., Karlsruhe, 1999.

/UME 00/   UMEG [Gesellschaft für Umweltmessungen und Umwelterhebungen GmbH]: Jahresbericht 1999. [im Druck]. Karlsruhe, 2000.

/PRÜ 99/   Prüeß A., Creutznacher H., Borho W. & A. Bohmüller: Depositionsmessungen auf organische Spurenstoffe in Kehl mit verschiedenen Sammelverfahren. In: Landesanstalt für Umweltschutz Baden-Württemberg und Umweltbundesamt [Hrsg.]: S. 35-53. Ermittlung atmosphärischer Stoffeinträge in den Boden. Karlsruhe, 1999.

/UVM 96/   UVM Ministerium für Umwelt und Verkehr [Hrsg.]: Immissions- und Wirkungsuntersuchungen im Raum Stuttgart 1996; Bericht der UMEG Nr. 31-14/96, 175 S. und Anhang, Karlsruhe, 1996.

/UVM 98/   UVM Ministerium für Umwelt und Verkehr [Hrsg.]: Immissions- und Wirkungsuntersuchungen im Raum Friedrichshafen/Ravensburg 1997/98; Bericht der UMEG Nr. 31-1/98, 140 S., Karlsruhe, 1998.

7 Depositionsmessungen im Land Brandenburg

Oliver Merten

7.1 Chronik des Depositionsmessnetzes im Land Brandenburg

Die Keimzelle des Depositionsmessnetzes im Land Brandenburg war die Forschungsstelle Lauchhammer des damaligen Institutes für Wasserwirtschaft Berlin (IfW, Abteilung Grundwasserschutz), wo sich eine der vier IfW-Messstellen befand. Trotz der unübersichtlichen Entwicklungen in den Jahren 1989 bis 1991 ist es gelungen, die Messungen hier aufrecht zu erhalten. Die Gründung des Landesumweltamtes Brandenburg im August 1991 sicherte den Fortbestand der damaligen Messungen, so dass hier eine nahezu ununterbrochene Messreihe seit 1983 vorliegt. Die Eingliederung der Forschungsstelle Lauchhammer in die Abteilung Hauptlabor sicherte den gezielten Aufbau von Analyseverfahren und die methodische Fortentwicklung von Depositionsmessungen im Land Brandenburg.

Seit 1992 waren im Labor Lauchhammer alle Analyseverfahren für die Grundparameter und Hauptinhaltsstoffe verfügbar, so dass hiermit auch die methodischen Unzulänglichkeiten der Vorjahre und die Probleme infolge wechselnder Untersuchsungslabore der Vergangenheit angehörten.
Die Etablierung eines Depositionsmessnetzes im Land Brandenburg war zunächst mit den folgenden Problemen konfrontiert:

- Das Land Brandenburg ist ein Flächenland. Gleichzeitig hatte man sich für die Einrichtung einer zweistufigen Verwaltungsstruktur entschlossen. Somit standen dem Landesumweltamt nur verhältnismäßig wenige potentielle Standorte zur Verfügung.

- Es existierten bislang keine Landesgesetze, anhand derer sich explizit eine Rechtsgrundlage für die Durchführung von Depositionsmessungen ableiten ließ.

- Die Umwelt- und die Forstverwaltung waren unabhängig voneinander in verschiedenen Ministerien organisiert worden.

Im Verlaufe des Jahres 1993 wurde im Sinne eines Pilotvorhabens zunächst mit der Einrichtung eines Vorlaufmessnetzes begonnen. Hierfür wurden an den

Standorten von sechs Naturschutzstationen zunächst Freilandmesspunkte mit bulk-Sammlern eingerichtet, was bereits zu einer gewissen Abdeckung der Landesfläche führte. In dieser Pilotphase wurden wesentliche Erfahrungen für die Einrichtung und den Betrieb eines regulären Messnetzes gewonnen. Die wesentlichen Erkenntnisse waren hierbei:

- Es ist auch in einem Flächenland grundsätzlich möglich, ein Depositionsmessnetz von einer zentralen Stelle aus zu betreiben.

- Unabdingbar hierfür ist die regelmäßige Betreuung und Wartung der Messstellen durch geeignete Stationsbetreuer und ein enger persönlicher Kontakt zwischen der zentralen Stelle und dem Stationspersonal. Die Betreuer müssen nicht zwangsläufig über eine Ausbildung als Laborant, Messtechniker oder Ähnliches verfügen.

- Das Betreuungspersonal muss – insbesondere in der Startphase – regelmäßig geschult werden. Eine einzelne Einweisung reicht in der Regel nicht aus.

- Die Probenahmeprozeduren einschließlich der Reinigung und Wartung der Messeinrichtungen sowie Lagerung und Versand der Proben werden zweckmäßigerweise in Standardarbeitsanweisungen festgelegt.

- Es ist ein erhöhter Qualitätssicherungsaufwand erforderlich. Die Messstellen müssen ein mal jährlich einer Auditierung unterzogen werden.

Seit 1994 wurde in regelmäßigen Konsultationen mit der damaligen Landesanstalt für Forstplanung (heute: Landesforstanstalt Eberswalde) die Einrichtung von Messpunkten in bewaldeten Einzugsgebieten vorbereitet. Diese Aktivitäten standen in Zusammenhang mit der Einrichtung der brandenburgischen level II – Dauerbeobachtungsflächen im Rahmen des ICP Forest-Programms. Am Ende dieses Abstimmungsprozesses stand zum einen eine Verwaltungsvereinbarung zwischen dem Landesumweltamt Brandenburg und der Landesanstalt für Forstplanung, in der neben dem wechselseitigen Zugriff auf die Daten vor allem eine enge Kooperation beim Messnetzbetrieb vereinbart worden ist. Zum anderen wurde auf diesem Wege sichergestellt, dass alle Messaktivitäten nach einheitlichen methodischen Grundsätzen und unter Verwendung einheitlicher Sammelgeräte stattfinden. Letztlich konnte die Analytik aller Proben in ein und demselben Labor organisiert werden.

1995 wurde auf Veranlassung des Ministeriums für Umwelt, Naturschutz und Raumordnung das Depositionsmessnetz als wasserwirtschaftliche Messaufgabe festgeschrieben und vollständig neu konzipiert /LUA 95/. Das Depositionsmessnetz wurde – da es auf Grund der streng sektoral ausgerichteten Behördenstruktur nicht in den Zuständigkeitsbereich einer einzelnen Fachabteilung fällt – in Federführung der damaligen Abteilung Hauptlabor (heute: Abteilung Ökologie und Umweltanalytik) aufgebaut und betrieben. Als Rechtsgrundlage stand nunmehr das Brandenburgische Wassergesetz (BbgWG) zur Verfügung, wo sich aus den §§ 125 und 126 die Messaufgabe herleiten ließ. (§125: „Das Landesumweltamt ist das Wasserwirtschaftsamt des Landes Brandenburg."; §126 „Es ... (das Wasserwirtschaftsamt) ... ist zuständig für ... die Ermittlung und Entwicklung der technisch-wasserwirtschaftlichen Grundlagen für die Ordnung des Wasserhaushaltes." /BRA 94/) Der konzeptionelle Rahmen des Depositionsmessnetzes war in seinen Grundzügen auf die Versauerungsproblematik ausgerichtet, ging jedoch bereits über wasserwirtschaftliche Fragestellungen im engeren Sinne hinaus. Vielmehr wurde in dieser Messnetzkonzeption beabsichtigt, die Daten gleichzeitig für immissionsökologische Fragestellungen, bodenkundliche Betrachtungen oder ähnliche kompartimentsübergreifenden Aspekte zu erheben und bereit zu stellen, ohne dass hierfür bereits konkrete Anforderungen der Fachabteilungen vorlagen.

Im selben Jahr begannen erste Vorversuche zur Gewinnung von Probenmaterial für die Analytik organischer Spurenstoffe im Niederschlag. Hierbei wurden Versuche zur Entwicklung eines Trichter-Kartusche-Verfahrens zugunsten einer einfacheren bulk-Technik aufgegeben.

Im Verlaufe des Messjahres 1996 wurden im Rahmen eines FE-Vorhabens erstmals unter Routinebedingungen systematische Messungen zum Gehalt organischer Spurenstoffe im Niederschlag durchgeführt /LUA 99/. Zum Ende des Messjahres musste die Station L 03 - Waßmannsdorf bedauerlicherweise aufgegeben werden, da die Liegenschaft veräußert wurde.

Die Messjahre 1997 bis 1999 waren im Wesentlichen von stabilen Routinemessungen gekennzeichnet. Die Methodik der Probengewinnung für die Analytik leicht- bis mittelflüchtiger organische Stoffe wurde mit der Neuentwicklung eines entsprechenden bulk-Sammlers entschieden verbessert /MER 00/. Dieses Sammelgerät wird derzeit für den Routinebetrieb vorbereitet und voraussichtlich ab dem Jahr 2001 im Messnetz eingesetzt. Die Messstellen L 04 – Zepernick und L 05 – Buckow wurden Ende 1999 außer Betrieb genommen. Eine Übersicht über die Lage der Depositionsmessstellen (Stand Januar 2000) gibt Bild 7.1.

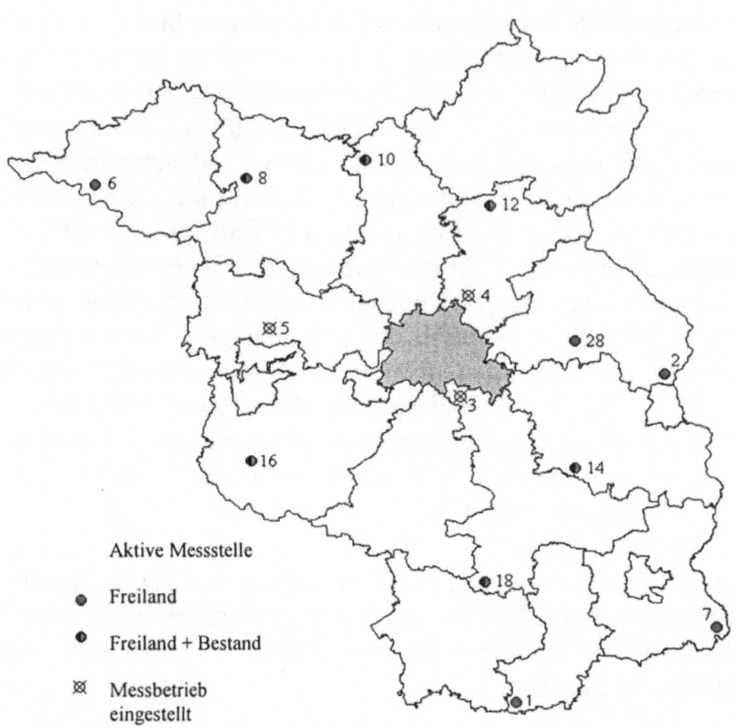

Code	Ort	Typ	h-Wert	r-Wert	Bemerkungen
L01	Lauchhammer	Freiland	5705400	4620120	Referenzmessstelle
L02	Lebus	Freiland	5810900	4672400	erweiterte Messstelle
L03	Waßmannsdorf	Freiland	5805800	4599500	bis 12-96
L04	Zepernick NSSt	Freiland	5836610	4602200	Grundmessstelle bis 12-99
L05	Buckow	Freiland	5827900	4537150	Grundmessstelle bis 12-99
L06	Cumlosen	Freiland	5879000	4476000	erweiterte Messstelle
L07	Jerischke	Freiland	5722000	4689500	Grundmessstelle
L28	Waldsieversdorf	Freiland	5828000	4639500	erweiterte Messstelle ab 1999
F08	Natteheide	Freiland	5885640	4528730	level II Programm
F09	Natteheide	Bestand	5885640	4528730	level II Programm
F10	Beerenbusch	Freiland	5889750	4564660	level II Programm
F11	Beerenbusch	Bestand	5889750	4564660	level II Programm
F12	Kienhorst	Freiland	5872480	4610410	level II Programm
F13	Kienhorst	Bestand	5872480	4610410	level II Programm
F14	Schwenow	Freiland	5780237	4637641	level II Programm
F15	Schwenow	Bestand	5780237	4637641	level II Programm
F16	Weizgrund	Freiland	5784485	4538501	level II Programm
F17	Weizgrund	Bestand	5784485	4538501	level II Programm
F18	Neusorgefeld	Freiland	5741481	4608069	level II Programm
F19	Neusorgefeld	Bestand	5741481	4608069	level II Programm

Bild 7.1: Lage der Depositionsmessstellen im Land Brandenburg, Stand Januar 2000
(Stammdaten der Depositionsmessstellen, alle Gauß-Krüger-Koordinaten wurden
auf den 4. Meridianstreifen transformiert)

7.2 Charakteristik des Untersuchungsgebietes

Das Land Brandenburg weist in Bezug zu Depositionsmessungen und der Bewertung von depositionsbedingten Wirkungen auf angrenzende Kompartimente einige Besonderheiten auf.

Das Klima in Brandenburg hat bereits eine kontinentale Prägung. Die dreißigjährigen Mittel der Niederschlagshöhen 1969 – 1998 liegen zwischen 685 mm (Zechin-Wollup) und 515 mm (Wiesenburg) /DWD 99/. Nördlich von Frankfurt/Oder sowie im nordöstlichen Oderbruch existieren „Trockeninseln" mit Niederschlagshöhen < 500 mm. Im dreißigjährigen Mittel betragen die wöchentlichen Niederschlagssummen an der Station Zechin-Wollup in 5,7 % aller Fälle weniger als 5 mm; in 15,2 % aller Fälle weniger als 10 mm. An der Station Wiesenburg wurden 7,2 % der Wochen mit weniger als 5 mm sowie 22,5 % mit weniger als 10 mm beobachtet.

Dieser Umstand ist in Hinblick auf die Haftwasser- bzw. Verdunstungsverluste an den Sammelgeräten von entscheidender Bedeutung. Als weitere Konsequenz muss in Kauf genommen werden, dass mitunter das Probematerial für den geplanten Untersuchungsumfang – insbesondere bei der organischen Spurenstoffanalytik – nicht ausreicht und insofern die Interpretation von Jahresreihen auf Grund von Fehlwerten kritisch sein kann.

Das Relief und die Böden sind vollständig durch die Abfolge der eiszeitlichen Bildungen geprägt. Das Land Brandenburg wird fast ausschließlich von quartären Lockergesteinen bedeckt /UWG 93/. Nach der Bewertungsmethodik von Werner u. a. /ZIE 92/ weisen die Böden auf 50 % der Landesfläche eine ungenügende Pufferung (Basensättigung < 20 %) gegen saure Stoffeinträge auf und sind somit als stark versauerungsgefährdet anzusehen.

Diese Böden kommen vor allem in den zentralen und südlichen Landesteilen vor. 33,7 % der Landesfläche ist bewaldet und somit von erhöhten Depositionsraten betroffen. 35,8 % der Landesfläche sind Grundwasserneubildungsgebiete.

Aus der Verschneidung der entsprechenden Flächeninformationen mittels GIS wurde ein Ansatz zur flächenbezogenen Ausweisung der potentiellen Verschmutzungsempfindlichkeit des Grundwassers infolge atmosphärischer Stoffeinträge entwickelt /HAN 95/. Die besonders versauerungsempfindlichen Grundwässer kommen hiernach in den südlichen Landesteilen vor.

7.3   Beschreibung des Messnetzbetriebes

7.3.1 Ausstattung der Messstellen

Für die Ausstattung der Messstellen wurde der LWF bulk-Sammler (nach Grimmeisen) ausgewählt. Dieser Sammler besteht aus einer Trichter-Flasche-Kombination aus Polyethylen, die Sammelfläche beträgt 314 cm². Der so genannte LÖLF-Sammler sowie die Typen Münden 100 und Münden 200 /DVW 94/ hatten sich im Vergleich mit dem LWF-Sammler als nachteilig erwiesen und wurden nach einer Testphase aufgegeben. Die Geräteempfehlung der LAWA-Richtlinie /LAW 98/ bestätigte später diese Entscheidung.

Die Minimalausstattung einer Grundmessstelle (z. B. L 07, Jerischke) besteht aus einem Niederschlagsmesser nach Hellmann sowie drei Niederschlagssammlern vom Typ LWF. Die Sammleröffnungen befinden sich 1,0 m über Gelände. Auf das Feinsieb wird an den Freilandmessstellen verzichtet, da hierfür in der Regel kein Bedarf besteht. Die Siebe stellen infolge von Algenwachstum eine Kontaminationsquelle dar und führen zu einer unnötigen Erhöhung des Haftwasserverlustes. Mit Siebeinsatz beträgt der Haftwasserverlust ca. 10 ml was einer Niederschlagshöhe von etwa 0,3 mm entspricht. In ungünstigen Fällen kann der Haftwasseranteil sogar bis 45 ml ansteigen! Ohne Sieb liegt der Haftwasseranteil bei 6 ml.

Die Messstellen des level II-Messnetzes sind auf den Freiflächen mit 5 LWF-Sammlern und im Bestand mit drei Reihen à 5 LWF-Sammlern ausgestattet. Im Winterhalbjahr wird im Bestand ebenfalls nur eine Reihe mit fünf Sammlern betrieben.

Die wet-only-Proben werden mit dem Sammler NSA 181 KE (Fa. Eigenbrodt, Königsmoor) gewonnen. Die Geräte sind mit einem Quarzglastrichter und einer Sammelflasche aus PFA ausgestattet, so dass das Probematerial auch auf Metallspuren und organische Spurenstoffe untersucht werden kann. Auf weitere Einbauten wie z. B. Probenwechsler wurde bewusst verzichtet. Wet-only-Sammler werden an den Messstellen L 01, L 02, L 06, L 28 und F12 betrieben. Für die Messstelle F 16 ist der Einsatz eines Wet-only-Sammlers geplant. Der Haftwasserverlust des Quarzglastrichters beträgt ca. 3 ml, der eines Polyethylentrichters entsprechender Geometrie etwa 7 ml.

An den Messstellen L 01, L03 und L04 wurde ein Wet-only-Sammler ANTAS (Observatorium Wahnsdorf) betrieben. Der Betrieb dieser Geräte wurde Ende 1999 eingestellt.

Die Gewinnung von Probematerial zur Analytik organischer Spurenstoffe geschieht mit bulk-Sammlern aus Edelstahl, deren Öffnung sich 1,5 m über Gelände befindet. Als Probengefäß dient eine Aluminiumflasche, die zum Probewechsel sofort eingefroren werden kann und zugleich als Transportbehälter dient. Einzelheiten sind in /LUA 99/ beschrieben. Organische Spurenstoffe werden an den Messstellen L 01, L 02, L 06, L 28 und F12 gemessen. An der Messstelle L 01 wird seit 1999 ein Bulk-Sammler mit permanenter Probenkühlung auf 5 °C erprobt (vgl. /MER 00/), der ab 2001 auch an den anderen Messstellen zum Einsatz kommen wird. Desweiteren wird eine Teilprobe aus den Wet-only-Sammlern auf organische Einzelstoffe untersucht.

Die Probenahme zur Metallspurenanalytik erfolgt an den Messstellen L 01, L 02, L 06, L 28 und F12 nach der Bergerhoff-Technik /VDI 72/.
Parallel hierzu wird ein zweites Bergerhoff-Gerät mit einem Polypropylengefäß vergleichbarer Geometrie betrieben. Diese Probe wird nicht dem üblichen Druckaufschluss unterworfen, sondern nur auf pH 2 angesäuert, geschüttelt und filtriert. Auf diesem Wege wird der löslichkeitsverfügbare Schwermetallanteil in der jeweiligen Probe charakterisiert. Das selbe Verfahren wird an allen Level II-Messstellen angewandt.

Die weiterführenden Messprogramme im Rahmen der Level II Beobachtung (z. B. Analyse Nadelstreu, Sickerwasserbeobachtungen usw.) sind an anderer Stelle ausführlich beschrieben /BEL 95; BEL 97/.

7.3.2 Probenahme, Parameterumfang und Analysenverfahren

Der Probenwechsel erfolgt mit Ausnahme der Bergerhoff-Gefäße bzw. Polypropylendosen wöchentlich jeweils am Dienstag. Die Niederschlagsereignisse des Montags werden der Vorwoche zugerechnet. Die Beprobung zur Schwermetallanalytik erfolgt monatlich. Zur Probenahme werden alle Messstellenbetreuer durch das Labor mit spezialgereinigten Probengefäßen sowie Verbrauchsmaterial zur Sammlerreinigung versorgt.
Die Niederschlagsproben aus den bulk-Sammlern werden an der Messstelle entnommen und bereits vor dem Versand einer Vorprüfung unterzogen. Erweist sich nach Augenscheinnahme oder auf Grund einer erhöhten elektrischen Leitfähigkeit eine Teilprobe als offenbar verunreinigt, so wird sie verworfen. Andernfalls wird aus den drei bzw. fünf Bulk-Sammlern eine Mischprobe hergestellt, über 50 µm Polyestersiebgewebe filtriert, in Probenflaschen bzw. Einmal-Probenbeutel (level II-Programm) gefüllt und eingefroren.
Von dem Probematerial zur Analytik organischer Stoffe wird eine Teilprobe in ein headspace-Fläschchen pipettiert. Das übrige Probematerial verbleibt in der Aluminiumflasche, die gegen eine frische Flasche ausgetauscht wird. Die Teil-

proben werden wiederum eingefroren. Die Probe aus dem Wet-only-Sammler wird bereits vor Ort geteilt. Die Probenlagerung erfolgt für maximal 4 Wochen an den Stationen im Tiefkühlschrank. Die Tiefkühllagerung wird während des Transportes aufrecht erhalten.

Nach Ankunft im Labor werden die Proben lediglich auf Plausibilität kontrolliert, z. B. hinsichtlich der Vollzähligkeit, dem Vorliegen von Probenahmeprotokollen usw. Die Proben werden erst unmittelbar vor der Analyse aufgetaut und für die weitere Bearbeitung im Labor geteilt.

Die nachfolgende Zusammenstellung gibt einen Überblick der Untersuchungsparameter und angewendeten Analysenverfahren.

Analyt/Stoffgruppe	Verfahren
Grundparameter	
pH Wert	Potentiometrie
elektrische Leitfähigkeit	Konduktometrie
Anionen	Ionenchromatographie, isokratisch
Kationen	Ionenchromatographie, isokratisch
TOC / TNb	katalytische Verbrennung, IR bzw. Chemolumineszens
ortho-Phosphat	Fließinjektionsanalyse, $SnCl_2$-Verfahren
Basenkapazität	Titration
Schwermetalle	
Bergerhoff-Proben	ICP nach Totalaufschluss
PP-Dosen (lösliche Fraktion)	TXRF
Organische Spurenstoffe	
Unsubstituierte Carbonsäuren	Ionenchromatographie, large-volume injection
Aromatische KW	GC, purge & trap
LHKW	HS-GC
Halogenierte Carbonsäuren	GC nach Derivatisierung
SHKW Pestizide (DDT-Gruppe)	GC
PAK	HPLC, on-column-focusing

In der Erprobung befindet sich ein Verfahren zur Bestimmung von Phthalaten im Niederschlag. Ab 2001 soll das Messverfahren zur Bestimmung der PAK auf ein Trichter-Adsorber Verfahren umgestellt werden, das derzeit Gegenstand eines gemeinsamen Normungsverfahrens von DIN und VDI ist /DIN 00/.

7.3.3 Qualitätssicherung

Die Qualitätssicherung des gesamten Messverfahrens liegt in der Zuständigkeit des Labors und bedient sich hierbei im Wesentlichen der laborüblichen Methoden. Alle wesentlichen Verfahrensschritte sind in Standardarbeitsanweisungen festgelegt worden. Sofern zertifizierte Referenzmaterialien erhältlich sind, die in ihrer Zusammensetzung Niederschlagsproben entsprechen, werden diese einmal jährlich untersucht. In diesem Zusammenhang werden die Verfahrenskenngrößen ermittelt und erforderlichenfalls korrigiert.

Die regelmäßige Betreuung des Messstellenpersonals und die Auditierung der Messstellen ist im Prinzip abgesichert, stößt mitunter allerdings an personelle Kapazitätsgrenzen.

Kritischer ist die Teilnahme an externen Ringversuchen zu bewerten, da für die Matrix Niederschlag außerordentlich selten Ringversuche angeboten werden. Das Landesumweltamt Brandenburg konnte am zweiten und dritten Ringversuch teilnehmen, den das Sächsische Landesamt für Umwelt und Geologie in den Jahren 1998 und 1999 im Rahmen des Projektes OMKAS durchgeführt hatte. Für die ionenchromatographische Bestimmung von Kationen war zusätzlich die Teilnahme am Normungsringversuch RV ISO/DIS 14911-1 im Jahre 1997 möglich, der ebenfalls erfolgreich absolviert wurde.

Ein wesentlicher Bestandteil der qualitätssichernden Maßnahmen besteht in der Durchsicht und Plausibilitätsprüfung des Datenmaterials eines gesamten Messjahres. Als wertvolle Hilfe hat sich hier z. B. die Prüfung des tatsächlich gesammelten Probenvolumens gegenüber des aus Niederschlagshöhe und Sammlerfläche errechneten „theoretischen" Probenvolumens herausgestellt.

Die Durchsicht der Einzeldaten hinsichtlich eventueller Ausreißer beinhaltet stets eine fallweise Prüfung, bei der auch die Besonderheit der jeweiligen Witterungsperiode berücksichtigt wird (z. B. das Auftreten einer längeren Trockenperiode). Grundsätzlich werden auffällige Daten nur mit äußerster Zurückhaltung entfernt. So weit kein grober Fehler identifiziert werden konnte, erfolgt die Streichung eines auffälligen Wertes nur in seinem Frachtanteil; der Konzentrationswert wird gekennzeichnet und im Datenspeicher belassen.

Diese Art der Korrektur wirkt sich auf die Frachtangabe und das gewogene Konzentrationsmittel aus, nicht jedoch auf die statistische Bewertung der Einzelkonzentrationen. Deutliche Abweichungen zwischen dem arithmetischen Mittel und dem Medianwert des jeweiligen Datenkollektivs deuten zumeist auf derartige Ausreißer hin.

7.4   Befundsituation im Land Brandenburg

Die Befundlage wird im Folgenden nur an wenigen Beispielen exemplarisch dargestellt. Zum einen zwingt der vorgesehene Rahmen dieser Publikation hierzu, zum anderen wird im Verlaufe des Jahres 2001 von Landesumweltamt Brandenburg hierzu eine umfangreiche Veröffentlichung erscheinen.

7.4.1 Konzentrationen der Hauptinhaltsstoffe

Über die drastische Veränderung der Immissionssituation in Ostdeutschland während der vergangenen zehn Jahre ist an verschiedenen Stellen bereits berichtet worden. Seit 1991 liegen jährliche Berichte zur Luftqualität im Land Brandenburg vor /LUA 00/. Desweiteren sind in der Vergangenheit zwei retrospektive Veröffentlichungen zur Entwicklung der Luftqualität 1975 bis 1990 /LUA 95/ bzw. zur Staubimmission und dem Spurenstoffgehalt der Stäube für den Zeitraum 1991 bis 1997 /LUA 98/ vorgelegt worden. Mit Rücksicht auf die lange Datenreihe der Messstelle Lauchhammer wird bei den folgenden Darstellungen schwerpunktmäßig auf diese Daten zurückgegriffen.

In Zusammenhang mit der Versauerungsproblematik wird häufig an erster Stelle der pH-Wert der Niederschläge diskutiert. Bild 7.2 zeigt den Verlauf der Messwerte.

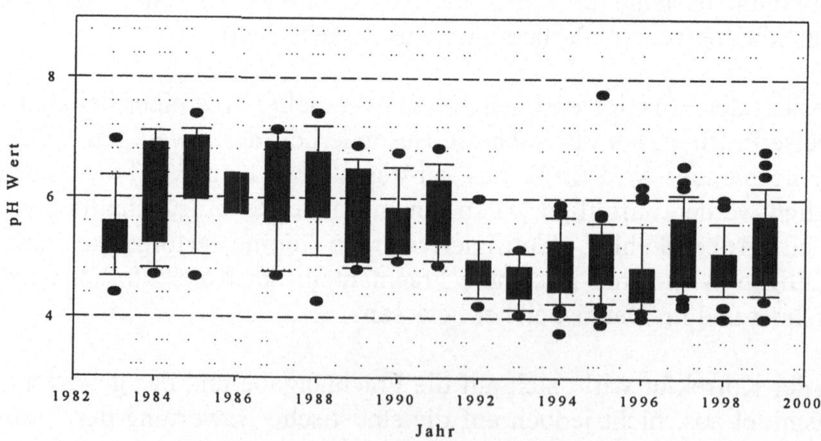

Bild 7.2:   Boxplot pH-Wert im Niederschlag; Messstelle Lauchhammer, Bulk-Deposition

Bei der Interpretation der Bilder muss berücksichtigt werden, dass den jeweiligen Boxen unterschiedliche Datenkollektive zugrunde liegen. Die Daten der Jahre 1983 bis einschließlich 1993 basieren auf Monatswerten (n=12), ab1994 wurden Wochenwerte ermittelt (39 < n < 46). Das Messjahr 1986 weist eine achtmonatige Lücke auf (n=4).

Der Rückgang der pH-Werte im Niederschlag muss als kompensatorischer Effekt aus dem Rückgang der stationären Emissionen saurer Gase (insbesondere SO_2) und alkalischer Flugaschen sowie der Zunahme von verkehrsbedingten Emissionen saurer Gase (NO_x) gewertet werden. Auffällig ist der drastische Abfall der pH-Werte im Messjahr 1992. Neben dem zufälligen Zusammenwirken mehrerer Einflussfaktoren dürfte hier auch das Ablaufen der Frist zur Ertüchtigung von Anlagen hinsichtlich der Anforderungen der TA Luft eine Rolle gespielt haben, indem per Stichtagsregelung eine Vielzahl von Emittenten stillgelegt worden ist. Bild 7.3 zeigt den Verlauf der elektrischen Leitfähigkeit als Summenparameter für den Gesamtsalzgehalt der Niederschläge und stützt diese These.

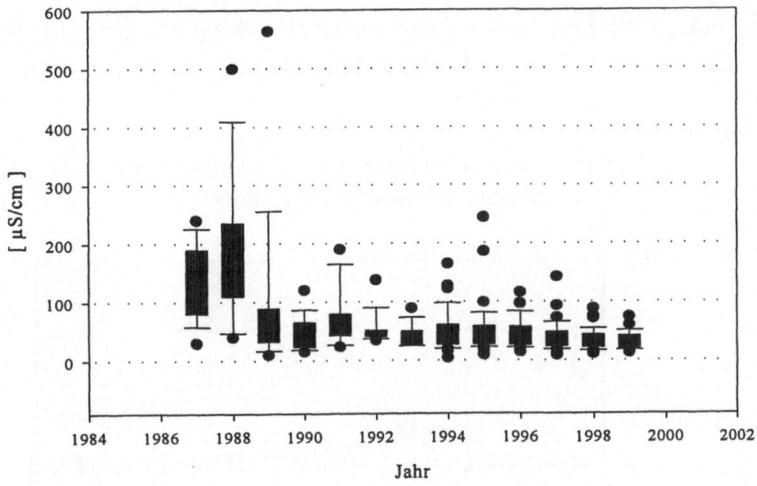

Bild 7.3:   Boxplot elektrische Leitfähigkeit im Niederschlag; Messstelle Lauchhammer, Bulk-Deposition

Die Abnahme der Sulfatbefunde im Niederschlag weist erwartungsgemäß ein deutliches saisonales Muster auf. Die Definition von Sommer- und Winterhalbjahren entspricht derjenigen des Hydrologischen Jahres; d. h. als Winterhalbjahr werden die Daten von November des Vorjahres bis einschließlich April des aktuellen Jahres herangezogen, das Sommerhalbjahr umfasst die Monate Mai bis

Oktober. Die Unterschiede zwischen den Sommer- und Winterhalbjahren verringerten sich ständig, bleiben jedoch noch deutlich nachweisbar. Die Schwankungen sind bei den SO_2-Konzentrationen in der Luft noch prägnanter. Bild 7.4 zeigt die saisonalen Mittelwerte der SO_2-Immissionen an den Messstellen Neuglobsow (background-Station im Norden des Landes Brandenburg) sowie an den innerstädtischen Messstellen Potsdam und Cottbus.

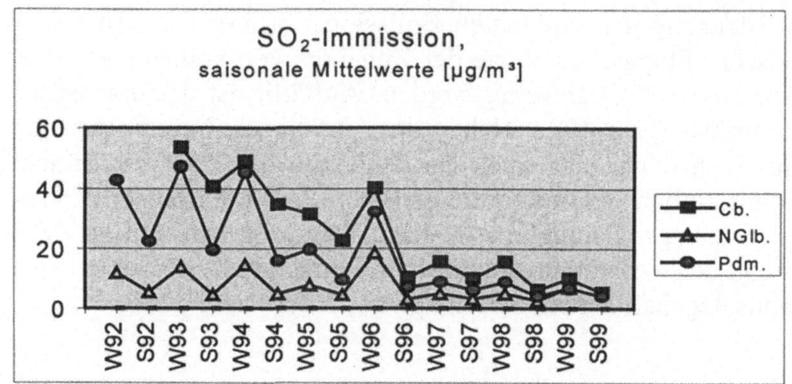

Bild 7.4:   Saisonaler Verlauf von SO_2-Immissionsdaten im Land Brandenburg
Cb. - Cottbus, NGlb. - Neuglobsow, Pdm. - Potsdam

Bild 7.5 zeigt den zeitlichen Verlauf der saisonalen Medianwerte der Sulfatkonzentrationen. Der Verlauf lässt sich überraschend gut mit einem exponentiellen Modell anpassen.

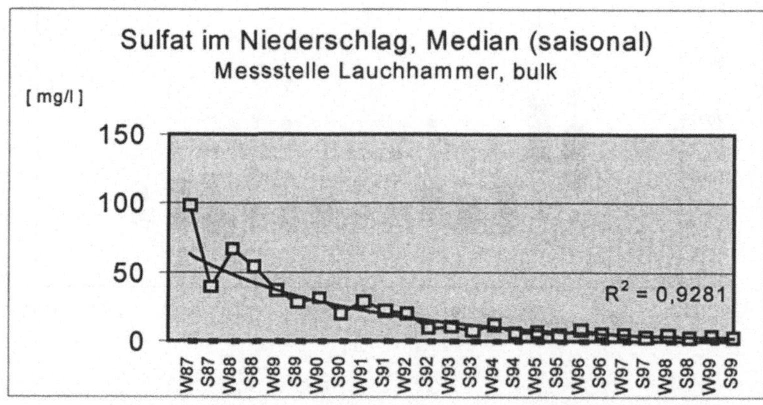

Bild 7.5:   Saisonaler Verlauf der Sulfatdeposition, Messstelle Lauchhammer

In Bild 7.6 sind Immissionsdaten der Station Cottbus den Niederschlagsbefunden der Messstelle Lauchhammer gegenübergestellt. Die Distanz zwischen den Messstellen beträgt ca. 50 km Luftlinie; dennoch wird hier eine gute Korrelation gefunden.

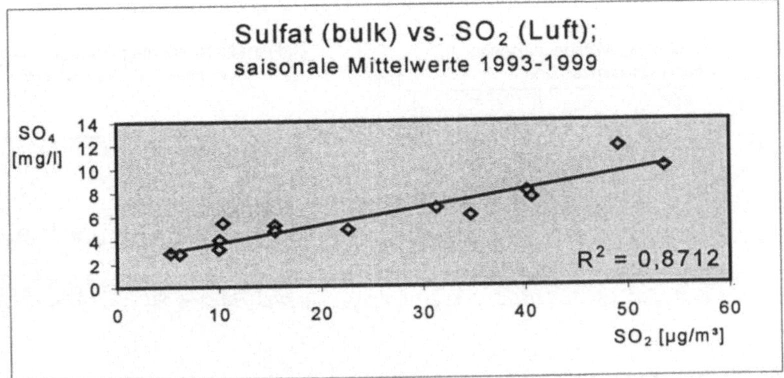

Bild 7.6: Korrelation zwischen Immissions- und Depositionsdaten

Während die Schwefelimmissionen bzw. –depositionen einen drastischen Rückgang aufweisen, lässt sich für die Stickstoffverbindungen kaum ein rückläufiger Trend ausweisen. Die NO_2-Immissionen verharren weiterhin auf hohem Niveau. Der Zusammenhang zwischen den NO_2-Immissionsdaten und den Nitratdepositionen ist weniger scharf ausgeprägt als bei den Schwefelimmissionen. Bei den Ammonium- und Nitratdepositionen ist ein leichter Rückgang zu beobachten. Dennoch bewegen sich die Minderungen in der Größenordnung der innerannualen Schwankungsbreite. Überraschend war insbesondere die Tatsache, dass trotz des zeitweiligen Einbruchs der Tierbestände in der Landwirtschaft Ostdeutschlands die Ammoniumdepositionen auf nahezu gleichem Niveau verharrten. Gleichfalls fällt auf, dass hinsichtlich der Verteilung der Stickstoffspezies zwischen Ammonium- und Nitratstickstoff keine signifikanten Veränderungen eingetreten sind. Im Land Brandenburg werden Konzentrationsverhältnisse um 1:1 gefunden. Zeitliche Differenzierungen konnten im Beobachtungszeitraum 1987 - 1999 nicht nachgewiesen werden.

Die Bilder 7.7 bis 7.11 verdeutlichen die Feststellungen.

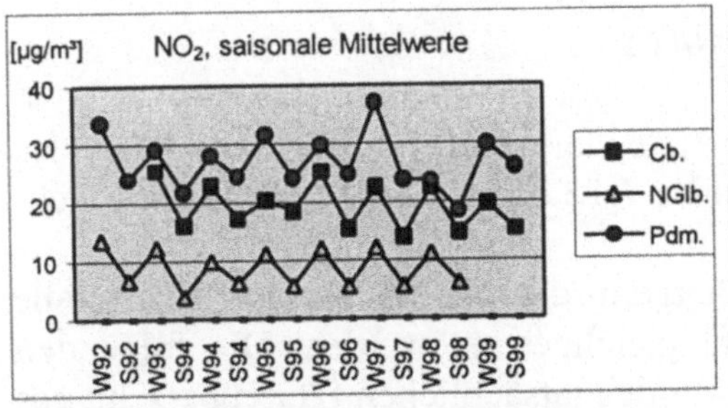

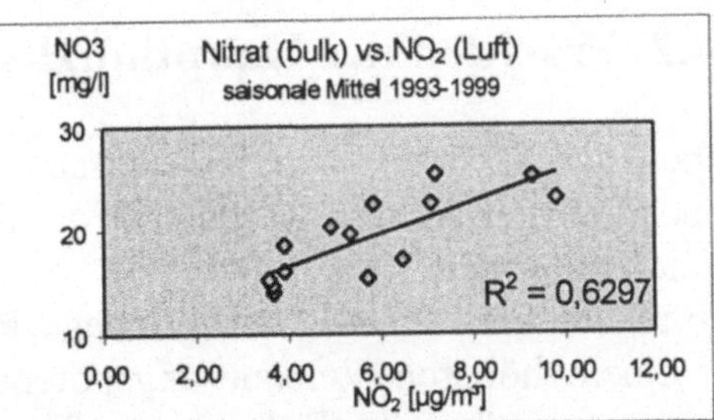

Bild 7.7: Saisonaler Verlauf von NO_2-Immissionsdaten im Land Brandenburg

Bild 7.8: Korrelation zwischen Immissions- und Depositionsdaten

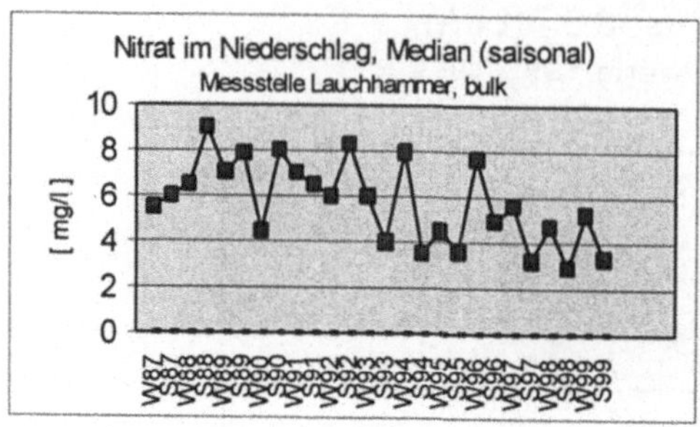

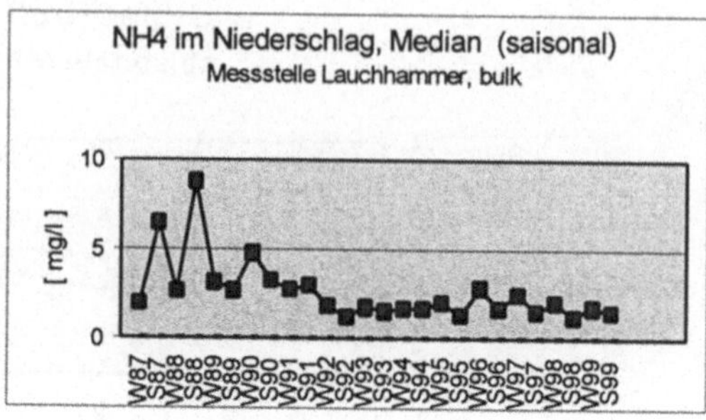

Bild 7.9: Saisonaler Verlauf der Nitratdeposition; Messstelle Lauchhammer,
bulk

Bild 7.10: Saisonaler Verlauf der Ammoniumdeposition; Lauchhammer, bulk

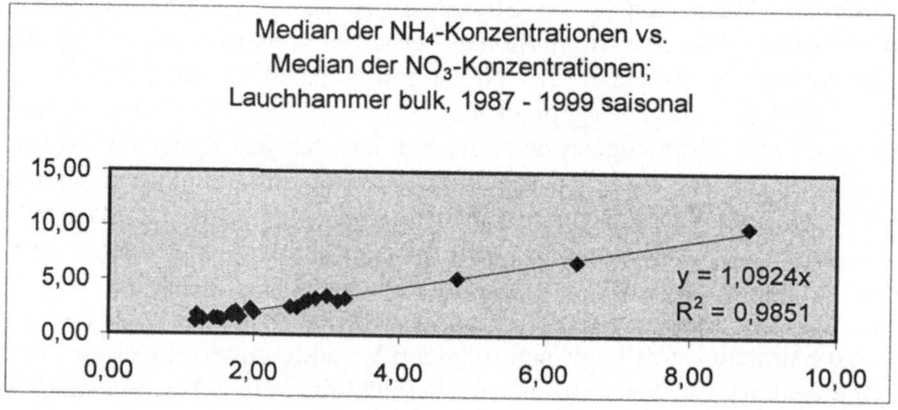

Bild 7.11: Korrelation zwischen den Ammonium- und Nitratkonzentrationen auf
Basis der saisonalen Medianwerte, Messstelle Lauchhammer 1987 - 1999

7.4.2 Frachten der Hauptinhaltsstoffe

Neben den in Form der Konzentrationswerte dargestellten Veränderungen des
Depositionsgeschehens werden für die Bilder 7.12 und 7.13 die jährlichen Frachten herangezogen.
Der im Abschnitt 7.4.1. beschriebene Rückgang des pH-Wertes darf keinesfalls
mit einem höheren Versauerungspotential gleichgesetzt werden. Die folgenden
Diagramme geben die Befunde der Titration des tatsächlichen Säureüberschusses
sowie die rechnerische Azidität der Niederschläge nach dem Säure-Base Konzept
von STUMM & MORGAN wieder /STU 70/. Die potentielle Acidität unterschei-

det sich von der aktuellen Azidität in der unterschiedlichen Berücksichtigung von Ammoniumionen, denen auf dem Wege der Oxidation zu Nitrat potentiell versauernde Eigenschaften beigemessen werden müssen. Die Berechnung der aktuellen bzw. potentiellen Azidität setzt eine vollständige Analyse der Hauptinhaltsstoffe voraus, da andernfalls die Stoffmenge des jeweils fehlenden Ions die Bilanzierung saurer und alkalische Komponenten verfälscht. Insofern sind Berechnungen anhand des Datenmaterials vor 1992 kaum möglich und führen zu inkonsistenten Ergebnissen.

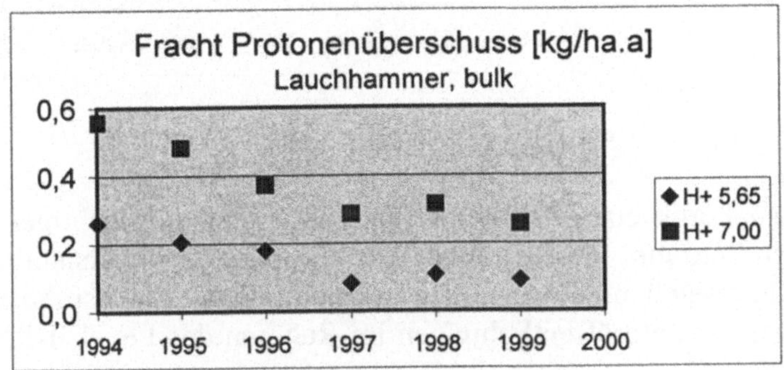

Bild 7.12: Protonenüberschuss im Niederschlag bezogen auf pH 5,65 bzw. 7,0 (Messergebnisse)

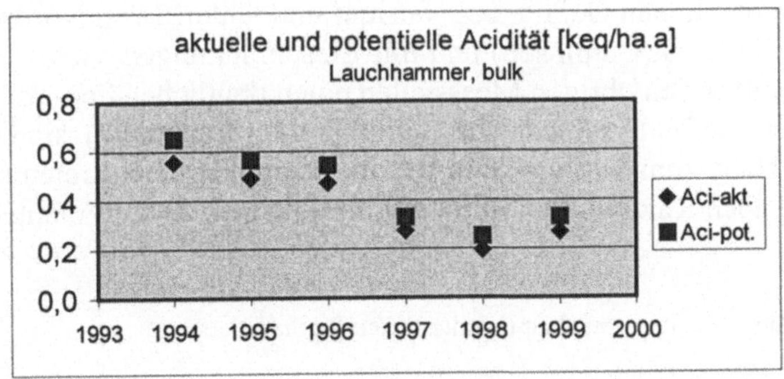

Bild 7.13: Als Jahresfracht berechnete Azidität der Niederschläge

Bemerkenswert ist der Rückgang der Fluoridfrachten in den Niederschlägen (Bild 7.14). Während der Sachverhalt an sich plausibel ist (Fluorid als Bestandteil von Flugaschen), kommt dem Nachweis anhand von Messdaten einige Bedeutung zu. Die Analytik von Fluoridionen war in der Vergangenheit häufig mit messtechnischen Problemen konfrontiert. Desweiteren scheint Fluorid ein empfindlicher Indikator auf staubbürtige Verunreinigungen der Sammelgeräte zu sein, so dass hier mit merklicher Häufung Korrekturbedarf bestand.

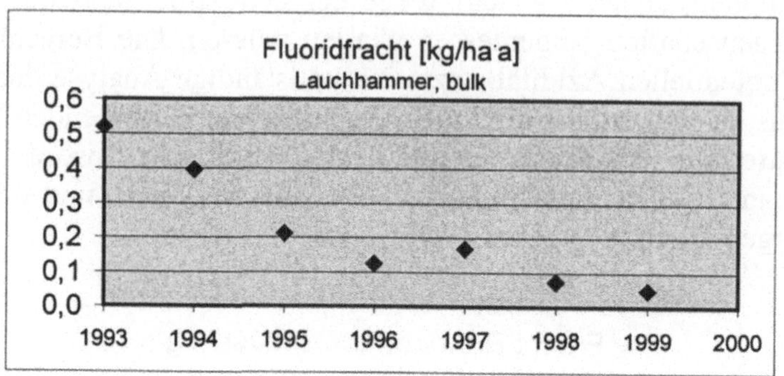

Bild 7.14: Fluoridfrachten im Niederschlag

Die Tabelle 7.1 gibt einen Überblick der Jahresfrachten wichtiger Hauptinhaltsstoffe für den Zeitraum 1996 bis 1999. Aus Gründen der Übersichtlichkeit wurden nur Freilandmessstellen herangezogen; hinsichtlich der Depositionsraten in Forstbeständen wird auf Veröffentlichungen im Rahmen des Level II-Programms verwiesen.

Es zeigt sich, dass bis auf wenige Ausnahmen keine nennenswerten Differenzierungen zwischen den einzelnen Messstellen im Land Brandenburg auftreten. Auffällig ist das deutlichen Gefälle bei Natrium und Chlorid von Nordwest nach Süd. Die Messstelle L 06 (Cumlosen) und mit Einschränkungen auch F 12 (Kienhorst) zeigen gegenüber den übrigen Messstellen einen deutlichen Seesalzeinfluss.
Die erhöhten Befunde an der Messstelle L 04 (Zepernick) sind hingegen der räumlichen Nähe zum Ballungsraum Berlin geschuldet. Hier treten neben Natrium und Chlorid auch Kalzium und Sulfat mit merklich erhöhten Frachten zutage.

Tabelle 7.1: Jahresfrachten von Hauptinhaltsstoffen [kg/ha·a]

Jahr	Mess-stelle	Sammler	H+ 5,65	H+ 7,00	F	Cl	SO$_4$	Na	Ca	NH$_4$	NO$_3$	TOC
1996	L 01	bulk / LWF	0,181	0,372	0,126	3,69	21,5	1,69	6,22	6,92	20,9	15,7
1997	L 01	bulk / LWF	0,083	0,288	0,169	4,10	15,3	2,32	4,94	7,01	15,8	14,9
1998	L 01	bulk / LWF	0,108	0,315	0,075	4,02	15,6	2,33	6,75	7,23	17,2	11,8
1999	L 01	bulk / LWF	0,093	0,257	0,049	3,73	13,7	2,15	3,25	6,37	15,5	10,6
1996	L 01	Eigenbrodt	0,183	0,350	0,045	2,12	16,7	1,56	2,51	5,93	14,2	8,5
1997	L 01	Eigenbrodt			0,063	2,32	11,0	1,71	3,83	6,09	11,4	4,8
1998	L 01	Eigenbrodt			0,070	3,05	12,6	1,66	4,81	6,41	14,6	8,2
1999	L 01	Eigenbrodt	0,000	0,000		3,17	13,0	1,20	2,96	5,91	13,1	5,8
1996	L 01	ANTAS	0,321	0,408	0,070	2,29	17,8	0,96	3,05	6,05	17,4	10,2

Fortsetzung Tabelle 7.1

Jahr	Mess-stelle	Sammler	H+ 5,65	H+ 7,00	F	Cl	SO_4	Na	Ca	NH_4	NO_3	TOC
1997	L 01	ANTAS	0,091	0,264	0,091	2,96	11,2	1,47	3,60	6,25	11,7	13,3
1998	L 01	ANTAS	0,142	0,347	0,046	2,87	12,6	1,38	5,95	6,23	14,1	8,1
1999	L 01	ANTAS	0,104	0,267	0,029	2,21	9,5	0,99	2,15	5,51	12,5	5,4
1996	L 02	bulk / LWF	0,193	0,383	0,043	3,41	16,7	1,59	3,20	3,10	12,3	10,5
1997	L 02	bulk / LWF	0,124	0,322	0,174	4,78	16,3	3,40	5,75	4,66	13,0	16,4
1998	L 02	bulk / LWF	0,147	0,413	0,100	6,72	18,2	3,58	7,59	4,54	15,7	15,7
1999	L 02	bulk / LWF	0,059	0,213	0,038	4,97	10,7	2,62	3,04	4,18	13,5	10,2
1996	L 02	Eigenbrodt	0,088	0,200	0,035	2,58	13,3	1,16	2,11	4,67	11,2	6,0
1997	L 02	Eigenbrodt			0,128	2,96	11,9	1,61	4,30	6,89	11,0	15,4
1998	L 02	Eigenbrodt			0,095	3,56	14,6	1,66	7,80	7,05	14,2	6,7
1999	L 02	Eigenbrodt			0,019	4,18	9,3	1,61	2,20	4,93	11,8	6,0
1996	L 04	bulk / LWF	0,009	0,070	0,121	7,31	23,7	3,50	12,80	4,12	11,7	28,0
1997	L 04	bulk / LWF	0,009	0,124	0,119	6,74	15,0	3,72	15,34	4,52	9,9	15,9
1998	L 04	bulk / LWF	0,001	0,200	0,133	14,33	23,5	5,07	25,96	4,99	16,4	59,8
1999	L 04	bulk / LWF	0,001	0,145	0,036	10,66	19,4	4,60	18,12	3,90	15,0	14,3
1996	L 04	ANTAS	0,085	0,199	0,055	3,25	10,9	1,65	4,51	3,67	11,3	5,6
1997	L 04	ANTAS	0,048	0,195	0,060	3,53	9,2	2,24	6,49	5,58	9,4	10,1
1998	L 04	ANTAS	0,076	0,275	0,059	4,21	12,6	2,07	8,21	6,17	16,4	7,2
1999	L 04	ANTAS	0,053	0,219	0,025	4,26	10,3	2,09	4,05	4,68	13,3	11,7
1996	L 06	bulk / LWF	0,049	0,211	0,053	5,51	14,0	2,76	4,01	4,70	13,0	7,4
1997	L 06	bulk / LWF	0,043	0,205	0,065	3,38	10,3	2,47	6,28	3,96	9,3	11,4
1998	L 06	bulk / LWF	0,055	0,292	0,060	7,94	14,2	4,56	10,29	5,22	16,5	9,1
1999	L 06	bulk / LWF	0,027	0,175	0,031	9,18	13,0	6,18	6,37	5,89	16,3	10,8
1996	L 06	Eigenbrodt	0,044	0,153	0,062	3,65	8,6	1,96	1,78	5,16	10,7	4,8
1997	L 06	Eigenbrodt			0,071	2,90	7,8	1,74	3,81	5,07	9,3	9,5
1998	L 06	Eigenbrodt			0,037	5,14	10,4	2,57	6,63	6,53	13,8	7,5
1999	L 06	Eigenbrodt			0,008	6,80	10,8	3,80	2,24	7,19	16,2	7,1
1996	L 07	bulk / LWF	0,219	0,433	0,208	4,14	23,7	1,76	4,87	6,37	17,6	9,5
1997	L 07	bulk / LWF	0,252	0,497	0,129	2,31	15,4	1,64	3,70	5,06	12,2	15,3
1998	L 07	bulk / LWF	0,281	0,559	0,130	4,08	20,0	2,44	8,74	6,39	17,4	10,4
1999	L 07	bulk / LWF	0,174	0,350	0,054	4,05	14,1	2,08	2,31	4,44	16,0	7,7
1998	F 12	bulk / LWF	0,145	0,360	0,073	6,79	15,8	3,73	4,89	4,02	15,1	15,1
1999	F 12	bulk / LWF	0,084	0,264	0,017	6,42	12,1	3,93	2,73	3,87	14,8	16,6
1998	F 12	Eigenbrodt	0,099	0,288	0,044	4,45	12,6	2,35	3,81	4,53	12,8	8,0
1999	F 12	Eigenbrodt			0,014	5,27	14,3	2,84	3,93	5,43	15,3	6,0

7.5 Zusammenfassung

Der vorliegende Bericht gibt einen Überblick zu den Depositionsmessungen im Land Brandenburg. Es wurden der aktuelle Messstellenbestand, deren Instrumentierung sowie Aspekte zur Messnetzorganisation vorgestellt. Hervorhebenswert ist der Umstand, dass das Messnetz arbeitsteilig von zwei getrennten Landeseinrichtungen betrieben wird und dennoch ein Höchstmaß an methodischer Vereinheitlichung realisiert worden ist.

Die Darstellung und Interpretation der aktuellen Befundlage konnte mit Rücksicht auf den Umfang dieser Veröffentlichung nur schlaglichtartig erfolgen. Hierzu ist eine ausführliche Publikation des Landesumweltamtes Brandenburg geplant.

Anhand der vorgestellten Daten wurde gezeigt, dass trotz unterschiedlicher Ausbreitungs- und Depositionsmechanismen von Luftschadstoffen gute Korrelationen zwischen den Konzentrationen in der Gasphase und im Niederschlag bestehen. Die räumliche Differenzierung niederschlagsbürtiger Stoffeinträge ist insbesondere infolge der Deindustrialisierung der Lausitz stark zurückgegangen.

Das Versauerungspotential der Niederschläge hat deutlich abgenommen. Das Paradoxon der gleichzeitig zurückgehenden pH-Werte ist als kompensatorischer Effekt zu verstehen, was anhand der Messdaten belegt werden kann.

Die Stickstoffeinträge beharren weiterhin auf relativ hohem Nieveau und bedürfen der weiteren Reduzierung.

Die Umgestaltung des Messnetzes wird in Zukunft insbesondere Fragen des Bodenschutzes und der integrierten ökologischen Dauerbeobachtung in den Vordergrund rücken. Hierbei wird die systematische Beobachtung organischer Spurenstoffeinträge einen Schwerpunkt bilden.

Literatur

/LUA 95/   Konzeption Messnetz zur Erfassung atmosphärischer Stoffeinträge im Land Brandenburg. LUA Brandenburg 1995, unveröffentlicht.

/BRA 94/   Brandenburgisches Wassergesetz (BbgWG) v. 13.07.1994. Gesetz- und Verordnungsblatt für das Land Brandenburg, 5, Nr. 22.

/LUA 99/   Untersuchungen der Oder zur Belastung der Schwebstoff- bzw. Sedimentphase und angrenzender Bereiche. LUA Brandenburg, Studien und Tagungsberichte Bd. 20/21. Potsdam,: Eigenverlag, 1999.

/MER 00/   Merten, O.: Ein neuartiger Niederschlagssammler zur Gewinnung von Proben für die Analytik organischer Spurenstoffe. Gefahrstoffe-Reinhaltung der Luft 60 (2000), Nr. 1/2, S.69f.

/DWD 99/   Deutscher Wetterdienst, Amtliches Gutachten Nr. 177-99, Berlin, 1999, unveröffentlicht.

/UWG 93/   Konzept zum Grundwassermonitoring - Teil Beschaffenheit – für das Land Brandenburg. UWG Berlin (1993), unveröffentlicht.

/ZIE 92/   Ziegler, G.; Werner, L. u. a.: Langfristige Auswirkungen des Stoffeintrags durch atmosphärische Depositionen auf die Grundwasserbeschaffenheit im Festgesteinsbereich der neuen Bundesländer; BMFT-Bericht. Thüringer Landesanstalt für Umwelt, Jena März 1992.

/HAN 95/   Hannappel, S.; Merten, O.: Potentielle Verschmutzungsempfindlichkeit des Grundwassers im Lockergestein durch atmosphärische Stoffeinträge im Land Brandenburg. Internationales Symposium Grundwasserversauerung durch atmosphärische Deposition. Reihe Informationsberichte des Bayerischen Landesamtes für Wasserwirtschaft Heft 3/95. München: Eigenverlag.

/VDI 72/   VDI 2119, Blatt 2, Messen partikelförmiger Niederschläge / Bestimmung des partikelförmigen Staubniederschlags mit dem Bergerhoff-Gerät. VDI Handbuch Reinhaltung der Luft, Düsseldorf (1972).

/BEL 95/   Dauerbeobachtungsflächen zur Umweltkontrolle im Wald. Deutscher Beitrag zum Europäischen Waldschadensmonitoring (level II-Programm). Bundesministerium für Ernährung, Landwirtschaft und Forsten, Bonn, September 1995.

/BEL 97/   Dauerbeobachtungsflächen zur Umweltkontrolle im Wald – level II, Erste Ergebnisse. Bundesministerium für Ernährung, Landwirtschaft und Forsten, Bonn, Dezember 1997.

/DIN 00/ DIN, Normenausschuss Wasser, und VDI, Kommission Reinhaltung der Luft: Messen der atmosphärischen Deposition organischer Spurenstoffe – Trichter-Adsorber Verfahren, DIN 19739 Blatt1 und Blatt 2; Entwurf Oktober 2000.

/DVW 94/ DVWK, Merkblätter zur Wasserwirtschaft Nr. 229/1994, Grundsätze zur Ermittlung der Stoffdeposition. Bonn: Wirtschafts- und Verlagsgesellschaft Gas und Wasser, 1994.

/LAW 98/ LAWA, Atmosphärische Deposition, Richtlinie für Beobachtung und Auswertung der Niederschlagsbeschaffenheit 1998. Berlin: Kulturbuch-Verlag, 1998.

/LUA 00/ Landesumweltamt Brandenburg: Luftqualität im Land Brandenburg, Jahresbericht 1999. Potsdam: Eigenverlag, September 2000.

/LUA 95/ Landesumweltamt Brandenburg: Luftqualität 1975 bis 1990. Reihe Studien und Tagungsberichte, Band 5. Potsdam: Eigenverlag, 1995.

/LUA 98/ Landesumweltamt Brandenburg: Staubimmission und Spurenstoffgehalt des Staubes im Land Brandenburg; reihe Fachbeiträge des Landesumweltamtes, Band 39. Potsdam: Eigenverlag, August 1998.

/STU 70/ Stumm, W.; Morgan, J. J.: Aquatic chemistry – an introduction emphasizing chemical equilibria in natural waters. John Wiley & Sons Inc., 1970.

Tabellenanhang

Anmerkungen zu den Anhangtabellen:

| 4,51 |

Wert basiert auf nicht vollständigem Jahresdatensatz, da Depositionsmessstelle nicht das ganze Jahr in Betrieb (siehe Tabelle 1.1)

(9,67)   Depositionswerte in Klammern beziehen sich nur auf die Messzeiträume.

Dies betrifft:

Murnau	Jul.-Dez.1995 bzw. Jan.-Apr.1999
Wurmberg	Apr.-Dez.1995
Schwerin	Jan.-Mai 1997
Hohenwestedt	Jan.-Nov.1997
Twixlum	Jan.-März 1998
Lindenberg	Jan.-Sept.1998
Dunum	Apr.-Dez.1997
Angermünde	Jan.-Apr.1999
Kienhorst	Jun.-Dez.1999

*   Depositionswert durch lokale Einflüsse verfälscht (z. B. verzinkte Messturm aufbauten, Mobilfunkmast u. Ä.)

Tabelle A1:　Gewichtete Jahresmittel des pH-Wertes für alle UBA-Depositions-Messstellen (wet only)

Messstelle	pH-Wert							
	1992	1993	1994	1995	1996	1997	1998	1999
Angermünde	4,28	4,60	4,57	4,43	4,60	4,68	4,63	4,72
Ansbach			4,70	4,66	4,76	4,91	4,64	4,91
Bassum			4,68	4,70	4,82	4,82	4,52	4,93
Bornhöved							4,56	4,85
Brotjacklriegel			4,79	4,77	4,78	4,84	4,64	4,82
Deuselbach			4,53	4,59	4,61	4,76	4,51	4,81
Doberlug-Kirchhain	4,54	4,60	4,32	4,39	4,48	4,71	4,61	4,69
Dunum							4,59	5,05
Eining				4,82	4,78	4,83	4,81	5,10
Falkenberg								4,79
Helgoland				4,74	4,59	4,89	4,66	4,63
Hilchenbach				4,49	4,54	4,54	4,47	4,68
Hohenwestedt			4,58	4,52	4,75	4,68		
Kehl							4,65	4,73
Kienhorst/Schorfheide								4,61
Lehnmühle			4,27	4,43	4,54	4,68	4,47	4,68
Leinefelde	4,72	4,93	4,59	4,64	4,78	4,73	4,55	4,86
Lindenberg	4,30	4,42	4,39	4,36	4,52	4,60	4,52	
Lückendorf	4,25	4,35	4,21	4,29	4,37	4,57	4,45	4,52
Melpitz	4,06	4,47	4,38	4,49	4,48	4,78	4,52	4,80
Murnau				4,94	4,71	4,89	4,64	4,83
Neuglobsow	4,23	4,55	4,49	4,48	4,62	4,76	4,50	4,76
Regnitzlosau			4,42	4,50	4,63	4,71	4,59	4,82
Schauinsland			4,76	4,68	4,73	4,85	4,61	4,85
Schmücke	4,45	4,54	4,53	4,51	4,54	4,73	4,55	4,66
Schwerin	4,32	4,63	4,47	4,60	4,88	4,87		
Solling			4,56	4,51	4,61	4,69	4,46	4,66
Teterow	4,35	4,67	4,55	4,83	4,76	4,86	4,55	4,96
Twixlum			4,78	4,72	4,79	5,01	4,41	
Ueckermünde	4,34	4,52	4,62	4,72	4,76	4,90	4,66	4,71
Waldhof	4,79	4,92	4,54	4,54	4,63	4,72	4,56	4,72
Westerland				4,47	4,62	4,63	4,43	4,78
Wiesenburg	4,19	4,46	4,50	4,61	4,81	4,96	4,49	5,02
Wurmberg				4,54	4,72	4,66	4,54	4,69
Zingst	4,35	4,51	4,44	4,49	4,57	4,55	4,50	4,67

Tabelle A2: Gewichtete Jahresmittel der SO_4^{--}-Konzentration für alle UBA-Depositionsmessstellen (wet only)

Messstelle	\multicolumn{8}{c}{SO_4^{--}-Konzentration in mg/l}
	1992	1993	1994	1995	1996	1997	1998	1999
Angermünde	4,65	3,60	2,98	3,34	3,03	2,41	2,40	1,87
Ansbach			2,03	2,04	1,86	1,95	1,41	1,35
Bassum			2,60	2,96	2,96	2,49	1,96	2,30
Bornhöved							2,00	2,21
Brotjacklriegel			2,34	2,10	1,92	1,68	1,77	1,65
Deuselbach			2,15	1,78	2,09	1,57	1,68	1,54
Doberlug-Kirchhain	4,06	4,27	3,83	3,27	3,32	2,79	2,25	2,29
Dunum							2,15	2,42
Eining				2,19	2,15	1,98	1,67	1,84
Falkenberg								1,99
Helgoland				11,95	5,92	6,82	8,25	7,99
Hilchenbach				2,48	2,31	2,33	2,31	2,06
Hohenwestedt			2,71	3,21	2,46	2,21		
Kehl							1,99	1,54
Kienhorst/Schorfheide								2,04
Lehnmühle			3,84	3,70	3,97	2,53	2,47	2,88
Leinefelde	2,93	2,73	2,28	2,83	2,39	2,02	2,09	1,71
Lindenberg	4,12	3,72	3,74	3,17	2,94	2,07	2,90	
Lückendorf	3,52	4,21	4,18	4,44	3,72	2,92	2,87	2,65
Melpitz	4,81	4,40	3,41	3,69	4,01	2,62	2,29	2,86
Murnau				1,20	1,64	1,19	1,38	1,07
Neuglobsow	2,74	3,03	2,64	2,60	2,31	1,80	2,15	2,00
Regnitzlosau			3,86	2,57	2,86	1,95	1,90	2,35
Schauinsland			1,45	1,40	1,44	1,17	1,29	1,03
Schmücke	2,18	2,36	2,29	2,20	2,41	1,66	1,71	1,68
Schwerin	3,15	3,27	3,21	2,82	2,80	2,57		
Solling			2,15	2,40	2,11	1,82	2,01	1,84
Teterow	2,39	3,46	3,06	2,91	2,47	2,32	2,37	1,85
Twixlum			3,22	3,02	3,31	2,78	2,62	
Ueckermünde	2,51	2,78	2,75	3,04	2,64	2,41	2,20	1,86
Waldhof	2,59	2,81	2,53	2,50	2,26	2,12	2,02	2,04
Westerland				3,74	4,30	2,67	3,35	3,72
Wiesenburg	3,74	3,91	3,03	3,15	2,94	2,74	2,47	2,28
Wurmberg				2,32	2,16	1,97	2,12	2,02
Zingst	2,43	2,55	2,43	2,44	2,60	2,26	2,03	1,78

Tabelle A3: Gewichtete Jahresmittel der NO_3^--Konzentration für alle UBA-
Depositionsmessstellen (wet only)

	NO_3^--Konzentration in mg/l							
Messstelle	1992	1993	1994	1995	1996	1997	1998	1999
Angermünde	3,78	2,80	2,33	2,38	2,70	2,35	2,59	3,03
Ansbach			2,20	2,05	2,11	2,39	1,63	1,82
Bassum			2,18	2,29	2,88	2,44	2,22	2,79
Bornhöved							2,04	2,56
Brotjacklriegel			2,35	2,10	2,19	2,27	2,20	2,67
Deuselbach			2,00	1,61	2,09	1,82	1,76	1,77
Doberlug-Kirchhain	3,26	2,57	2,31	2,44	2,87	2,54	2,57	2,65
Dunum							1,94	2,14
Eining				2,22	2,55	2,54	2,09	2,24
Falkenberg								2,45
Helgoland				3,75	4,45	3,30	3,25	4,58
Hilchenbach				2,35	2,49	2,71	2,16	2,43
Hohenwestedt			2,30	2,42	2,63	2,05		
Kehl							1,93	1,77
Kienhorst/Schorfheide								2,34
Lehnmühle			2,22	2,41	3,24	2,61	2,38	2,71
Leinefelde	2,98	2,65	2,34	2,50	2,63	2,42	2,43	2,30
Lindenberg	3,14	2,71	2,63	2,46	2,78	2,45	2,75	
Lückendorf	2,78	2,55	2,58	2,68	2,59	2,36	2,52	2,74
Melpitz	5,59	2,83	2,24	2,51	3,43	3,11	2,42	3,51
Murnau				1,71	2,20	1,86	1,81	2,20
Neuglobsow	3,10	2,77	2,17	2,43	2,77	2,40	2,52	2,49
Regnitzlosau			2,18	2,21	2,57	2,44	2,20	2,89
Schauinsland			1,34	1,31	1,48	1,48	1,38	1,28
Schmücke	2,61	2,28	2,14	2,12	2,68	2,26	2,14	2,27
Schwerin	2,51	4,15	2,65	2,49	2,93	2,95		
Solling			2,05	2,30	2,41	2,22	2,33	2,39
Teterow	2,74	2,72	2,40	2,16	2,78	2,58	2,24	2,63
Twixlum			2,18	2,01	2,43	2,49	2,16	
Ueckermünde	2,44	2,06	2,27	2,85	2,47	2,08	2,17	2,34
Waldhof	2,93	2,87	2,43	2,44	2,76	2,48	2,49	2,78
Westerland				2,37	3,04	2,44	2,46	2,03
Wiesenburg	2,59	3,07	2,36	2,58	2,96	2,46	2,79	2,76
Wurmberg				1,94	2,26	2,23	2,37	2,74
Zingst	2,96	2,39	2,21	2,19	2,63	2,60	2,24	2,22

Tabelle A4: Gewichtete Jahresmittel der Cl⁻-Konzentration für alle UBA-Depositionsmessstellen (wet only)

Messstelle	Cl⁻-Konzentration in mg/l							
	1992	1993	1994	1995	1996	1997	1998	1999
Angermünde	1,31	0,70	1,70	0,92	0,68	0,60	0,76	1,07
Ansbach			0,34	0,44	0,33	0,40	0,33	0,28
Bassum			1,71	2,30	1,45	1,55	1,24	1,91
Bornhöved							2,34	2,62
Brotjacklriegel			0,35	0,35	0,29	0,28	0,30	0,25
Deuselbach			0,61	0,59	0,59	0,54	0,63	0,46
Doberlug-Kirchhain	0,72	0,60	0,53	0,52	0,60	0,67	0,47	0,55
Dunum							3,71	5,99
Eining				0,33	0,29	0,24	0,31	0,27
Falkenberg								0,50
Helgoland				73,00	19,81	34,68	46,26	40,36
Hilchenbach				1,15	0,82	0,80	0,80	0,92
Hohenwestedt			3,58	3,08	2,15	2,94		
Kehl							0,45	0,35
Kienhorst/Schorfheide								0,66
Lehnmühle			0,48	0,68	0,57	0,56	0,49	0,53
Leinefelde	2,57	0,84	0,69	0,90	0,58	0,75	0,61	0,60
Lindenberg	0,90	0,73	0,92	0,72	0,66	0,56	0,65	
Lückendorf	0,57	0,39	0,54	0,60	0,38	0,52	0,40	0,42
Melpitz	0,60	0,46	0,46	0,59	0,54	0,56	0,47	0,47
Murnau				0,20	0,28	0,16	0,17	0,18
Neuglobsow	0,68	0,83	0,84	0,78	0,61	0,71	0,80	0,87
Regnitzlosau			0,28	0,36	0,50	0,30	0,43	0,35
Schauinsland			0,19	0,44	0,29	0,27	0,33	0,24
Schmücke	0,54	0,43	0,50	0,57	0,47	0,39	0,38	0,40
Schwerin	2,03	1,64	1,71	1,77	1,40	1,25		
Solling			0,88	1,22	0,76	0,75	0,70	1,05
Teterow	1,05	1,66	1,38	2,03	1,05	1,40	0,92	1,13
Twixlum			5,64	6,41	5,56	4,90	6,43	
Ueckermünde	0,49	0,78	0,98	1,41	0,86	0,89	0,60	0,83
Waldhof	0,84	1,10	1,38	1,70	0,68	0,99	0,83	1,50
Westerland				12,23	13,69	9,31	11,88	16,71
Wiesenburg	0,64	0,60	0,77	0,92	0,76	0,89	0,59	0,70
Wurmberg				0,54	0,65	0,75	0,75	0,90
Zingst	2,04	2,09	2,24	2,04	1,91	1,78	1,65	1,46

Tabelle A5: Gewichtete Jahresmittel der NH_4^+-Konzentration für alle UBA-Depositionsmessstellen (wet only)

Messstelle	NH₄⁺-Konzentration in mg/l							
	1992	1993	1994	1995	1996	1997	1998	1999
Angermünde	1,07	1,15	0,87	0,95	1,26	1,02	1,01	0,89
Ansbach			0,78	0,72	0,82	0,82	0,51	0,60
Bassum			0,88	1,14	1,41	1,19	0,90	1,25
Bornhöved							0,73	1,11
Brotjacklriegel			0,88	0,92	0,90	0,90	0,79	0,81
Deuselbach			0,57	0,54	0,80	0,68	0,56	0,59
Doberlug-Kirchhain	1,25	1,02	0,78	0,92	1,28	0,99	1,04	0,98
Dunum							0,68	0,93
Eining				1,00	1,11	1,09	0,83	0,75
Falkenberg								0,94
Helgoland				0,66	1,34	0,81	0,34	0,70
Hilchenbach				0,81	0,92	1,02	0,78	0,76
Hohenwestedt			0,80	1,04	1,14	0,88		
Kehl							0,75	0,55
Kienhorst/Schorfheide								0,81
Lehnmühle			0,82	1,05	1,46	1,17	1,00	0,94
Leinefelde	0,92	1,01	0,72	0,93	1,11	0,95	0,86	0,76
Lindenberg	1,09	1,18	0,89	0,95	1,10	0,93	1,18	
Lückendorf	1,05	0,98	0,87	1,04	1,08	0,91	0,89	0,91
Melpitz	1,33	1,26	0,84	1,17	1,54	1,41	0,87	1,43
Murnau				0,61	0,77	0,62	0,57	0,61
Neuglobsow	0,85	1,09	0,73	0,82	1,06	0,86	0,88	1,01
Regnitzlosau			0,74	0,87	1,21	0,94	0,80	1,11
Schauinsland			0,34	0,49	0,55	0,52	0,38	0,38
Schmücke	0,67	0,81	0,68	0,74	1,02	0,82	0,73	0,71
Schwerin	0,79	0,97	0,97	0,97	1,20	1,21		
Solling			0,69	0,89	0,89	0,89	0,79	0,77
Teterow	0,60	1,17	0,82	0,87	1,14	1,02	0,75	0,92
Twixlum			0,98	0,85	1,16	1,25	0,80	
Ueckermünde	0,88	0,71	0,73	1,16	1,01	0,91	0,88	0,82
Waldhof	1,14	1,24	0,78	0,94	1,07	0,99	0,93	0,93
Westerland				0,63	1,12	0,79	0,59	0,64
Wiesenburg	0,85	1,19	0,78	1,00	1,28	1,08	0,98	1,10
Wurmberg				0,72	0,85	0,83	0,79	0,83
Zingst	0,70	0,58	0,53	0,71	0,96	0,90	0,67	0,66

Tabelle A6: Gewichtete Jahresmittel der Na^+-Konzentration für alle UBA-Depositionsmessstellen (wet only)

Messstelle	1992	1993	1994	1995	1996	1997	1998	1999
				Na^+-Konzentration in mg/l				
Angermünde	0,91	0,42	0,55	0,46	0,35	0,32	0,46	0,63
Ansbach			0,16	0,20	0,16	0,25	0,19	0,16
Bassum			0,84	1,16	0,75	0,87	0,67	1,11
Bornhöved							1,33	1,56
Brotjacklriegel			0,20	0,14	0,15	0,16	0,19	0,18
Deuselbach			0,31	0,25	0,29	0,29	0,33	0,29
Doberlug-Kirchhain	0,42	0,35	0,29	0,21	0,27	0,39	0,29	0,31
Dunum							2,15	3,55
Eining				0,12	0,11	0,12	0,16	0,14
Falkenberg								0,29
Helgoland				39,26	12,82	19,37	25,83	21,78
Hilchenbach				0,59	0,47	0,48	0,47	0,57
Hohenwestedt			2,07	1,66	1,19	1,60		
Kehl							0,23	0,19
Kienhorst/Schorfheide								0,37
Lehnmühle			0,24	0,33	0,33	0,34	0,26	0,33
Leinefelde	1,11	0,42	0,35	0,45	0,27	0,42	0,36	0,38
Lindenberg	0,66	0,31	0,52	0,26	0,32	0,29	0,39	
Lückendorf	0,31	0,21	0,24	0,24	0,18	0,23	0,24	0,24
Melpitz	0,47	0,32	0,25	0,26	0,26	0,32	0,26	0,28
Murnau				0,08	0,11	0,09	0,09	0,15
Neuglobsow	0,35	0,42	0,46	0,37	0,30	0,41	0,49	0,52
Regnitzlosau			0,14	0,14	0,26	0,17	0,22	0,22
Schauinsland			0,11	0,20	0,17	0,15	0,18	0,14
Schmücke	0,31	0,19	0,26	0,26	0,24	0,22	0,23	0,26
Schwerin	1,31	0,96	0,91	0,93	0,72	0,69		
Solling			0,48	0,62	0,40	0,45	0,39	0,60
Teterow	0,62	0,85	0,73	1,20	0,55	0,80	0,54	0,67
Twixlum			3,18	3,62	3,08	2,75	3,54	
Ueckermünde	0,32	0,42	0,48	0,74	0,43	0,48	0,34	0,46
Waldhof	0,50	0,58	0,74	0,89	0,33	0,56	0,49	0,86
Westerland				7,08	7,81	5,31	6,97	10,43
Wiesenburg	0,41	0,31	0,40	0,43	0,37	0,50	0,34	0,43
Wurmberg				0,26	0,35	0,47	0,47	0,60
Zingst	1,21	1,21	1,28	1,19	1,13	1,04	0,95	0,85

Tabelle A7: Gewichtete Jahresmittel der K^+-Konzentration für alle UBA-Depositionsmessstellen (wet only)

	K^+-Konzentration in mg/l							
Messstelle	1992	1993	1994	1995	1996	1997	1998	1999
Angermünde	0,26	0,17	0,26	0,07	0,13	0,04	0,07	0,06
Ansbach			0,07	0,10	0,05	0,10	0,04	0,07
Bassum			0,09	0,12	0,12	0,11	0,08	0,19
Bornhöved							0,05	0,12
Brotjacklriegel			0,09	0,04	0,04	0,04	0,05	0,06
Deuselbach			0,05	0,02	0,04	0,09	0,04	0,06
Doberlug-Kirchhain	0,22	0,17	0,08	0,05	0,07	0,10	0,05	0,09
Dunum							0,10	0,20
Eining				0,04	0,04	0,06	0,07	0,09
Falkenberg								0,07
Helgoland				1,47	0,71	0,57	0,80	0,83
Hilchenbach				0,05	0,04	0,06	0,05	0,10
Hohenwestedt			0,09	0,09	0,08	0,12		
Kehl							0,08	0,06
Kienhorst/Schorfheide								0,08
Lehnmühle			0,07	0,12	0,08	0,06	0,06	0,14
Leinefelde	0,42	0,19	0,09	0,12	0,08	0,09	0,06	0,14
Lindenberg	0,20	0,13	0,19	0,06	0,08	0,05	0,12	
Lückendorf	0,23	0,17	0,13	0,18	0,08	0,08	0,08	0,10
Melpitz	0,20	0,14	0,06	0,05	0,12	0,06	0,03	0,10
Murnau				0,02	0,03	0,02	0,03	0,04
Neuglobsow	0,16	0,13	0,07	0,06	0,05	0,06	0,05	0,09
Regnitzlosau			0,13	0,04	0,10	0,04	0,07	0,13
Schauinsland			0,04	0,02	0,03	0,03	0,04	0,07
Schmücke	0,10	0,08	0,06	0,04	0,05	0,05	0,04	0,06
Schwerin	0,18	0,19	0,15	0,09	0,08	0,06		
Solling			0,05	0,05	0,06	0,06	0,05	0,09
Teterow	0,21	0,26	0,08	0,10	0,09	0,09	0,11	0,07
Twixlum			0,13	0,14	0,12	0,09	0,07	
Ueckermünde	0,14	0,12	0,10	0,09	0,07	0,11	0,06	0,08
Waldhof	0,21	0,08	0,07	0,05	0,04	0,06	0,04	0,07
Westerland				0,25	0,29	0,15	0,20	0,46
Wiesenburg	0,13	0,11	0,08	0,13	0,08	0,11	0,07	0,13
Wurmberg				0,06	0,08	0,07	0,09	0,15
Zingst	0,12	0,13	0,07	0,06	0,09	0,05	0,05	0,06

Tabelle A8: Gewichtete Jahresmittel der Ca^{++}-Konzentration für alle UBA-Depositionsmessstellen (wet only)

Messstelle	Ca^{++}-Konzentration in mg/l							
	1992	1993	1994	1995	1996	1997	1998	1999
Angermünde	2,69	1,03	0,73	0,31	0,29	0,35	0,39	0,28
Ansbach			0,31	0,24	0,20	0,33	0,18	0,24
Bassum			0,40	0,29	0,30	0,27	0,20	0,32
Bornhöved							0,20	0,23
Brotjacklriegel			0,41	0,17	0,19	0,23	0,23	0,24
Deuselbach			0,29	0,15	0,19	0,19	0,19	0,24
Doberlug-Kirchhain	0,73	0,55	0,47	0,24	0,26	0,52	0,24	0,30
Dunum							0,22	0,35
Eining				0,24	0,22	0,24	0,29	0,69
Falkenberg								0,20
Helgoland				2,59	0,88	1,46	2,08	1,57
Hilchenbach				0,16	0,12	0,16	0,16	0,26
Hohenwestedt			0,41	0,21	0,19	0,19		
Kehl							0,33	0,29
Kienhorst/Schorfheide								0,20
Lehnmühle			0,30	0,27	0,37	0,24	0,22	0,59
Leinefelde	0,50	0,49	0,37	0,43	0,34	0,30	0,21	0,33
Lindenberg	0,57	0,41	0,46	0,25	0,30	0,27	0,39	
Lückendorf	0,30	0,36	0,34	0,37	0,26	0,38	0,27	0,21
Melpitz	0,93	0,54	0,38	0,35	0,35	0,36	0,28	0,40
Murnau				0,17	0,20	0,20	0,19	0,14
Neuglobsow	0,89	0,37	0,36	0,27	0,25	0,27	0,21	0,26
Regnitzlosau			0,71	0,17	0,22	0,26	0,19	0,33
Schauinsland			0,30	0,09	0,11	0,14	0,14	0,12
Schmücke	0,51	0,26	0,30	0,15	0,16	0,14	0,12	0,14
Schwerin	0,73	0,64	0,41	0,38	0,50	0,47		
Solling			0,21	0,13	0,14	0,15	0,13	0,16
Teterow	1,10	1,52	0,52	1,22	0,35	0,44	0,46	0,40
Twixlum			0,40	0,30	0,38	0,34	0,25	
Ueckermünde	0,19	0,38	0,57	0,45	0,45	0,53	0,33	0,21
Waldhof	0,33	0,30	0,33	0,19	0,17	0,24	0,16	0,21
Westerland				0,35	0,45	0,33	0,38	0,46
Wiesenburg	0,47	0,50	0,48	0,45	0,45	0,60	0,45	0,63
Wurmberg				0,17	0,23	0,22	0,20	0,21
Zingst	0,25	0,21	0,49	0,15	0,20	0,24	0,24	0,19

Tabelle A9: Gewichtete Jahresmittel der Mg^{++}-Konzentration für alle UBA-Depositionsmessstellen (wet only)

Messstelle	1992	1993	1994	1995	1996	1997	1998	1999
				Mg^{++}-Konzentration in mg/l				
Angermünde	0,42	0,09	0,14	0,07	0,05	0,07	0,07	0,08
Ansbach			0,04	0,03	0,03	0,11	0,04	0,03
Bassum			0,15	0,16	0,10	0,10	0,10	0,16
Bornhöved							0,18	0,20
Brotjacklriegel			0,05	0,02	0,03	0,03	0,03	0,03
Deuselbach			0,06	0,03	0,04	0,06	0,06	0,06
Doberlug-Kirchhain	0,08	0,10	0,06	0,03	0,04	0,11	0,06	0,05
Dunum							0,25	0,42
Eining				0,03	0,03	0,03	0,04	0,10
Falkenberg								0,04
Helgoland				4,77	1,26	2,24	3,04	3,26
Hilchenbach				0,08	0,07	0,07	0,07	0,09
Hohenwestedt			0,22	0,19	0,15	0,19		
Kehl							0,06	0,04
Kienhorst/Schorfheide								0,05
Lehnmühle			0,05	0,06	0,09	0,08	0,05	0,11
Leinefelde	0,14	0,09	0,07	0,08	0,05	0,07	0,06	0,07
Lindenberg	0,08	0,07	0,08	0,04	0,05	0,05	0,05	
Lückendorf	0,05	0,07	0,06	0,07	0,04	0,12	0,07	0,06
Melpitz	0,08	0,13	0,06	0,05	0,08	0,08	0,06	0,07
Murnau				0,02	0,03	0,03	0,04	0,04
Neuglobsow	0,06	0,09	0,07	0,05	0,04	0,07	0,06	0,08
Regnitzlosau			0,05	0,03	0,03	0,05	0,04	0,05
Schauinsland			0,03	0,02	0,02	0,03	0,04	0,02
Schmücke	0,08	0,06	0,05	0,03	0,03	0,04	0,04	0,04
Schwerin	0,13	0,14	0,13	0,11	0,12	0,12		
Solling			0,07	0,08	0,05	0,07	0,06	0,09
Teterow	0,14	0,19	0,11	0,22	0,09	0,11	0,08	0,11
Twixlum			0,38	0,41	0,36	0,30	0,44	
Ueckermünde	0,03	0,11	0,10	0,12	0,08	0,11	0,05	0,07
Waldhof	0,08	0,10	0,11	0,11	0,05	0,08	0,07	0,11
Westerland				0,72	0,81	0,53	0,80	1,19
Wiesenburg	0,11	0,10	0,11	0,11	0,09	0,13	0,08	0,11
Wurmberg				0,04	0,06	0,07	0,07	0,08
Zingst	0,13	0,15	0,15	0,12	0,13	0,13	0,13	0,11

Tabelle A10: Gewichtete Jahresmittel der Leitfähigkeit des Niederschlagswassers für alle UBA-Depositionsmessstellen

	Leitfähigkeit in µS/cm							
Messstelle	1992	1993	1994	1995	1996	1997	1998	1999
Angermünde	37,8	27,5	46,7	31,6	27,8	21,2	19,2	23,1
Ansbach			20,1	19,9	17,6	16,0	12,2	15,0
Bassum			25,4	28,0	26,1	22,5	20,9	25,7
Bornhöved							24,3	27,5
Brotjacklriegel			19,5	18,4	17,2	15,4	13,6	16,4
Deuselbach			21,9	19,1	21,8	16,1	16,3	15,2
Doberlug-Kirchhain	38,0	52,0	33,0	30,1	30,8	22,8	20,3	21,0
Dunum							28,3	35,9
Eining				18,0	19,8	17,2	13,1	16,4
Falkenberg								19,7
Helgoland				256,6	98,8	154,9	157,8	173,1
Hilchenbach				28,2	25,4	25,2	21,8	21,7
Hohenwestedt			32,3	32,6	27,0	26,6		
Kehl							16,4	15,5
Kienhorst/Schorfheide								20,9
Lehnmühle			35,0	30,2	31,6	22,9	21,2	23,5
Leinefelde	36,0	34,0	22,2	26,1	21,3	20,0	19,2	17,1
Lindenberg	29,9	28,6	30,8	30,3	27,9	21,1	37,4	
Lückendorf	39,0	43,0	39,3	38,3	32,0	26,4	24,9	25,4
Melpitz	29,4	30,7	29,9	29,5	33,6	22,8	20,1	24,5
Murnau				13,1	17,4	11,4	11,7	16,8
Neuglobsow	25,9	25,6	25,8	26,4	23,8	18,8	21,6	22,0
Regnitzlosau			28,7	24,1	24,1	17,7	17,5	20,6
Schauinsland			15,7	15,3	14,5	11,9	12,6	11,3
Schmücke	21,4	21,1	21,7	23,0	25,6	17,8	17,8	22,2
Schwerin	35,4	29,6	33,7	28,8	25,7	23,4		
Solling			23,8	26,1	22,8	19,8	20,4	21,1
Teterow	24,1	31,3	28,1	30,1	24,2	22,0	20,2	20,9
Twixlum			38,4	40,0	40,1	34,8	42,8	
Ueckermünde	24,6	22,9	24,7	25,8	22,5	20,2	18,4	20,7
Waldhof	25,0	32,0	27,3	27,1	23,4	22,2	20,7	23,7
Westerland				67,7	75,2	51,1	60,5	77,2
Wiesenburg	24,6	29,6	27,0	27,2	27,2	22,0	19,2	21,1
Wurmberg				22,9	20,2	19,8	20,4	21,9
Zingst	37,0	35,0	30,8	29,7	29,5	26,8	24,0	22,9

Tabelle A11: Gewichtete Jahresmittel der Blei-Konzentration für alle UBA-
Depositionsmessstellen (wet only)

Messstelle	Blei-Konzentration in µg/l					
	1994	1995	1996	1997	1998	1999
Angermünde	1,93	2,48	3,40	1,81	1,24	1,62
Ansbach	1,83	1,67	1,63	1,29	1,00	1,30
Bassum	1,55	1,37	1,35	1,14	0,91	1,05
Bornhöved					1,00	1,18
Brotjacklriegel	1,71	1,91	1,74	1,22	1,18	1,43
Deuselbach	2,52	2,01	1,91	2,02	1,39	1,58
Doberlug-Kirchhain	2,04	2,34	2,77	1,22	1,79	1,43
Dunum					1,07	0,73
Eining		1,82	2,01	1,59	0,58	0,55
Falkenberg						2,02
Helgoland		1,93	2,12	1,36	1,16	1,71
Hilchenbach		2,95	2,30	2,34	1,84	2,01
Hohenwestedt	1;90	2,29	1,25	0,96		
Kehl					1,99	1,64
Kienhorst/Schorfheide						1,39
Lehnmühle	3,09	3,41	2,50	1,76	1,68	2,42
Leinefelde	1,77	1,98	3,27	2,01	1,87	2,50
Lindenberg	2,23	4,59	3,55	3,51		
Lückendorf	3,70	3,76	3,45	1,65	2,21	3,38
Melpitz	1,88	2,28	3,02	1,72	0,98	1,39
Murnau		1,32	1,55	0,78	0,89	0,98
Neuglobsow	2,30	1,83	1,68	1,19	1,47	1,32
Regnitzlosau	1,79	2,04	2,06	1,24	1,63	1,76
Schauinsland	1,49	1,72	1,38	0,98	1,05	0,97
Schmücke	2,49	2,34	2,14	1,54	1,85	1,95
Schwerin	1,48	2,18	2,19	1,23		
Solling	2,01	2,03	1,96	1,84	1,66	1,71
Teterow	1,75	1,52	1,48	1,31	1,66	0,94
Twixlum	1,30	1,42	1,60	0,92	0,80	
Ueckermünde	1,26	1,61	1,83	1,32	0,97	1,52
Waldhof	1,83	1,86	1,67	1,26	1,44	1,58
Westerland		3,16	1,94	1,76	1,29	0,87
Wiesenburg	2,36	2,24	1,64	1,15	1,08	1,53
Wurmberg		2,01	2,07	1,27	1,30	1,39
Zingst	1,61	1,92	2,34	2,15	0,91	1,27

Tabelle A12: Gewichtete Jahresmittel der Kadmium-Konzentration für alle Depositionsmessstellen (wet only)

	Kadmium-Konzentration in µg/l					
Messstelle	1994	1995	1996	1997	1998	1999
Angermünde	0,19	0,16	0,50	0,10	0,07	0,05
Ansbach	0,14	0,15	0,16	0,10	0,04	0,05
Bassum	0,15	0,17	0,13	0,06	0,04	0,04
Bornhöved					0,04	0,07
Brotjacklriegel	0,23	0,14	0,17	0,14	0,07	0,09
Deuselbach	0,16	0,14	0,15	0,07	0,03	0,05
Doberlug-Kirchhain	0,14	0,16	0,14	0,06	0,06	0,13
Dunum					0,04	0,04
Eining		0,17	0,20	0,07	0,03	0,04
Falkenberg						0,07
Helgoland		0,14	0,13	0,06	0,05	0,05
Hilchenbach		0,16	0,24	0,11	0,06	0,06
Hohenwestedt	0,15	0,14	0,13	0,04		
Kehl					0,07	0,07
Kienhorst/Schorfheide						0,04
Lehnmühle	0,18	0,23	0,16	0,08	0,10	0,11
Leinefelde	0,15	0,28	0,21	0,11	0,07	0,12
Lindenberg	0,18	0,27	0,54	0,23		
Lückendorf	0,20	0,15	0,42	0,29	0,14	0,13
Melpitz	0,14	0,15	0,31	0,06	0,05	0,11
Murnau		0,14	0,18	0,05	0,04	0,03
Neuglobsow	0,13	0,14	0,14	0,07	0,06	0,05
Regnitzlosau	0,16	0,14	0,17	0,19	0,05	0,13
Schauinsland	0,15	0,13	0,16	0,07	0,03	0,04
Schmücke	0,17	0,15	0,18	0,07	0,15	0,05
Schwerin	0,15	0,14	0,14	0,15		
Solling	0,18	0,14	0,16	0,06	0,06	0,06
Teterow	0,17	0,14	0,13	0,13	0,17	0,07
Twixlum	0,14	0,14	0,15	0,09	0,03	
Ueckermünde	0,17	0,15	0,16	0,07	0,05	0,05
Waldhof	0,16	0,16	0,14	0,09	0,08	0,07
Westerland		0,18	0,13	0,05	0,07	0,08
Wiesenburg	0,16	0,15	0,12	0,10	0,06	0,07
Wurmberg		0,13	0,15	0,08	0,06	0,08
Zingst	0,16	0,15	0,14	0,12	0,04	0,06

Tabelle A13: Gewichtete Jahresmittel der Kupfer-Konzentration für alle UBA-Depositionsmessstellen (wet only)

Messstelle	Kupfer-Konzentration in µg/l					
	1994	1995	1996	1997	1998	1999
Angermünde	1,66	2,71	2,47	2,10	1,37	1,52
Ansbach	1,68	2,56	1,53	2,74	1,28	1,57
Bassum	1,43	1,44	2,19	1,45	1,47	1,40
Bornhöved					1,59	1,36
Brotjacklriegel	4,38	3,56	2,01	2,36	1,48	1,88
Deuselbach	1,36	1,30	1,57	1,31	0,96	1,59
Doberlug-Kirchhain	2,23	3,06	4,62	1,42	2,00	1,44
Dunum					2,07	2,17
Eining		1,67	1,59	1,76	1,15	0,90
Falkenberg						80,7*
Helgoland		3,20	4,09	1,87	23,21	38,71
Hilchenbach		1,73	1,58	1,37	1,20	1,45
Hohenwestedt	2,18	1,45	1,23	0,92		
Kehl					1,87	1,58
Kienhorst/Schorfheide						3,22
Lehnmühle	1,63	2,18	1,76	1,47	1,40	2,90
Leinefelde	1,87	3,21	2,29	2,31	1,73	1,85
Lindenberg	2,32	2,90	9,31	10,29	97,7*	
Lückendorf	2,43	4,37	9,99	2,82	2,05	2,04
Melpitz	1,20	1,76	2,74	1,95	1,27	1,40
Murnau		1,45	1,08	0,72	1,17	1,07
Neuglobsow	12,88	11,79	9,97	11,44	7,46	11,41
Regnitzlosau	3,03	1,53	2,41	1,67	2,67	2,47
Schauinsland	1,58	1,90	1,06	0,99	1,00	0,86
Schmücke	1,39	1,11	1,37	0,93	1,03	1,38
Schwerin	1,95	2,61	2,26	1,59		
Solling	1,23	1,34	2,49	2,27	1,37	1,47
Teterow	2,10	1,99	1,98	3,65	1,76	1,78
Twixlum	1,45	1,23	2,59	1,22	0,75	
Ueckermünde	1,95	2,47	2,14	1,35	1,40	1,70
Waldhof	6,36	7,35	1,73	1,34	1,51	2,18
Westerland		3,42	2,98	1,86	1,20	2,45
Wiesenburg	1,41	3,39	1,76	1,24	1,09	1,60
Wurmberg		1,73	1,63	1,48	1,51	1,52
Zingst		2,82	4,57	5,21	1,66	2,93

Tabelle A14: Gewichtete Jahresmittel der Zink-Konzentration für alle UBA-Depositionsmessstellen (wet only)

Messstelle	Zink-Konzentration in µg/l					
	1994	1995	1996	1997	1998	1999
Angermünde	13,83	15,35	15,40	15,67	11,76	11,95
Ansbach	10,96	14,52	9,73	13,60	7,25	8,17
Bassum	9,19	9,83	12,09	13,14	7,90	9,01
Bornhöved					6,62	7,66
Brotjacklriegel *	76,41	68,61	55,34	80,37	68,19	46,95
Deuselbach	12,80	9,61	10,46	9,84	8,87	10,65
Doberlug-Kirchhain	31,34	17,13	31,27	11,38	12,81	10,77
Dunum					8,92	12,56
Eining		10,87	10,33	10,89	7,36	17,22
Falkenberg						19,15
Helgoland		26,39	34,67	17,21	13,28	18,58
Hilchenbach		18,35	14,30	14,59	11,98	14,30
Hohenwestedt	8,24	9,66	7,45	14,78		
Kehl					15,58	11,02
Kienhorst/Schorfheide						14,22
Lehnmühle	19,06	19,14	11,58	10,81	10,95	16,53
Leinefelde	18,71	36,89	23,23	22,93	14,27	16,62
Lindenberg	18,42	14,14	17,58	12,25	149,1*	
Lückendorf	17,16	25,45	22,24	20,35	11,73	11,35
Melpitz	11,41	23,51	12,57	12,09	8,33	10,42
Murnau		6,48	7,22	8,16	6,95	5,35
Neuglobsow	26,68	34,48	27,95	30,23	25,19	33,10
Regnitzlosau	11,81	8,69	11,95	43,99	213,6*	135,6*
Schauinsland	9,18	7,80	8,40	6,60	4,85	6,45
Schmücke	12,64	12,27	10,83	9,76	7,55	9,60
Schwerin	22,08	16,40	18,82	18,49		
Solling	22,74	23,26	17,62	19,40	14,55	15,27
Teterow	22,02	28,55	14,99	14,79	22,98	10,35
Twixlum	8,44	8,84	10,89	8,40	7,00	
Ueckermünde	20,84	22,63	25,88	14,67	18,87	8,87
Waldhof	18,65	25,43	9,62	8,90	8,20	12,57
Westerland		15,27	13,37	10,11	10,02	13,53
Wiesenburg	15,84	22,64	25,35	24,10	14,83	18,05
Wurmberg		10,40	10,90	13,07	8,93	12,80
Zingst	16,59	15,25	10,78	9,75	7,15	10,00

Tabelle A15: Gewichtete Jahresmittel der Mangan-Konzentration für alle UBA-Depositionsmessstellen (wet only)

Messstelle	Mangan-Konzentration in µg/l					
	1994	1995	1996	1997	1998	1999
Angermünde	4,83	3,97	3,40	4,07	3,02	1,63
Ansbach	3,19	2,65	2,63	3,12	2,25	1,87
Bassum	6,15	5,51	6,16	5,36	4,77	4,56
Bornhöved					1,98	2,39
Brotjacklriegel	2,81	1,83	1,88	1,94	1,84	1,56
Deuselbach	3,06	2,51	3,34	2,74	2,55	2,92
Doberlug-Kirchhain	3,79	4,18	4,06	3,98	2,98	2,11
Dunum					3,75	3,34
Eining		2,79	2,13	2,86	2,19	1,62
Falkenberg						2,59
Helgoland		9,90	5,90	7,48	8,06	6,56
Hilchenbach		3,20	2,45	3,16	2,59	2,82
Hohenwestedt	2,99	3,29	2,55	5,84		
Kehl					5,41	3,30
Kienhorst/Schorfheide						2,42
Lehnmühle	2,85	3,83	3,94	3,54	3,04	2,62
Leinefelde	3,17	3,88	3,71	3,41	2,30	2,74
Lindenberg	4,24	4,15	4,41	3,95	3,65	
Lückendorf	10,53	8,79	5,16	6,64	5,21	4,05
Melpitz	3,23	3,69	3,72	4,47	3,14	2,85
Murnau		1,38	1,35	1,69	1,51	1,13
Neuglobsow	3,36	2,67	3,30	3,20	3,22	2,18
Regnitzlosau	3,10	2,54	2,83	3,01	2,59	2,77
Schauinsland	2,06	1,06	1,14	1,96	1,23	1,23
Schmücke	2,23	1,83	2,11	1,74	1,70	1,34
Schwerin	3,14	3,31	3,68	3,59		
Solling	4,02	4,74	5,17	7,03	5,42	9,88
Teterow	4,56	3,10	3,46	4,64	3,58	2,04
Twixlum	3,40	3,49	4,15	5,29	2,96	
Ueckermünde	2,98	4,08	2,30	5,24	2,85	1,98
Waldhof	2,95	2,66	2,49	3,33	2,35	2,35
Westerland		4,67	2,72	2,03	2,21	1,49
Wiesenburg	3,83	4,44	4,18	4,28	3,09	3,93
Wurmberg		3,11	3,72	4,69	4,38	6,31
Zingst	1,97	2,63	3,78	3,69	2,13	2,14

Tabelle A16: Ermittelte Jahresniederschlagsmengen (Eigenbrodt-Sammler)

Messstelle	Niederschlagsmenge Eigenbrodt-Sammler in mm							
	1992	1993	1994	1995	1996	1997	1998	1999
Angermünde	408	549	476	444	418	553	528	(133)
Ansbach			727	665	695	535	737	733
Bassum			684	721	539	562	906	559
Bornhöved							907	657
Brotjacklriegel			917	1046	840	864	1034	924
Deuselbach			670	885	534	613	774	695
Doberlug-Kirchhain	463	587	651	569	444	361	536	434
Dunum							(988)	755
Eining				534	508	516	602	630
Falkenberg								402
Helgoland				512	315	566	1026	457
Hilchenbach				1151	886	929	1493	1206
Hohenwestedt			943	772	546	(740)		
Kehl							765	785
Kienhorst/Schorfheide								(267)
Lehnmühle			949	1010	607	721	906	757
Leinefelde	733	713	723	577	585	587	747	658
Lindenberg	429	594	569	523	443	550	(476)	
Lückendorf	512	853	709	748	638	720	761	679
Melpitz	453	509	591	518	358	453	523	331
Murnau				(516)	1096	823	966	(196)
Neuglobsow	490	539	670	498	433	413	553	493
Regnitzlosau			575	588	476	442	630	504
Schauinsland			1045	1974	1475	1639	1814	2096
Schmücke	1143	1290	1258	1396	1000	898	1486	1295
Schwerin	497	760	758	556	438	(363)		
Solling			1274	1121	815	952	1342	1036
Teterow	498	599	572	559	384	481	593	467
Twixlum			786	710	468	454	(125)	
Ueckermünde	215	457	524	651	448	553	654	606
Waldhof	553	644	773	550	498	570	752	480
Westerland				456	376	488	708	766
Wiesenburg	352	650	747	546	402	417	639	472
Wurmberg				(556)	687	842	1129	694
Zingst	466	634	629	547	431	469	699	611

Tabelle A17: Jährliche H^+-Depositionen an den UBA-Depositionsmessstellen (wet only)

Messstelle	H$^+$-Deposition in kg/ha							
	1992	1993	1994	1995	1996	1997	1998	1999
Angermünde	0,22	0,14	0,13	0,16	0,11	0,12	0,12	(0,03)
Ansbach			0,14	0,15	0,12	0,07	0,17	0,09
Bassum			0,14	0,14	0,08	0,09	0,27	0,07
Bornhöved							0,25	0,09
Brotjacklriegel			0,15	0,18	0,14	0,12	0,24	0,14
Deuselbach			0,20	0,23	0,13	0,11	0,24	0,11
Doberlug-Kirchhain	0,24	0,24	0,31	0,23	0,15	0,07	0,13	0,09
Dunum							(0,25)	0,07
Eining				0,08	0,08	0,08	0,09	0,05
Falkenberg								0,06
Helgoland				0,09	0,08	0,07	0,23	0,11
Hilchenbach				0,37	0,26	0,27	0,51	0,25
Hohenwestedt			0,25	0,23	0,10	(0,15)		
Kehl							0,17	0,14
Kienhorst/Schorfheide								(0,07)
Lehnmühle			0,52	0,38	0,18	0,15	0,31	0,16
Leinefelde	0,30	0,15	0,19	0,13	0,10	0,11	0,21	0,09
Lindenberg	0,21	0,23	0,23	0,23	0,13	0,14	(0,14)	
Lückendorf	0,34	0,43	0,44	0,38	0,27	0,19	0,27	0,20
Melpitz	0,39	0,17	0,24	0,17	0,12	0,07	0,16	0,05
Murnau				(0,06)	0,21	0,10	0,22	(0,03)
Neuglobsow	0,29	0,15	0,21	0,17	0,10	0,07	0,18	0,09
Regnitzlosau			0,22	0,19	0,11	0,09	0,16	0,08
Schauinsland			0,18	0,41	0,27	0,23	0,44	0,30
Schmücke	0,41	0,38	0,38	0,43	0,29	0,17	0,42	0,28
Schwerin	0,19	0,18	0,25	0,14	0,06	(0,05)		
Solling			0,35	0,35	0,20	0,20	0,46	0,22
Teterow	0,22	0,13	0,16	0,08	0,07	0,07	0,17	0,05
Twixlum			0,13	0,14	0,08	0,04	(0,05)	
Ueckermünde	(0,10)	(0,14)	0,12	0,12	0,08	0,07	0,14	0,12
Waldhof	0,18	0,16	0,22	0,16	0,12	0,11	0,21	0,09
Westerland				0,15	0,09	0,11	0,26	0,13
Wiesenburg	(0,23)	0,22	0,23	0,14	0,06	0,05	0,16	0,04
Wurmberg				(0,16)	0,13	0,19	0,32	0,14
Zingst	0,26	0,24	0,23	0,18	0,12	0,13	0,22	0,13

Tabelle A18: Jährliche SO_4^{--}-Depositionen an den UBA-Depositionsmessstellen (wet only)

	SO_4^{--}-Deposition in kg/ha							
Messstelle	1992	1993	1994	1995	1996	1997	1998	1999
Angermünde	18,98	19,74	14,16	14,83	12,63	13,35	12,68	(2,48)
Ansbach			14,74	13,56	12,96	10,41	10,43	9,86
Bassum			17,82	21,33	15,98	13,99	17,76	12,86
Bornhöved							18,14	14,54
Brotjacklriegel			21,46	21,96	16,11	14,53	18,32	15,21
Deuselbach			14,42	15,75	11,16	9,64	13,03	10,73
Doberlug-Kirchhain	18,78	25,06	24,93	18,60	14,71	10,08	12,07	9,92
Dunum							(21,28)	18,26
Eining				11,70	10,93	10,20	10,05	11,56
Falkenberg								7,99
Helgoland				61,17	18,68	38,57	84,62	36,52
Hilchenbach				28,54	20,46	21,63	34,57	24,88
Hohenwestedt			25,57	24,78	13,45	(16,34)		
Kehl							15,26	12,12
Kienhorst/Schorfheide								(5,46)
Lehnmühle			36,43	37,37	24,12	18,23	22,35	21,83
Leinefelde	21,50	19,50	16,45	16,32	13,95	11,85	15,60	11,25
Lindenberg	17,64	22,11	21,28	16,57	13,00	11,38	(13,77)	
Lückendorf	18,01	35,89	29,61	33,20	23,70	21,05	21,82	18,01
Melpitz	21,77	22,43	20,17	19,10	14,35	11,85	11,97	9,45
Murnau				(6,19)	17,98	9,80	13,30	(2,10)
Neuglobsow	13,42	16,36	17,65	12,93	10,02	7,41	11,86	9,87
Regnitzlosau			22,20	15,10	13,64	8,61	11,96	11,87
Schauinsland			15,17	27,63	21,20	19,23	23,46	21,61
Schmücke	24,90	30,42	28,86	30,78	24,09	14,95	25,46	21,77
Schwerin	15,64	24,88	24,33	15,68	12,26	(9,32)		
Solling			27,36	26,90	17,22	17,35	27,03	19,07
Teterow	11,90	20,75	17,51	16,25	9,48	11,17	14,05	8,65
Twixlum			25,33	21,45	15,46	12,63	(3,27)	
Ueckermünde	(5,40)	(12,71)	14,42	19,78	11,85	13,36	14,38	11,29
Waldhof	14,31	18,09	19,54	13,75	11,24	12,05	15,20	9,77
Westerland				17,04	16,14	13,03	23,69	28,54
Wiesenburg	(13,17)	25,42	22,67	17,16	11,82	11,42	15,74	10,75
Wurmberg				(12,91)	14,86	16,58	23,98	14,00
Zingst	11,33	16,19	15,27	13,34	11,20	10,58	14,22	10,88

Tabelle A19:   Jährliche NO_3^--Depositionen an den UBA-Depositionsmessstellen
(wet only)

Messstelle	\multicolumn{8}{c}{NO_3^--Deposition in kg/ha}							
	1992	1993	1994	1995	1996	1997	1998	1999
Angermünde	15,41	15,37	11,06	10,56	11,27	13,00	13,67	(4,01)
Ansbach			16,01	13,63	14,67	12,80	12,00	13,30
Bassum			14,93	16,50	15,53	13,69	20,06	15,58
Bornhöved							18,48	16,80
Brotjacklriegel			21,53	21,96	18,38	19,61	22,72	24,67
Deuselbach			13,39	14,24	11,13	11,14	13,59	12,29
Doberlug-Kirchhain	15,10	15,06	15,02	13,88	12,72	9,15	13,76	11,51
Dunum							(19,21)	16,17
Eining				11,86	12,94	13,08	12,57	14,09
Falkenberg								9,84
Helgoland				19,20	14,04	18,67	33,36	20,91
Hilchenbach				27,05	22,09	25,16	32,33	29,30
Hohenwestedt			21,71	18,68	14,37	(15,13)		
Kehl							14,74	13,93
Kienhorst/Schorfheide								(6,25)
Lehnmühle			21,06	24,34	19,64	18,83	21,58	20,50
Leinefelde	21,81	18,90	16,93	14,42	15,35	14,19	18,12	15,10
Lindenberg	13,45	16,07	14,94	12,86	12,29	13,45	(13,1)	
Lückendorf	14,24	21,79	18,27	20,04	16,51	17,01	19,15	18,61
Melpitz	25,32	14,42	13,26	12,99	12,28	14,09	12,68	11,62
Murnau				(8,82)	24,09	15,31	17,50	(4,31)
Neuglobsow	15,20	14,92	14,52	12,12	12,01	9,92	13,94	12,29
Regnitzlosau			12,51	12,99	12,24	10,79	13,84	14,58
Schauinsland			(13,98)	25,86	21,78	24,21	24,95	26,75
Schmücke	29,77	29,35	26,94	29,56	26,80	20,28	31,85	29,46
Schwerin	12,47	31,54	20,08	13,87	12,85	(10,71)		
Solling			26,07	25,78	19,63	21,12	31,30	24,76
Teterow	13,64	16,32	13,75	12,09	10,69	12,43	13,28	12,27
Twixlum			17,17	14,28	11,34	11,33	(2,70)	
Ueckermünde	(5,23)	(9,42)	11,88	18,56	11,06	11,48	14,23	14,15
Waldhof	16,19	18,51	18,78	13,42	13,76	14,10	18,70	13,37
Westerland				10,80	11,43	11,93	17,42	15,56
Wiesenburg	(9,11)	19,92	17,63	14,10	11,89	10,27	17,82	13,03
Wurmberg				(10,79)	15,53	18,81	26,73	19,05
Zingst	13,78	15,17	13,89	11,97	11,36	12,21	15,64	13,57

Tabelle A20: Jährliche Cl⁻-Depositionen an den UBA-Depositionsmessstellen (wet only)

Messstelle	1992	1993	1994	1995	1996	1997	1998	1999
				Cl⁻-Deposition in kg/h				
Angermünde	5,36	3,86	8,08	4,10	2,85	3,32	4,01	(1,42)
Ansbach			2,45	2,92	2,30	2,15	2,44	2,07
Bassum			11,67	16,57	7,84	8,70	11,27	10,70
Bornhöved							21,23	17,24
Brotjacklriegel			3,21	3,66	2,47	2,46	3,08	2,34
Deuselbach			4,08	5,22	3,15	3,29	4,90	3,19
Doberlug-Kirchhain	3,34	3,54	3,47	2,96	2,66	2,43	2,52	2,39
Dunum							(36,69)	45,26
Eining				1,76	1,49	1,25	1,88	1,72
Falkenberg								2,03
Helgoland				373,69	62,47	196,19	474,67	184,43
Hilchenbach				13,24	7,25	7,42	11,89	11,12
Hohenwestedt			33,74	23,78	11,72	(21,75)		
Kehl							3,47	2,74
Kienhorst/Schorfheide								(1,76)
Lehnmühle			4,51	6,87	3,43	4,06	4,40	4,03
Leinefelde	18,81	6,00	4,97	5,19	3,40	4,39	4,57	3,96
Lindenberg	3,87	4,31	5,25	3,74	2,94	3,10	(3,10)	
Lückendorf	2,92	3,34	3,82	4,49	2,45	3,75	3,08	2,85
Melpitz	2,70	2,34	2,72	3,08	1,93	2,55	2,45	1,55
Murnau				(1,03)	3,10	1,28	1,68	(0,35)
Neuglobsow	3,32	4,45	5,60	3,86	2,66	2,93	4,43	4,31
Regnitzlosau			1,59	2,12	2,39	1,33	2,69	1,79
Schauinsland			(1,96)	8,68	4,27	4,48	5,95	5,11
Schmücke	6,22	5,57	6,31	7,89	4,66	3,47	5,64	5,15
Schwerin	10,11	12,49	12,95	9,84	6,14	(4,52)		
Solling			11,22	13,68	6,20	7,16	9,33	10,92
Teterow	5,23	9,93	7,90	11,37	4,02	6,73	5,44	5,27
Twixlum			44,35	45,52	25,98	22,25	(8,04)	
Ueckermünde	(1,05)	(3,55)	5,15	9,19	3,96	4,90	3,95	5,06
Waldhof	4,64	7,08	10,63	9,35	3,39	5,67	6,21	7,19
Westerland				55,73	51,42	45,43	84,12	128,04
Wiesenburg	(2,27)	3,93	5,77	5,03	3,07	3,72	3,79	3,30
Wurmberg				(3,00)	4,46	6,31	8,47	6,25
Zingst	9,49	13,23	14,07	11,15	8,23	8,33	11,52	8,94

Tabelle A21: Jährliche NH_4^+-Depositionen an den UBA-Depositionsmessstellen (wet only)

	NH_4^+-Deposition in kg/ha							
Messstelle	1992	1993	1994	1995	1996	1997	1998	1999
Angermünde	4,36	6,33	4,15	4,23	5,26	5,65	5,35	(1,18)
Ansbach			5,64	4,79	5,72	4,41	3,76	4,39
Bassum			6,00	8,21	7,59	6,67	8,12	6,97
Bornhöved							6,61	7,30
Brotjacklriegel			8,05	9,62	7,54	7,76	8,18	7,44
Deuselbach			3,84	4,78	4,25	4,18	4,30	4,12
Doberlug-Kirchhain	5,78	5,97	5,08	5,23	5,67	3,58	5,58	4,23
Dunum							(6,75)	7,01
Eining				5,34	5,67	5,61	5,00	4,71
Falkenberg								3,75
Helgoland				3,38	4,22	4,58	3,47	3,22
Hilchenbach				9,32	8,11	9,48	11,59	9,11
Hohenwestedt			7,54	8,03	6,22	(6,52)		
Kehl							5,70	4,31
Kienhorst/Schorfheide								(2,15)
Lehnmühle			7,81	10,61	8,84	8,42	9,03	7,11
Leinefelde	6,75	7,18	5,17	5,36	6,46	5,60	6,43	4,98
Lindenberg	4,67	6,98	5,04	4,96	4,89	5,14	(5,64)	
Lückendorf	5,36	8,34	6,17	7,78	6,90	6,57	6,76	6,22
Melpitz	6,01	6,44	4,99	6,08	5,50	6,37	4,55	4,73
Murnau				(3,14)	8,40	5,07	5,54	(1,20)
Neuglobsow	4,17	5,86	4,88	4,09	4,58	3,54	4,87	4,98
Regnitzlosau			4,25	5,11	5,74	4,14	5,04	5,60
Schauinsland			3,55	9,67	8,11	8,55	6,85	7,96
Schmücke	7,60	10,44	8,59	10,38	10,24	7,35	10,86	9,15
Schwerin	3,94	7,39	7,40	5,40	5,26	(4,38)		
Solling			8,85	9,98	7,29	8,43	10,58	7,95
Teterow	3,01	7,01	4,68	4,88	4,36	4,90	4,47	4,28
Twixlum			7,69	6,04	5,44	5,67	(1,00)	
Ueckermünde	(1,90)	(3,25)	3,81	7,53	4,51	5,06	5,74	4,99
Waldhof	6,29	8,00	6,01	5,17	5,32	5,66	6,96	4,45
Westerland				2,87	4,20	3,84	4,15	4,88
Wiesenburg	(3,00)	7,71	5,79	5,46	5,17	4,49	6,28	5,20
Wurmberg				(4,00)	5,87	6,96	8,90	5,78
Zingst	3,25	3,65	3,35	3,88	4,12	4,21	4,66	4,02

Tabelle A22: Jährliche Na^+-Depositionen an den UBA-Depositionsmessstellen (wet only)

Messstelle	Na⁺-Deposition in kg/ha							
	1992	1993	1994	1995	1996	1997	1998	1999
Angermünde	3,72	2,33	2,63	2,02	1,45	1,76	2,42	(0,84)
Ansbach			1,13	1,33	1,11	1,33	1,37	1,18
Bassum			5,75	8,36	4,03	4,91	6,11	6,20
Bornhöved							12,11	10,22
Brotjacklriegel			1,81	1,46	1,27	1,39	1,94	1,68
Deuselbach			2,12	2,21	1,55	1,76	2,56	2,01
Doberlug-Kirchhain	1,93	2,03	1,92	1,19	1,18	1,39	1,56	1,36
Dunum							(21,20)	26,84
Eining				0,64	0,56	0,60	0,99	0,86
Falkenberg								1,15
Helgoland				200,9	40,42	109,5	265,0	99,54
Hilchenbach				6,79	4,19	4,43	6,97	6,86
Hohenwestedt			19,53	12,82	6,47	(11,82)		
Kehl							1,76	1,48
Kiehorst/Schorfheide								(0,98)
Lehnmühle			2,29	3,33	1,98	2,48	2,37	2,48
Leinefelde	8,14	3,02	2,51	2,59	1,58	2,45	2,68	2,49
Lindenberg	2,84	1,82	2,99	1,35	1,41	1,57	(1,88)	
Lückendorf	1,57	1,75	1,70	1,79	1,15	1,67	1,80	1,60
Melpitz	2,14	1,65	1,47	1,37	0,93	1,44	1,38	0,92
Murnau				(0,41)	1,19	0,70	0,84	(0,30)
Neuglobsow	1,72	2,28	3,08	1,86	1,32	1,70	2,69	2,56
Regnitzlosau			0,83	0,82	1,23	0,74	1,40	1,13
Schauinsland			1,12	3,95	2,49	2,52	3,32	2,91
Schmücke	3,51	2,49	3,26	3,69	2,44	2,00	3,49	3,37
Schwerin	6,51	7,31	6,89	5,18	3,14	(2,50)		
Solling			6,10	6,95	3,28	4,25	5,30	6,19
Teterow	3,08	5,07	4,16	6,69	2,11	3,82	3,23	3,14
Twixlum			25,01	25,71	14,39	12,47	(4,42)	
Ueckermünde	(0,69)	(1,90)	2,53	4,80	1,94	2,64	2,24	2,80
Waldhof	2,78	3,76	5,75	4,89	1,64	3,20	3,72	4,13
Westerland				32,26	29,32	25,91	49,32	79,93
Wiesenburg	1,44	2,00	2,98	2,34	1,48	2,07	2,19	2,02
Wurmberg				(1,45)	2,42	3,98	5,26	4,15
Zingst	5,63	7,68	8,04	6,51	4,87	4,88	6,62	5,19

Tabelle A23: Jährliche K^+-Depositionen an den UBA-Depositionsmessstellen (wet only)

Messstelle	\multicolumn{8}{c}{K^+-Deposition in kg/ha}							
	1992	1993	1994	1995	1996	1997	1998	1999
Angermünde	1,05	0,95	1,25	0,32	0,52	0,24	0,36	(0,08)
Ansbach			0,51	0,66	0,37	0,51	0,30	0,49
Bassum			0,62	0,86	0,63	0,63	0,74	1,04
Bornhöved							0,50	0,79
Brotjacklriegel			0,80	0,42	0,36	0,35	0,47	0,54
Deuselbach			0,35	0,18	0,21	0,56	0,31	0,41
Doberlug-Kirchhain	1,01	0,99	0,54	0,28	0,30	0,37	0,26	0,38
Dunum							(1,02)	1,51
Eining				0,21	0,23	0,29	0,43	0,55
Falkenberg								0,29
Helgoland				7,52	2,23	3,21	8,21	3,78
Hilchenbach				0,58	0,37	0,53	0,75	1,17
Hohenwestedt			0,84	0,69	0,44	(0,86)		
Kehl							0,63	0,44
Kienhorst/Schorfheide								(0,21)
Lehnmühle			0,67	1,21	0,48	0,47	0,55	1,04
Leinefelde	3,10	1,32	0,65	0,69	0,49	0,50	0,47	0,92
Lindenberg	0,87	0,78	1,06	0,29	0,36	0,30	(0,55)	
Lückendorf	1,16	1,48	0,89	1,35	0,54	0,60	0,58	0,68
Melpitz	0,92	0,70	0,35	0,26	0,42	0,25	0,18	0,33
Murnau				(0,10)	0,38	0,19	0,24	(0,07)
Neuglobsow	0,79	0,69	0,46	0,32	0,22	0,26	0,30	0,44
Regnitzlosau			0,74	0,24	0,45	0,18	0,47	0,66
Schauinsland			0,42	0,39	0,43	0,52	0,76	1,56
Schmücke	1,19	0,98	0,76	0,53	0,53	0,43	0,66	0,75
Schwerin	0,90	1,47	1,11	0,48	0,33	(0,23)		
Solling			0,58	0,56	0,45	0,53	0,62	0,94
Teterow	1,06	1,57	0,45	0,57	0,33	0,46	0,68	0,35
Twixlum			1,05	0,99	0,57	0,40	(0,09)	
Ueckermünde	(0,30)	(0,57)	0,51	0,59	0,31	0,58	0,40	0,46
Waldhof	1,18	0,51	0,53	0,27	0,22	0,35	0,30	0,33
Westerland				1,14	1,08	0,73	1,39	3,51
Wiesenburg	0,44	0,70	0,58	0,69	0,34	0,46	0,45	0,63
Wurmberg				(0,33)	0,56	0,63	1,06	1,07
Zingst	0,58	0,81	0,47	0,33	0,40	0,22	0,38	0,39

Tabelle A24: Jährliche Ca^{++}-Depositionen an den UBA-Depositionsmessstellen (wet only)

	Ca^{++}-Deposition in kg/ha							
Messstelle	1992	1993	1994	1995	1996	1997	1998	1999
Angermünde	10,97	5,63	3,49	1,38	1,21	1,96	2,05	(0,37)
Ansbach			2,28	1,60	1,42	1,77	1,30	1,78
Bassum			2,74	2,09	1,62	1,53	1,80	1,76
Bornhöved							1,83	1,52
Brotjacklriegel			3,73	1,78	1,64	1,96	2,37	2,20
Deuselbach			1,99	1,33	1,02	1,17	1,50	1,69
Doberlug-Kirchhain	3,40	3,25	3,04	1,36	1,16	1,88	1,27	1,28
Dunum							(2,18)	2,65
Eining				1,28	1,13	1,24	1,73	4,36
Falkenberg								0,79
Helgoland				13,26	2,78	8,26	21,32	7,17
Hilchenbach				1,84	1,09	1,51	2,41	3,14
Hohenwestedt			3,86	1,62	1,05	(1,44)		
Kehl							2,54	2,28
Kienhorst/Schorfheide								(0,55)
Lehnmühle			2,84	2,73	2,27	1,76	2,03	4,47
Leinefelde	3,67	3,49	2,67	2,48	1,98	1,73	1,53	2,17
Lindenberg	2,46	2,45	2,63	1,32	1,34	1,50	(1,87)	
Lückendorf	1,53	3,04	2,40	2,77	1,65	2,74	2,08	1,42
Melpitz	4,20	2,77	2,27	1,82	1,25	1,64	1,49	1,33
Murnau				(0,88)	2,21	1,62	1,80	(0,27)
Neuglobsow	4,34	1,98	2,42	1,34	1,08	1,13	1,18	1,28
Regnitzlosau			4,10	1,00	1,06	1,14	1,21	1,66
Schauinsland			3,12	1,78	1,68	2,36	2,58	2,50
Schmücke	5,82	3,33	3,72	2,07	1,56	1,25	1,85	1,80
Schwerin	3,65	4,84	3,09	2,09	2,20	(1,71)		
Solling			2,68	1,46	1,14	1,43	1,73	1,62
Teterow	5,47	9,11	2,97	6,84	1,36	2,13	2,73	1,84
Twixlum			3,18	2,13	1,79	1,53	(0,31)	
Ueckermünde	(0,41)	(1,75)	3,00	2,95	2,04	2,95	2,14	1,26
Waldhof	1,84	1,91	2,55	1,04	0,82	1,34	1,24	1,00
Westerland				1,59	1,69	1,60	2,67	3,54
Wiesenburg	(1,65)	3,25	3,60	2,45	1,82	2,52	2,87	3,00
Wurmberg				(0,95)	1,61	1,84	2,25	1,47
Zingst	1,16	1,34	3,08	0,82	0,86	1,12	1,68	1,15

Tabelle A25: Jährliche Mg^{++}-Depositionen an den UBA-Depositionsmessstellen (wet only)

Messstelle	Mg^{++}-Deposition in kg/ha							
	1992	1993	1994	1995	1996	1997	1998	1999
Angermünde	1,72	0,51	0,66	0,31	0,21	0,36	0,38	(0,11)
Ansbach			0,30	0,20	0,23	0,58	0,29	0,25
Bassum			1,03	1,15	0,57	0,57	0,91	0,91
Bornhöved							1,60	1,33
Brotjacklriegel			0,43	0,21	0,22	0,26	0,36	0,32
Deuselbach			0,39	0,27	0,24	0,38	0,48	0,39
Doberlug-Kirchhain	0,39	0,60	0,39	0,17	0,16	0,40	0,34	0,21
Dunum							(2,48)	3,19
Eining				0,16	0,14	0,18	0,27	0,60
Falkenberg								0,18
Helgoland				24,42	3,97	12,66	31,22	14,91
Hilchenbach				0,92	0,60	0,69	1,08	1,04
Hohenwestedt			2,11	1,47	0,81	(1,41)		
Kehl							0,45	0,32
Kienhorst/Schorfheide								(0,13)
Lehnmühle			0,50	0,61	0,52	0,45	0,48	0,80
Leinefelde	1,05	0,65	0,50	0,46	0,30	0,44	0,42	0,48
Lindenberg	0,35	0,42	0,46	0,22	0,23	0,29	(0,22)	
Lückendorf	0,27	0,62	0,40	0,52	0,25	0,87	0,56	0,37
Melpitz	0,38	0,65	0,33	0,26	0,27	0,38	0,30	0,22
Murnau				(0,10)	0,36	0,24	0,34	(0,07)
Neuglobsow	0,30	0,51	0,48	0,25	0,19	0,29	0,34	0,39
Regnitzlosau			0,26	0,18	0,14	0,23	0,28	0,26
Schauinsland			0,35	0,39	0,28	0,48	0,69	0,50
Schmücke	0,96	0,77	0,60	0,47	0,32	0,34	0,57	0,47
Schwerin	0,66	1,08	1,00	0,62	0,54	(0,45)		
Solling			0,94	0,90	0,41	0,66	0,87	0,88
Teterow	0,70	1,16	0,63	1,22	0,35	0,55	0,47	0,49
Twixlum			2,98	2,91	1,66	1,35	(0,55)	
Ueckermünde	(0,07)	(0,49)	0,52	0,75	0,34	0,62	0,36	0,40
Waldhof	0,42	0,62	0,87	0,60	0,26	0,48	0,51	0,55
Westerland				3,28	3,06	2,59	5,69	9,14
Wiesenburg	(0,40)	0,62	0,80	0,59	0,35	0,53	0,52	0,54
Wurmberg				(0,22)	0,40	0,60	0,83	0,59
Zingst	0,61	0,96	0,94	0,66	0,57	0,61	0,91	0,69

Tabelle A26: Jährliche Blei-Depositionen an den UBA-Depositionsmessstellen
(wet only)

	Blei-Deposition in g/ha					
	1994	1995	1996	1997	1998	1999
Angermünde	9,2	11,0	14,2	10,0	6,6	(2,2)
Ansbach	13,3	11,1	11,3	6,9	7,4	9,5
Bassum	10,6	9,9	7,3	6,4	8,2	5,9
Bornhöved					9,1	7,8
Brotjacklriegel	15,7	20,0	14,6	10,5	12,2	13,2
Deuselbach	16,9	17,8	10,2	12,4	10,7	11,0
Doberlug-Kirchhain	13,3	13,3	12,3	4,4	9,6	6,2
Dunum					(28,3)	35,9
Eining		9,7	10,2	8,2	3,5	3,4
Falkenberg						8,1
Helgoland		9,9	6,7	7,7	11,9	7,8
Hilchenbach		33,9	20,4	21,7	27,5	24,3
Hohenwestedt	17,9	17,7	6,8	(7,1)		
Kehl					15,2	12,9
Kienhorst/Schorfheide						(3,7)
Lehnmühle	29,3	34,4	15,2	12,7	15,2	18,3
Leinefelde	12,8	11,4	19,1	11,8	14,0	16,5
Lindenberg	12,7	24,0	15,7	19,3	(17,4)	
Lückendorf	26,2	28,1	22,0	11,9	16,8	22,9
Melpitz	11,1	11,8	10,8	7,8	5,1	4,6
Murnau		(6,8)	17,0	6,4	8,6	(1,9)
Neuglobsow	15,4	9,1	7,3	4,9	8,1	6,5
Regnitzlosau	10,3	12,0	9,8	5,5	10,3	8,9
Schauinsland	15,6	34,0	20,4	16,0	19,0	20,2
Schmücke	31,3	32,7	21,4	13,8	27,5	25,3
Schwerin	11,2	12,1	9,6	(4,5)		
Solling	25,6	22,8	16,0	17,5	22,2	17,7
Teterow	10,0	8,5	5,7	6,3	9,9	4,4
Twixlum	10,2	10,1	7,5	4,2	(1,0)	
Ueckermünde	6,6	10,5	8,2	7,3	6,3	9,2
Waldhof	14,1	10,2	8,3	7,2	10,8	7,6
Westerland		14,4	7,3	8,6	9,2	6,6
Wiesenburg	17,6	12,2	6,6	4,8	6,9	7,2
Wurmberg		(11,2)	14,2	10,7	14,7	9,7
Zingst	10,1	10,5	10,1	10,1	6,4	7,8

Tabelle A27: Jährliche Kadmium-Depositionen an den UBA-Depositionsmessstellen (wet only)

	Kadmium-Deposition in g/ha					
	1994	1995	1996	1997	1998	1999
Angermünde	0,9	0,7	2,1	0,6	0,4	(0,1)
Ansbach	1,0	1,0	1,1	0,6	0,3	0,4
Bassum	1,0	1,2	0,7	0,3	0,3	0,3
Bornhöved					0,3	0,5
Brotjacklriegel	2,1	1,5	1,4	1,2	0,7	0,8
Deuselbach	1,1	1,2	0,8	0,4	0,3	0,4
Doberlug-Kirchhain	0,9	0,9	0,6	0,2	0,3	0,6
Dunum					(0,4)	0,3
Eining		0,9	1,0	0,4	0,2	0,2
Falkenberg						0,3
Helgoland		0,7	0,4	0,3	0,5	0,3
Hilchenbach		1,8	2,1	1,0	1,0	0,8
Hohenwestedt	1,4	1,1	0,7	(0,3)		
Kehl					0,6	0,5
Kienhorst/Schorfheide						(0,1)
Lehnmühle	1,7	2,3	1,0	0,6	0,9	0,8
Leinefelde	1,1	1,6	1,2	0,6	0,5	0,8
Lindenberg	1,0	1,4	2,4	1,3	(1,7)	
Lückendorf	1,4	1,1	2,7	2,1	1,1	0,9
Melpitz	0,8	0,8	1,1	0,3	0,3	0,4
Murnau		(0,7)	2,0	0,4	0,4	(0,05)
Neuglobsow	0,9	0,7	0,6	0,3	0,3	0,2
Regnitzlosau	0,9	0,8	0,8	0,9	0,3	0,6
Schauinsland	1,6	2,5	2,4	1,1	0,6	0,7
Schmücke	2,1	2,1	1,8	0,6	2,2	0,6
Schwerin	1,1	0,8	0,6	(0,5)		
Solling	2,3	1,6	1,3	0,5	0,8	0,6
Teterow	1,0	0,8	0,5	0,6	1,0	0,3
Twixlum	1,1	1,0	0,7	0,4	(0,03)	
Ueckermünde	0,9	1,0	0,7	0,4	0,3	0,3
Waldhof	1,2	0,9	0,7	0,5	0,6	0,3
Westerland		0,8	0,5	0,3	0,5	0,7
Wiesenburg	1,2	0,8	0,5	0,4	0,4	0,3
Wurmberg		(0,7)	1,0	0,7	0,7	0,5
Zingst	1,0	0,8	0,6	0,6	0,3	0,4

Tabelle A28: Jährliche Kupfer-Depositionen an den UBA-Depositionsmessstellen (wet only)

	Kupfer-Deposition in g/haag					
	1994	1995	1996	1997	1998	1999
Angermünde	7,9	12,0	10,3	11,6	7,2	(2,0)
Ansbach	12,2	17,0	10,6	14,6	9,5	11,5
Bassum	9,8	10,4	11,8	8,1	13,4	7,8
Bornhöved					14,5	8,9
Brotjacklriegel	40,2	37,2	16,9	20,4	15,3	17,4
Deuselbach	9,1	11,5	8,4	8,0	7,4	11,1
Doberlug-Kirchhain	14,5	17,4	20,5	5,1	10,7	6,3
Dunum					(20,5)	16,4
Eining		8,9	8,1	9,1	6,9	5,6
Falkenberg						(323,9)*
Helgoland		16,4	12,9	10,6	238,2	176,9
Hilchenbach		19,9	14,0	12,7	18,0	17,5
Hohenwestedt	20,6	11,2	6,7	(6,8)		
Kehl					14,3	12,4
Kienhorst/Schorfheide						(8,6)
Lehnmühle	15,5	22,0	10,7	10,6	12,7	21,9
Leinefelde	13,5	18,5	13,4	13,6	12,9	12,2
Lindenberg	13,2	15,2	41,2	56,6	(464,7)*	
Lückendorf	17,2	32,7	63,7	20,3	15,6	13,9
Melpitz	7,1	9,1	9,8	8,9	6,7	4,6
Murnau		(7,5)	11,8	5,9	11,3	(2,1)
Neuglobsow	86,2	58,7	43,2	47,3	41,3	56,3
Regnitzlosau	17,4	9,0	11,5	7,4	16,8	12,5
Schauinsland	16,5	37,5	15,6	16,3	18,2	17,9
Schmücke	17,5	15,5	13,7	8,4	15,4	17,9
Schwerin	14,8	14,5	9,9	(5,8)		
Solling	15,7	15,0	20,3	21,6	18,4	15,2
Teterow	12,0	11,1	7,6	17,5	10,4	8,3
Twixlum	11,4	8,7	12,1	5,5	(0,9)	
Ueckermünde	10,2	16,1	9,6	7,5	9,2	10,3
Waldhof	49,1	40,4	8,6	7,6	11,4	10,5
Westerland		15,6	11,2	9,1	8,5	18,8
Wiesenburg	10,5	18,5	7,1	5,2	6,9	7,6
Wurmberg		(9,6)	11,2	12,4	17,1	10,5
Zingst		15,4	19,7	24,5	11,6	17,9

Tabelle A29: Jährliche Zink-Depositionen an den UBA-Depositionsmessstellen
              (wet only)

	Zink-Deposition in g/ha					
	1994	1995	1996	1997	1998	1999
Angermünde	65,8	68,1	64,3	86,7	62,1	(15,8)
Ansbach	79,6	96,5	67,6	72,8	53,5	59,9
Bassum	62,9	70,8	65,2	73,8	71,6	50,4
Bornhöved					60,1	50,3
Brotjacklriegel *	700,7	717,5	465,0	694,1	704,9	433,9
Deuselbach	85,8	85,0	55,8	60,3	68,6	74,1
Doberlug-Kirchhain	204,1	97,4	138,7	41,1	68,7	46,7
Dunum					(88,1)	94,8
Eining		58,1	52,5	56,1	44,3	108,5
Falkenberg						76,9
Helgoland		135,1	109,3	97,4	136,2	84,9
Hilchenbach		211,2	126,6	135,5	178,9	172,5
Hohenwestedt	77,7	74,6	40,7	(109,4)		
Kehl					119,2	86,5
Kienhorst/Schorfheide						(38,0)
Lehnmühle	180,9	193,3	70,3	77,9	99,2	125,2
Leinefelde	135,2	212,7	135,8	134,5	106,6	109,3
Lindenberg	104,8	74,0	77,8	67,4	(709,0)*	
Lückendorf	121,6	190,3	141,9	146,5	89,4	77,1
Melpitz	67,4	121,8	45,0	54,7	43,6	34,5
Murnau		(33,4)	79,1	67,2	67,1	(10,5)
Neuglobsow	178,6	171,7	121,1	124,8	139,2	163,3
Regnitzlosau	67,9	51,1	56,9	194,6	1345,9*	683,9*
Schauinsland	95,9	153,9	123,9	108,2	88,0	135,1
Schmücke	159,0	171,4	108,3	87,7	112,1	124,4
Schwerin	167,4	91,2	82,4	(67,1)		
Solling	289,8	260,7	143,6	184,7	195,3	158,2
Teterow	126,0	159,5	57,6	71,1	136,4	48,3
Twixlum	66,4	62,8	50,9	38,1	(8,7)	
Ueckermünde	109,2	147,4	116,0	81,2	123,5	53,8
Waldhof	144,1	139,8	47,9	50,7	61,6	60,4
Westerland		69,6	50,2	49,4	70,9	103,7
Wiesenburg	118,3	123,5	102,0	100,5	94,7	85,3
Wurmberg		(57,9)	74,9	110,0	100,8	88,8
Zingst	104,4	83,4	46,5	45,7	50,0	61,1

Tabelle A30: Jährliche Mangan-Depositionen an den UBA-Depositionsmessstellen (wet only)

	Mangan-Deposition in g/ha					
	1994	1995	1996	1997	1998	1999
Angermünde	23,0	17,6	14,2	22,5	15,9	(2,2)
Ansbach	23,2	17,6	18,3	16,7	16,6	13,7
Bassum	42,1	39,7	33,2	30,1	43,2	25,5
Bornhöved					18,0	15,7
Brotjacklriegel	25,8	19,1	15,8	16,8	19,0	14,4
Deuselbach	20,5	22,2	17,8	16,8	19,7	20,3
Doberlug-Kirchhain	24,7	23,8	18,0	14,4	16,0	9,2
Dunum					(37,1)	25,2
Eining		14,9	10,8	14,8	13,2	10,2
Falkenberg						10,4
Helgoland		50,7	18,6	42,3	82,7	30,0
Hilchenbach		36,8	21,7	29,3	38,6	34,0
Hohenwestedt	28,2	25,4	13,9	(43,2)		
Kehl					41,4	25,9
Kienhorst/Schorfheide						(6,5)
Lehnmühle	27,1	38,7	23,9	25,6	27,6	19,8
Leinefelde	22,9	22,4	21,7	20,0	17,2	18,0
Lindenberg	24,1	21,7	19,5	21,7	(17,4)	
Lückendorf	74,6	65,7	32,9	47,8	39,7	27,5
Melpitz	19,1	19,1	13,3	20,2	16,4	9,4
Murnau		(7,1)	14,8	13,9	14,6	(2,2)
Neuglobsow	22,5	13,3	14,3	13,2	17,8	10,8
Regnitzlosau	17,8	14,9	13,5	13,3	16,3	14,0
Schauinsland	21,5	21,0	16,8	32,1	22,3	25,9
Schmücke	28,1	25,6	21,1	15,7	25,2	17,4
Schwerin	23,8	18,4	16,1	(13,0)		
Solling	51,2	53,1	42,1	66,9	72,7	102,4
Teterow	26,1	17,3	13,3	22,3	21,2	9,5
Twixlum	26,7	24,8	19,4	24,0	(3,7)	
Ueckermünde	15,6	26,6	10,3	29,0	18,6	12,0
Waldhof	22,8	14,6	12,4	19,0	17,7	11,3
Westerland		21,3	10,2	9,9	15,6	11,4
Wiesenburg	28,6	24,2	16,8	17,9	19,7	18,6
Wurmberg		(17,3)	25,6	39,5	49,4	43,8
Zingst	12,4	14,4	16,3	17,3	14,9	13,1

Abkürzungen

AAS	Atomabsorptionsspektroskopie
AC	Alternating Current
ANTAS	Automatischer Nass-/Trocken-Sammler
BAT	Best Available Technology
BbgWG	Brandenburgisches Wassergesetz
BDF	Bodendaueruntersuchungsfläche
BimSchV	Bundesimmissionsschutzverordnung
BN	Bestandesniederschlag
BRD	Bundesrepublik Deutschland
DC	Direct Current
DDD	Dichlordiphenyldichlorethan
DDE	Dichlordiphenyldichlorethen
DDR	Deutsche Demokratische Republik
DDT	Dichlordiphenyltrichlorethan
DIN	Deutsche Industrienorm
DNOC	4,6 Dinitro-o-kresol
DOC	Diluted organic carbon
DWD	Deutscher Wetterdienst
ECE	Economic Commission for Europe
EMEP	European Monitoring and Evaluation Programme (Co-operative Programme for Monitoring and Evaluation of the Long-range Transmission of Air Pollutants)
EU	Europäische Union
FCKW	Fluorchlor-Kohlenwasserstoff
FE	Forschung und Entwicklung
FN	Freilandniederschlag
FS	Freistaat
FVA	Forstliche Versuchs- und Forschungsanstalt
GC	Gaschromatographie
GIS	Geographisches Informationssystem
HCH	Hexachlorcyclohexan
HELCOM	Helsinki Commission – Baltic Marine Environment Protection Commission
HMS	Hauptmessstation
HPLC	High Performance Liquid Chromatography
HS-GC	Head Space Gas Chromatography
IC	Ionenchromatographie
ICP-MS	Inductively Coupled Plasma Mass Spectrometry
ICP-OES	Inductively Coupled Plasma Optic Emission Spectrometry
IDF	Integrierte Dauerbeobachtungsfläche

IfW	Institut für Wasserwirtschaft
I-TE	Internationales Toxizitätsäquivalent
IW	Immissionswert
KD	Kronendurchlass
Kfz	Kraftfahrzeug
LAI	Länderausschuss für Immissionsschutz
LAU	Landesamt für Umweltschutz
LAWA	Länderarbeitsgemeinschaft Wasser
LaWuF	Landesanstalt für Wald und Forstwirtschaft
LF	Leitfähigkeit
LfU	Landesanstalt für Umweltschutz
LfUG	Landesamt für Umwelt und Geologie
LHKW	Leichtflüchtige Halogenkohlenwasserstoffe
LÖLF	Landesanstalt für Ökologie, Landschaftsentwicklung und Forstplanung
LUA	Landesumweltamt
LÜSA	Luftüberwachungssystem Sachsen-Anhalt
LÜSH	Lufthygienische Überwachung Schleswig-Holstein
LWF	Bayerische Landesanstalt für Wald und Forstwirtschaft
MEZ	Mitteleuropäische Zeit
MTBE	Methyltertiärbutyläther
n. b.	nicht bestimmt
NEG	Nationale Emissionshöchstgrenzen
NG	Nachweisgrenze
NS	Niederschlag
OMKAS	Projekt „ Optimierung emissionsmindernder Maßnahmen bei gleichzeitiger Kontrolle der Azidität s- und Luftschadstoff -entwicklung für die Grenzregionen des Freistaates Sachsen"
OSPAR	Oslo and Paris Convention for the Prevention of Marine Pollution From Land Based Sources
PAK	Polycyclische Aromatische Kohlenwasserstoffe
PCB	Polychlorierte Biphenyle
PCDD/F	Polychlorierte Dibenzodioxine und -furane
PE	Polyethylen
PFA	Perfluor-alkoxy-polymer
PP	Polypropylen
PVC	Polyvinylchlorid
QA	Quality Assessment
QC	Quality Control
RIVM	National Institute of Public Health and Environment, Bilthoven
RV	Ringversuch
SANA	Verbundprojekt „Sanierung der Atmosphäre über den neuen Bundesländern"

SHj	Sommerhalbjahr
SHKW	Schwerflüchtige Halogenkohlenwasserstoffe
SK	Saugkerze
SRU	Sachverständigenrat für Umweltfragen
StA	Stammabfluss
STN	Staubniederschlag
TA	Technische Anleitung
TCA	Trichloracetat
TCDD	Tetrachlor-Dibenzodioxin
TLL	Thüringer Landesanstalt für Landwirtschaft
TLU	Thüringer Landesanstalt für Wald und Forstwirtschaft
TM	Tensiometer
TMLNU	Thüringer Ministerium für Landwirtschaft, Naturschutz und Umwelt
TNb	Total nitrogen bounded
TOC	Total Organic Carbon
TU	Technische Universität
TXRF	Total reflecting x-ray fluorescence
UBA	Umweltbundesamt
UMEG	Gesellschaft für Umweltmessungen und Umwelterhebungen mbH
UMS	Umweltanalytische Messsysteme GmbH
UN	United Nations
U. S.	United States
UV	Ultraviolett
VDI	Verein Deutscher Ingenieure
VE-Wasser	Vollentsalztes Wasser
VOC	Volatile Organic Compounds
WMO	World Meteorological Organization
WMS	Waldmessstation

Maßeinheiten

s	Sekunde
h	Stunde
d	Tag
a	Jahr
cm	Zentimeter
m	Meter
cm^2	Quadratzentimeter
m^2	Quadratmeter
ha	Hektar
m^3	Kubikmeter
l	Liter
g	Gramm
mol	Mol
eq bzw. E	Ionenäquivalent
S	Siemens
°C	Grad Celsius
A	Ampere
V	Volt
Hz	Hertz
bar	Bar
%	Prozent

Präfixe

p	Pico	$= 10^{-12}$
n	Nano	$= 10^{-9}$
µ	Mikro	$= 10^{-6}$
m	Milli	$= 10^{-3}$
k	Kilo	$= 10^{3}$

Sachwortverzeichnis